MAUI 跨平台
全栈应用开发

周全 著

清华大学出版社
北京

内 容 简 介

本书系统论述MAUI(Multi-platform App UI)基于.NET的跨平台应用程序界面基本原理、开发方法、开发环境和开发实战。全书共8章，分别介绍MAUI开发基础、MAUI开发工具、MAUI开发理论、MAUI用户界面、MAUI数据访问、MAUI平台集成、MAUI部署发布、MAUI综合实例等内容，书中的每个知识点都有相应的实现代码和实例。

本书主要面向高等学校师生、工程师、计算机领域或其他行业人员、新兴技术爱好者等，不仅适合MAUI开发入门的读者，也适合其他各类前后端开发技术的从业人员参考。

版权所有，侵权必究。举报：010-62782989，beiqinquan@tup.tsinghua.edu.cn。

图书在版编目（CIP）数据

MAUI跨平台全栈应用开发 / 周全著. -- 北京：清华大学出版社，2025.1
ISBN 978-7-302-68022-2

Ⅰ. TP392.092.2

中国国家版本馆CIP数据核字第2025S9H537号

责任编辑：陈景辉　李　燕
封面设计：刘　键
责任校对：刘惠林
责任印制：沈　露

出版发行：清华大学出版社
网　　址：https://www.tup.com.cn，https://www.wqxuetang.com
地　　址：北京清华大学学研大厦A座　　邮　编：100084
社 总 机：010-83470000　　邮　购：010-62786544
投稿与读者服务：010-62776969，c-service@tup.tsinghua.edu.cn
质量反馈：010-62772015，zhiliang@tup.tsinghua.edu.cn
课件下载：https://www.tup.com.cn，010-83470236

印 装 者：涿州汇美亿浓印刷有限公司
经　　销：全国新华书店
开　　本：185mm×260mm　　印　张：22.75　　字　数：512千字
版　　次：2025年2月第1版　　印　次：2025年2月第1次印刷
印　　数：1～2500
定　　价：99.90元

产品编号：107273-01

前 言

创新是引领发展的第一动力,是推动高质量发展的核心。科技创新是提高社会生产力和综合国力的战略支撑,是一个国家、一个民族发展进步的灵魂。如今,我们正处于一个技术革新的时代,无论是人工智能、大数据、物联网、云计算,还是量子计算、虚拟现实、区块链、元宇宙,新的技术正在不断涌现,深刻改变着我们的生产和生活方式。21世纪是一个变化的时代,科技、经济、社会和环境等多个领域都经历着前所未有的变革。科技变革、经济全球化、社会环境等多方面的变化对人类生活产生了深远的影响。生产效率的提升、医学的进步、教育的变革、通信的便捷、环保的解决以及创新的应用,在给我们带来机遇和挑战的同时,也为我们提供了无穷无尽的可能性。

在这种大背景下,时代要求我们保持开放的心态,不断学习、创新和适应。作为新时代的智人,要时刻与时俱进,把握时代潮流,保持终身学习的理念。面对新兴工具和技术,学习如何使用这些工具和技术并驾驭它们,可以提升自身的综合竞争力。学习核心知识和技术,以不变应万变,有足够的实力应对不确定的未来。总之,无论是投身科研、技术还是管理,保持学习的心态,方能屹立于不败之地。

.NET不断与时俱进,开拓创新。在时代的洪流中,.NET秉承创新、协调、绿色、开放和共享的新发展理念,逐步实现了跨平台、跨语言、跨终端、高性能、低功耗、生态优、扩展强、互操作、应用广、无所不能的境界。主打的C#编程语言打通了桌面应用程序开发、移动应用程序开发、网络应用程序开发、游戏开发、人工智能、大数据、物联网、云计算等各个领域的基座,真正实现了全栈意义的开发。当今市场上各大前后端技术竞争激烈,MAUI技术在这样的时代背景下应运而生,MAUI技术具有不可比拟的优势和潜力,韬光养晦,蓄势待发。如果说.NET 6是里程碑,那么.NET 8的出现,使得MAUI技术如虎添翼。阅读本书,不仅是学习新技术,更重要的是学习方法论,因为任何一项新技术随着时代的推移、市场的竞争,都无法摆脱没落甚至被淘汰的宿命。

本书主要内容

全书共有8章。

第1章基本原理部分不仅是MAUI技术,还包括使用MAUI技术相关基础,涉及网络协议、编程语言、设计模式等,这些方面的阐述不仅是知识的梳理,也是站在巨人肩上以及作者数年理论和实践升华的结果。

第2章介绍MAUI相关的主流开发工具,这些开发工具不仅用于MAUI开发,而且是计算机软件领域普适且经久不衰的方法论。

第3章重点讲解MAUI开发理论,涉及XAML、MAUI生命周期、行为特性、手势特性、数据绑定、模板、触发器、消息通信。

第4章讲解MAUI用户界面,涉及布局、动画、样式、图像、组件和六大类控件。

第5章讲解MAUI数据访问,分为本地数据库和网络数据库方式。

第6章讲解MAUI平台集成,涉及硬件相关和数据相关的一些特性。

第7章讲解MAUI部署发布,涉及测试、部署、发布、容器技术、DevOps持续集成。

第8章讲解MAUI综合实例,以模拟选举投票为背景,基于智能合约并结合主流App UI通用元素进行布局打造出一款通用App雏形。

本书特色

(1) 全栈性。使用一种编程语言(C#),一套技术体系,一次开发,一次部署,处处运行。

(2) 普适性。MAUI是跨平台、跨终端、跨浏览器且符合时代潮流的新技术,涉及的相关知识具备通用性。

(3) 前瞻性。本书涉及的方法、理念较为前沿。相关技术、工具、软件包、依赖包均为较新版本。

(4) 完整性。涉及MAUI技术的主要方面均进行详细阐述,并给出相应示例,关键代码均给出详尽释义。

配套资源

为便于教与学,本书配有微课视频、源代码、教学课件。

(1) 获取微课视频方式:先刮开并用手机版微信App扫描本书封底的文泉云盘防盗码,授权后再扫描书中相应的视频二维码,观看视频。

(2) 获取源代码、环境配置、彩色图片、全书网址和扩展阅读方式:先刮开并用手机版微信App扫描本书封底的文泉云盘防盗码,授权后再扫描下方二维码,即可获取。

源代码

环境配置

彩色图片

全书网址

扩展阅读

(3) 其他配套资源可以扫描本书封底的"书圈"二维码,关注后回复本书书号即可下载。

读者对象

本书涉及技术较新,主要面向高等学校师生、工程师、计算机领域或其他行业人员、新兴技术爱好者等,不仅适合 MAUI 开发入门的读者,也适合其他各类前后端开发技术的从业人员参考。

　　无论读者是否具有开发经验,相信通过阅读本书,定会有所收获。在浩瀚无垠的知识海洋里,我们犹如一叶扁舟漂泊其中,只能在有限的生命中尽力扩展自己的认知和视野。

　　由于作者才疏学浅,精力有限,加之技术更新换代迅速,书中难免会存在疏漏和不妥之处,敬请广大读者批评指正,我们共同进步。

作　者

2025 年 1 月

目 录

第1章 万丈高楼平地起 勿在浮沙筑高台——MAUI开发基础 ………………………… 1
- 1.1 MAUI相关基础 …………………………………………………………………… 1
  - 1.1.1 移动应用原生开发 ……………………………………………………… 1
  - 1.1.2 移动应用混合开发 ……………………………………………………… 2
  - 1.1.3 TCP/IP协议 ……………………………………………………………… 3
  - 1.1.4 HTTP协议 ………………………………………………………………… 5
  - 1.1.5 HTTPS协议 ……………………………………………………………… 8
  - 1.1.6 网络数据传输格式 ……………………………………………………… 8
  - 1.1.7 RESTful API …………………………………………………………… 11
  - 1.1.8 Web技术的演进 ………………………………………………………… 12
- 1.2 MAUI快速入门 …………………………………………………………………… 12
  - 1.2.1 MAUI跨平台特性 ……………………………………………………… 12
  - 1.2.2 MAUI快速入门示例 …………………………………………………… 14
  - 1.2.3 MAUI项目结构介绍 …………………………………………………… 17
  - 1.2.4 MAUI项目启动过程 …………………………………………………… 28
- 1.3 MAUI底层框架 …………………………………………………………………… 32
  - 1.3.1 .NET Standard ………………………………………………………… 32
  - 1.3.2 .NET Framework ……………………………………………………… 33
  - 1.3.3 .NET Core ……………………………………………………………… 34
  - 1.3.4 .NET Standard、.NET Framework 和 .NET Core 三者的关系 … 35
- 1.4 MAUI开发语言 …………………………………………………………………… 35
  - 1.4.1 C#语言 …………………………………………………………………… 35
  - 1.4.2 C# 6.0新增特性 ………………………………………………………… 37
  - 1.4.3 C# 7.0新增特性 ………………………………………………………… 40
  - 1.4.4 C# 8.0新增特性 ………………………………………………………… 42
  - 1.4.5 C# 9.0新增特性 ………………………………………………………… 43
  - 1.4.6 C# 10.0新增特性 ……………………………………………………… 46
  - 1.4.7 C# 11.0新增特性 ……………………………………………………… 49
  - 1.4.8 C# 12.0新增特性 ……………………………………………………… 51
- 1.5 MAUI设计模式 …………………………………………………………………… 53
  - 1.5.1 设计模式概述 …………………………………………………………… 53
  - 1.5.2 MVC模式 ………………………………………………………………… 53

  1.5.3 MVP 模式 …………………………………… 54
  1.5.4 MVVM 模式 …………………………………… 54

第 2 章 磨刀不误砍柴工 利器在手事功倍——MAUI 开发工具 …… 56
2.1 Visual Studio …………………………………… 56
2.2 Visual Studio Code …………………………………… 65
2.3 Gitee …………………………………… 67
2.4 Postman …………………………………… 72
2.5 Sqlite …………………………………… 77
2.6 模拟器 …………………………………… 79

第 3 章 宝剑锋从磨砺出 梅花香自苦寒来——MAUI 开发理论 …… 81
3.1 XAML 可扩展的应用程序标记语言 …………………………………… 81
  3.1.1 XAML 概述 …………………………………… 81
  3.1.2 XAML 基本语法 …………………………………… 82
  3.1.3 XAML 标记扩展 …………………………………… 83
  3.1.4 XAML 命名空间 …………………………………… 86
  3.1.5 XAML 参数传递 …………………………………… 87
  3.1.6 XAML 动态加载 …………………………………… 88
  3.1.7 XAML 编译选项 …………………………………… 89
3.2 MAUI 生命周期 …………………………………… 89
3.3 MAUI 行为特性 …………………………………… 90
3.4 MAUI 手势特性 …………………………………… 94
3.5 MAUI 数据绑定 …………………………………… 97
  3.5.1 数据绑定概述 …………………………………… 97
  3.5.2 基本绑定 …………………………………… 98
  3.5.3 高级绑定 …………………………………… 99
  3.5.4 路径绑定 …………………………………… 101
  3.5.5 条件绑定 …………………………………… 101
  3.5.6 模型绑定 …………………………………… 103
  3.5.7 绑定转换器 …………………………………… 105
3.6 MAUI 模板介绍 …………………………………… 107
  3.6.1 控件模板 …………………………………… 107
  3.6.2 数据模板 …………………………………… 107
3.7 MAUI 触发器 …………………………………… 110
  3.7.1 触发器概述 …………………………………… 110
  3.7.2 普通触发器 …………………………………… 111
  3.7.3 样式触发器 …………………………………… 111
  3.7.4 数据触发器 …………………………………… 111
  3.7.5 事件触发器 …………………………………… 112

  3.7.6 条件触发器 ……………………………………………………… 113
  3.7.7 动画触发器 ……………………………………………………… 114
  3.7.8 状态触发器 ……………………………………………………… 115
  3.7.9 比较触发器 ……………………………………………………… 117
  3.7.10 设备触发器 …………………………………………………… 118
  3.7.11 方向触发器 …………………………………………………… 119
  3.7.12 自适应触发器 ………………………………………………… 120
 3.8 MAUI消息通信 …………………………………………………………… 121
  3.8.1 消息概述 ………………………………………………………… 121
  3.8.2 消息发布 ………………………………………………………… 122
  3.8.3 消息订阅 ………………………………………………………… 123
  3.8.4 取消订阅 ………………………………………………………… 123

第4章 雄关漫道真如铁 而今迈步从头越——MAUI用户界面 124

 4.1 MAUI布局介绍 …………………………………………………………… 124
  4.1.1 布局概述 ………………………………………………………… 124
  4.1.2 绝对布局 ………………………………………………………… 124
  4.1.3 绑定布局 ………………………………………………………… 125
  4.1.4 流式布局 ………………………………………………………… 127
  4.1.5 网格布局 ………………………………………………………… 128
  4.1.6 堆叠布局 ………………………………………………………… 130
 4.2 MAUI动画处理 …………………………………………………………… 131
  4.2.1 动画概述 ………………………………………………………… 131
  4.2.2 基本动画 ………………………………………………………… 132
  4.2.3 缓动动画 ………………………………………………………… 133
  4.2.4 自定义动画 ……………………………………………………… 134
 4.3 MAUI样式处理 …………………………………………………………… 135
  4.3.1 MAUI画笔 ……………………………………………………… 135
  4.3.2 MAUI样式 ……………………………………………………… 137
  4.3.3 MAUI效果 ……………………………………………………… 142
 4.4 MAUI图形图像 …………………………………………………………… 150
  4.4.1 图像操作 ………………………………………………………… 150
  4.4.2 绘制操作 ………………………………………………………… 154
  4.4.3 变换操作 ………………………………………………………… 163
 4.5 MAUI模态组件 …………………………………………………………… 168
  4.5.1 信息窗体 ………………………………………………………… 168
  4.5.2 选择窗体 ………………………………………………………… 169
  4.5.3 问题窗体 ………………………………………………………… 169
  4.5.4 工具栏 …………………………………………………………… 170

4.6 MAUI 页面类型 …… 172
4.6.1 内容页面 …… 172
4.6.2 浮出页面 …… 173
4.6.3 导航页面 …… 176
4.6.4 标签页面 …… 180
4.7 MAUI 页面级控件 …… 183
4.7.1 滚动页控件 …… 183
4.7.2 刷新页控件 …… 184
4.8 MAUI 局部级控件 …… 188
4.8.1 局部级控件概述 …… 188
4.8.2 输入类控件 …… 189
4.8.3 命令类控件 …… 192
4.8.4 数据类控件 …… 195
4.8.5 索引类控件 …… 207
4.8.6 展示类控件 …… 209
4.8.7 设置类控件 …… 213
4.8.8 自定义控件 …… 218

第 5 章 书山有路勤为径 学海无涯苦作舟——MAUI 数据访问 …… 222
5.1 本地数据库 …… 222
5.1.1 环境搭建 …… 222
5.1.2 功能封装 …… 223
5.1.3 应用调用 …… 229
5.2 .NET Core Web API …… 231
5.2.1 .NET Core 最小化 API …… 231
5.2.2 .NET Core Web API 管道模型 …… 238
5.2.3 EFCore …… 240
5.3 网络数据库 …… 241
5.3.1 核心层 …… 241
5.3.2 服务层 …… 247
5.3.3 控制层 …… 249

第 6 章 长风破浪会有时 直挂云帆济沧海——MAUI 平台集成 …… 254
6.1 平台相关 …… 254
6.1.1 Windows 平台 …… 254
6.1.2 Android 平台 …… 254
6.1.3 iOS 平台 …… 255
6.1.4 macOS 平台 …… 256
6.1.5 Tizen 平台 …… 256
6.2 硬件相关 …… 256

  6.2.1 硬件概述 ············ 256
  6.2.2 设备信息 ············ 261
  6.2.3 电池 ············ 263
  6.2.4 传感器 ············ 264
  6.2.5 手电筒 ············ 275
  6.2.6 位置 ············ 275
  6.2.7 振动 ············ 277
  6.2.8 触摸 ············ 277
  6.2.9 媒体 ············ 278
  6.2.10 屏幕 ············ 278
  6.2.11 语音 ············ 279
  6.2.12 浏览器 ············ 279
  6.2.13 地图 ············ 280
 6.3 数据相关 ············ 281
  6.3.1 数据共享 ············ 281
  6.3.2 数据存储 ············ 283
  6.3.3 数据通信 ············ 287

第7章 千淘万漉虽辛苦 吹尽狂沙始到金——MAUI 部署发布 291

 7.1 部署发布前准备 ············ 291
  7.1.1 软件测试 ············ 291
  7.1.2 部署环境 ············ 292
  7.1.3 部署计划 ············ 293
  7.1.4 部署执行 ············ 293
  7.1.5 版本控制 ············ 293
 7.2 Windows 平台部署发布 ············ 294
 7.3 Android 平台部署发布 ············ 299
 7.4 WebAPI 部署发布 ············ 300
 7.5 Docker 容器技术 ············ 303
 7.6 Kubernetes 容器技术 ············ 304
 7.7 DevOps 持续集成 ············ 306

第8章 纸上得来终觉浅 绝知此事要躬行——MAUI 综合实例 310

 8.1 智能合约 ············ 310
 8.2 基于 MAUI 的投票选举 App 概述 ············ 311
 8.3 基于 MAUI 的投票选举 App 前端设计与实现 ············ 314
  8.3.1 页面结构 ············ 314
  8.3.2 视图页面 ············ 317
  8.3.3 投票页面 ············ 319
  8.3.4 数据页面 ············ 322

　　　　8.3.5　设置页面 …………………………………………………… 326
8.4　基于MAUI的投票选举App后端设计与实现 ………………………… 328
　　　　8.4.1　投票区块链数据结构 ……………………………………… 328
　　　　8.4.2　智能合约 …………………………………………………… 331
　　　　8.4.3　依赖注入服务 ……………………………………………… 337
　　　　8.4.4　选举投票 …………………………………………………… 341
　　　　8.4.5　委托投票 …………………………………………………… 342
　　　　8.4.6　投票信息 …………………………………………………… 343
　　　　8.4.7　后端渲染页面 ……………………………………………… 344
后记　路漫漫其修远兮　吾将上下而求索——MAUI技术展望 ………………… 348
参考文献 ……………………………………………………………………………… 350

第 1 章

万丈高楼平地起 勿在浮沙筑高台
——MAUI开发基础

1.1 MAUI 相关基础

1.1.1 移动应用原生开发

移动应用原生开发指利用移动平台的特定开发语言、类库、配套的工具进行应用软件开发。在原生开发中,开发人员可以直接调用系统提供的 API(应用程序接口),能够访问平台的全部功能,如地理位置信息、传感器、摄像头等。因为这种开发方式可以最大限度地利用特定平台的特性和优势,所以原生应用通常具有较高的性能、较快的速度和较好的用户体验。然而凡事是具有两面性的,因为是特定的平台,所以开发成本高,不同平台需要维护不同的代码。

1. 移动应用原生开发的主要优点

(1)**高性能**。原生应用直接在移动设备上运行,能够充分利用设备的硬件资源,具有最佳的性能和响应速度。

(2)**体验佳**。体验佳是建立在高性能的基础上的。原生应用能够提供更为自然、直观和流畅的用户体验,尤其在图形渲染、动画效果和传感器交互等方面具有无与伦比的用户体验。

(3)**功能强**。原生应用可以直接访问设备的硬件资源和系统服务,能够获取平台全部的权限、功能和数据。如地理位置信息、传感器、摄像头、通讯录、相册等。

(4)**灵活性**。建立在功能强的基础上。因为几乎可以完全控制和操作设备,所以编程具有极佳的灵活性。

(5)**安全性**。本地运行,不容易受到网络或者其他恶意软件的攻击。

(6)**兼容性**。每个平台都有自己的原生开发工具和框架,具有自己平台的生态环境,原生开发可以更好地针对性兼容不同平台和设备,开发者可以基于不同的平台进行适配、调试和优化。

2. 移动应用原生开发的主要缺点

（1）**特定性**。由于原生应用是针对特定移动平台开发的，因此每个平台都需要单独开发和维护，这增加了开发成本和人力投入。

（2）**兼容差**。因为特定性的缘故，不同的开发框架和工具互操作性差。

（3）**限制性**。由于原生应用的更新需要经过审核和发布，因此无法像网页应用那样随时更新，这可能会影响应用的及时性和功能更新，同时也增加了用户的安装成本。

（4）**高门槛**。原生开发需要掌握特定的开发语言和工具，而且需要深入了解特定平台的特性和 API，学习曲线陡峭，这增加了开发的难度和技术门槛。

（5）**低敏感**。因为开发时的交互难度大，开发周期长，很可能一个好的创意由于实现层面的困难导致错失市场良机。

3. 移动应用原生开发技术选型

不同系统的移动应用原生开发如表 1-1 所示。

表 1-1 不同系统的移动应用原生开发

原生开发	Android 系统	iOS 系统	Windows Phone 系统
开发语言	Java 和 Kotlin	Objective-C 和 Swift	C# 和 VB.NET
开发框架	Android SDK	iOS SDK	Silverlight 和 XNA
开发工具	Android Studio	Xcode	Visual Studio 和 Expression Blend

移动应用原生开发有其自身的特点，一方面它能够提供最佳的性能和用户体验；另一方面由于开发成本高，因此不适用于短、平、快的市场节奏。在实际应用中，需要根据具体的需求和情况抉择是否采用原生的方式进行开发。

1.1.2 移动应用混合开发

随着移动互联网、人工智能、物联网等技术的高速发展，移动应用与人们的生活息息相关。市场体制机制的健全和完善，导致市场竞争变幻莫测。原生开发在某种程度上已经不适用于短、平、快的需求，为实现跨平台开发，提高开发效率的同时降低开发成本，混合开发技术应运而生。混合开发技术将 Web 技术和原生技术深度融合，实现高效、便捷、跨平台开发。将原生应用开发和网页应用开发扬长避短，不断提高应用性能和用户体验。此外，混合开发还能够实现离线缓存和页面渲染，通过平台适配可以实现与原生开发近乎一致的体验。根据项目需求和团队技能进行综合选择来决定项目是否使用混合开发技术。

1. 移动应用混合开发的主要优点

（1）**跨平台**。一次编写，处处运行。尤其是主流的移动应用两大平台 Android 和 iOS，两套不同的平台，如果使用原生开发，需要两种不同的编程语言和相应配套的工具集，开发难度和维护难度可想而知。

（2）**迭代快**。混合应用开发中，如有代码改动或版本升级只需要重新编译和打包一次，更新和部署方便，大大提高了开发效率。

（3）**易维护**。移动应用混合开发的大部分代码是使用 Web 技术编写的，有效提升代码的可维护性。屏蔽了不同平台之间的差异和维护成本。

（4）**成本低**。学习曲线平缓，无须深入了解各个平台的特性。混合开发技术使用跨平台的开发环境和 API，降低了学习门槛。

（5）**深融合**。移动应用混合开发融合了原生应用的高性能和网页应用跨平台的特点，可以实现更多功能和交互效果。

2. 移动应用混合开发的主要缺点

（1）**性能低**。基于 WebView 的运行机制，相比于原生开发，混合应用的响应速度和用户体验流畅度可能会受到一些影响。

（2）**一致性差**。这里主要指外观体验的一致性较差。不同的平台和设备上可能会呈现出不同的效果，如果没有进行专门适配和测试，效果与原生开发相比会大打折扣。如果不能够很好地应对此问题，可能会造成一次编译多个平台，处处埋坑的境地。

3. 移动应用混合开发的主流技术

目前，混合开发的主流技术包括 HTML5＋CSS3、JavaScript。主流框架包括 MUI、Cordova、PhoneGap、React Native、Flutter 等。后起之秀是本书介绍的 MAUI 框架。

（1）**MUI**。MUI 框架是 Dcloud 公司研发的最接近原生 App 体验的高性能前端框架。具有丰富的生态环境，使用 HBuilder 工具进行开发和构建，追求原生 UI 体验是其重要目标。此外，MUI 不依赖任何第三方 JavaScript 库，是一个轻量级的框架。

（2）**Cordova**。Apache 的项目，是一个开源免费跨平台的移动框架，提供了丰富的 API 插件来支持本地原生功能调用，能够实现高性能和稳定性。

（3）**PhoneGap**。由 Adobe 公司开发，可以为开发者提供性能稳定、品质卓越的移动应用。跨平台能力堪称一流。

（4）**React Native**。由 Facebook 公司开发的一种非常流行的移动开发框架，可以帮助开发者快速构建跨平台的移动应用程序。将 JavaScript 代码编译成二进制，可以很高效地运行。

（5）**Flutter**。Google 开源的构建用户界面工具包，具有跨平台、热重载、高画质等特性。

1.1.3　TCP/IP 协议

网络通信协议就是网络上各个节点间进行相互通信的一组规则，每种设备都是基于这些规则完成相关的交互操作。网络操作系统中使用的通信协议有 TCP/IP 协议、IPX/SPX 协议、AppleTalk 协议等。

在介绍 TCP/IP 协议之前，首先需要介绍著名的开放系统互连（Open System Interconnect，OSI）参考模型。OSI 参考模型共有 7 层，分别是物理层、数据链路层、网络层、传输层、会话层、表示层和应用层。为保证各层之间的独立性、灵活性、架构可分性、维护性和标准化将协议进行了层次划分。上层协议实体与下层协议实体之间的逻辑接口叫作服务访问点（Service Accessing Point）。上层调用下层的功能，下层为上层提供服务。相同的层与层之间是对等关系。

OSI 参考模型中物理层利用传输介质为数据链路层提供物理连接，实现比特流的透明传输；数据链路层负责建立和管理节点间的链路，将有差错的物理信道变为无差错的、能可靠传输数据帧的数据链路；网络层为通信子网中的分组选择最合适的路由；传输层向用户提供可靠的、端到端的差错和流量控制，保证报文的正确传输；会话层组织和协商两个会话进程之间的通信，并对数据交换进行管理；表示层将应用层的命令和数据进行解释；应用层向用户提供服务，负责完成网络中应用程序与网络操作系统之间的联系，以及协调各个应用程序间的工作。物理层、数据链路层、网络层、传输层主要完成通信子网的功能，会话层、表示层和应用层主要完成资源子网的功能。

与 ISO(国际标准化组织)的 OSI 参考模型相对应，TCP/IP 协议 4 层模型分别是网络接口层、网络层、传输层和应用层。网络接口层包括操作系统中的设备驱动程序、计算机中对应的网络接口卡，完成物理层和链路层相关的功能；网络层处理网络中的分组以及分组的路由选择机制；传输层提供主机之间端到端的通信；应用层负责处理特定的应用程序通信。TCP/IP 协议 4 层模型是 ISO 的 7 层参考模型的简化，因为抢占了市场先机，是因特网的事实标准。

ISO 的 OSI 7 层模型与 TCP/IP 4 层模型的对应关系如图 1-1 所示。

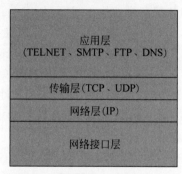

图 1-1　OSI 模型与 TCP/IP 模型的对应关系

注：远程登录服务协议（TELNET）、简单邮件传输协议（Simple Mail Transfer Protocol，SMTP）、文件传输协议（File Transfer Protocol，FTP）、域名系统（Domain Name System，DNS）、传输控制协议（Transmission Control Protocol，TCP）、用户数据报协议（User Datagram Protocol，UDP）、互联网协议（Internet Protocol，IP）。

下面简要说明 3 个常用的协议。

（1）IP 是网络层的协议，定义了互联网中数据包的基本结构和路由规则。IP 协议是 TCP/IP 协议族中的核心协议之一，主要作用是将数据从源节点传输到目标节点，它负责在源节点和目标节点之间建立连接，并确保数据的可靠传输。目前 IP 协议有两个主要的版本，即 IPv4 和 IPv6。IPv4 是当前广泛使用的版本，它使用 32 位二进制来表示每个网络节点的地址。一般分为四组，即 8 位二进制一组，每组使用一个十进制数与之对应，组与组之间用点号分割，这种使用 4 个十进制数配合点号分割表示 IP 地址的方法称为点分十进制（Dotted Decimal Notation）法。IP 地址是每个网络节点的唯一标识符，它由一个 IP 地址空间和子网掩码组成。IP 地址空间被划分为不同的网络段，每个网络段对应一个特定的网络或子网。子网掩码用于标识每个网络或子网的地址范围。IPv6 是 IPv4

的升级版本,它使用128位地址来表示每个网络节点,提供了更大的地址空间和更高的安全性。

(2) TCP 是一种面向连接的、可靠的、基于字节流的传输层通信协议。它位于 OSI 模型的传输层,提供了一种全双工的、面向连接的、可靠的字节流服务。

(3) UDP 是一种无连接的传输层协议,提供了一种简单的数据传输服务,不保证数据传输的可靠性和顺序性,尽最大努力交付报文。

1.1.4 HTTP 协议

超文本传输协议(Hypertext Transfer Protocol,HTTP)是位于应用层的协议。用于分布式、协作式和超媒体信息系统。HTTP 协议的工作原理是基于请求和响应模型,客户端向服务器发送请求,服务器返回响应。主要特点包括无连接、无状态、面向文本、简单快速等。基于 TCP 协议作为传输协议,通过 TCP 连接进行数据传输。HTTP 协议的默认端口号是 80。广泛应用于 Web 网页、电子邮件、搜索引擎等。HTTP 协议的版本有 HTTP/1.0、HTTP/1.1、HTTP/2、HTTP/3,目前最常用的版本是 HTTP/1.1。

HTTP 请求报文是由客户端向服务器发送的,由请求行、请求头部和请求数据组成。

请求行包括请求方法、请求 URL 和 HTTP 版本。

HTTP 协议支持以下请求方法。

CONNECT。基于 TCP/IP 协议,通过三次握手的方式建立客户端与服务器之间的连接。

OPTIONS。返回服务器针对特定资源所支持的 HTTP 请求方法,或测试服务器的功能性请求。在跨域请求(Cross-Origin Resource Sharing,CORS)的情况下,OPTIONS 请求通常被用于预检请求。当浏览器发起跨域请求时,如果请求类型为复杂请求,浏览器会自动先发送一个 OPTIONS 请求到服务器,询问服务器是否允许该跨域请求。服务器在收到 OPTIONS 请求后,如果接受该跨域请求,则会返回相应的响应头信息,浏览器在收到响应后才会继续发起实际的 HTTP 请求。

GET。向特定的资源发出请求。GET 请求的参数体现在统一资源定位符(Uniform Resource Locator,URL)中。URL 的格式一般为 http://主机地址?Key1=Value1&Key2=Value2&...&KeyN=ValueN。问号后面是参数,通过与号进行分隔,以键值对的形式给出。KeyN 表示第 N 个参数名,ValueN 表示第 N 个参数值。

POST。向指定资源提交数据进行处理请求。请求体中包含数据信息。

HEAD。服务器返回与 GET 请求相一致的响应,但不返回响应体信息。

PUT。用于向服务器上传数据,通常用于更新操作的场景。将数据放在请求的主体中,并指定数据的存放位置。服务器在接收到 PUT 请求后,会将请求中的数据保存到指定的位置,并返回相应的响应。

DELETE。请求服务器删除 URL 请求中所标识的资源。

TRACE。通过回显服务器收到的请求,用于测试或诊断。

请求头部是可选的,它包括通用头、请求头和实体头。

HTTP 协议请求包括以下通用头。

Accept。客户端能够接受的响应内容类型。
Accept-Charset。客户端能够接受的字符集。
Accept-Encoding。客户端能够接受的编码方式。
Accept-Language。客户端能够接受的语言类型。
Connection。是否保持 TCP 连接。
Host。请求资源所在的主机名和端口号。
If-Modified-Since。请求的资源在某个时间点之后是否被修改过。
User-Agent。发出请求的用户代理程序。

请求数据是可选的,是请求的主体。请求数据可以是表单数据、XML 数据、JSON 数据、文件上传数据等。

HTTP 响应报文是由服务器向客户端发送的,它由响应行、响应头部和响应数据组成。

响应行包括 HTTP 版本、状态码和响应文本。常见的状态码如下。

1xx。表示临时响应并需要请求者继续执行操作的状态代码。
2xx。表示成功处理了请求。
200。服务器已成功处理了请求。
201。请求成功并且服务器创建了新的资源。
202。服务器已接受请求,但尚未处理。
204。请求成功,但服务器没有返回任何内容。
205。重置内容。
206。服务器成功处理了部分 GET 请求。
3xx。重定向,表示要完成请求,需要进一步操作。
301。请求的资源已被永久移动到新的 URL。
302。请求的资源已被临时移动到新的 URL。
303。请求的资源需要在另一个 URL 下进行处理。
304。请求的资源在服务器上未被修改,可以直接使用缓存的版本。
4xx。客户端错误,表示客户端发送的请求有错误。
400。请求语法错误。
401。客户端没有权限访问请求的资源。
403。服务器拒绝访问请求的资源。
404。请求的资源不存在。
5xx。服务器内部错误。
500。服务器在处理请求时发生了内部错误。
501。服务器不支持请求的功能。
502。错误的网关。
503。服务不可用。
504。网关超时。

响应头部是可选的,它包括通用头、响应头和实体头。HTTP 协议响应包括以下通用头。

Access-Control-Allow-Origin。可以参与跨站资源共享的站点。

Allow。针对特定资源的有效行为。

Cache-Control。缓存控制。no-cache 表示不使用缓存控制。

Connection。当前事务完成后是否关闭连接。keep-alive 表示不关闭，close 表示关闭。

Content-Encoding。内容编码格式。

Content-Language。内容使用语言。

Content-Length。返回数据的字节长度。

Content-Type。返回数据的内容类型。

Date。创建报文的日期时间。

Expires。设置响应体的过期时间。

Last-Modified。请求对象最后一次修改的时间。

Location。重定向或创建新资源时使用。

Refresh。重定向或创建新资源时定时刷新。

Server。服务器名称。

Set-Cookie。设置 Cookie。

Status。响应状态。

Transfer-Encoding。传输实体的编码格式。支持 compress、chunked、deflate、gzip、identity。

响应数据是可选的，它是响应主体的内容。响应数据可以是 HTML 文档、CSS 数据、JS 数据、XML（eXtensible Markup Language，可扩展标记语言）数据、JSON（JavaScript Object Notation，JS 对象标记）数据、图片、音频、视频等。

报文头是 HTTP 协议中用于传递元信息的一部分，包括通用头、请求头、响应头和实体头。

HTTP1 的问题是效率低下，存在队头阻塞问题。HTTP 发起的 TCP 请求在串行的情况尤为明显，虽然可以采用并行的方式进行 TCP 并发连接，但因为连接数的限制，依然存在队头阻塞问题。另一个问题是传输效率问题，由于标头未经压缩，因此造成大量的网络带宽资源浪费。

为解决 HTTP1 存在的问题，HTTP2 应运而生。HTTP2 基于 SPDY 协议，其最显著的改进主要体现在多路复用、允许设置请求优先级、压缩算法、二进制传输，旨在获得更快、更简单、更稳定的效果。针对阻塞问题，HTTP2 引入了二进制分帧层，实现了连接的多路复用，提高了连接的利用率。针对传输效率问题，引入 HPACK 算法对标头进行压缩，这样可以减小标头大小，节约网络带宽，提升传输效率。

二进制分帧层（Binary Framing Layer，BFL）的作用是将数据以二进制方式进行编码传输，这样可以提高连接利用率。传输帧的顺序由底层的 TCP 协议进行保证，以实现多路复用。

HAPCK 压缩算法对头部数据进行压缩。客户端和服务器端各自维护一份字典，有动态表和静态表两种形式,每种形式均以三元组(索引号,头部键,头部值)的形式进行存储。客户端和服务器端通过索引号进行数据传输,这样就实现了标头数据的压缩。

由于 TCP 协议面向连接效率低、队头阻塞、慢启动、握手延迟等固有的问题,导致 HTTP2 虽然很大程度上解决了 HTTP1 的问题,但效率方面欠佳。

快速 UDP 网络连接(Quick UDP Internet Connections,QUIC)是基于 UDP 上的一个新的传输层协议,在 HTTP3 中使用。HTTP3 是为了处理 HTTP2 传输相关问题应运而生的,旨在在各种设备上都能够更快地访问 Web。HTTP3 将大大改善上网体验,应用于物联网、大数据、虚拟现实技术等。

针对队头阻塞问题,QUIC 基于 UDP 协议,实现了无序、并发字节流的传输,真正意义地实现了应用层的多路复用。针对握手延迟等问题,HTTP3 重新定义了 TLS 协议加密 QUIC 头部的方式,提高网络安全性,降低建立连接的时延。此外,HTTP3 实现了连接迁移功能,这样可以减少 5G 环境下高速移动设备连接导致的维护成本。

1.1.5 HTTPS 协议

超文本传输安全协议(HyperText Transfer Protocol Secure,HTTPS)是一种计算机网络安全通信的传输协议。HTTPS 是在 HTTP 通信协议的基础上引入了加密层,使用安全套接字层(Secure Socket Layer,SSL)/传输层安全(Transport Layer Security,TLS)协议加密数据包。旨在提供对网站服务器的身份认证,保障传输数据的机密性与完整性。

HTTPS 协议默认工作在 TCP 协议的 443 端口。HTTP 协议使用明文传输,数据未加密,安全性较差,而 HTTPS 数据传输过程是加密的,安全性较好。HTTPS 协议安全性是建立在数据加密、身份认证、完整性机制上的。HTTPS 协议需要向数字证书认证机构(Certificate Authority,CA)申请证书。因其建立在 SSL/TLS 上,比 HTTP 协议要更耗费服务器资源,所以比 HTTP 协议响应速度慢。

1.1.6 网络数据传输格式

网络数据传输格式主要有二进制格式、XML 格式、JSON 格式和 Protobuf(Protocol Buffers)格式(因篇幅问题不再详述)等。

1. XML 格式

XML 是一种标记性质的编程语言,可以用于存储和传输数据。采用标记来描述数据,能够与多种不同的编程语言和应用程序进行互操作。广泛应用于 Web 开发、数据交换、数据存储等领域,能够序列化和反序列化,是一种灵活且强大的标记性语言。文件名称的扩展名为 xml。

以下是 XML 格式的举例。

【例 1-1】 XML 格式。

```
1    <?xml version = "1.0" encoding = "UTF - 8" ?>
2    <!-- 知名网站信息 -->
3    < sites >
```

```
 4      < site id = "1001">
 5          < name >华为</name >
 6          < description >信息与通信技术供应商</description >
 7          < url > www.huawei.com/cn/</url >
 8      </site >
 9      < site id = "1002">
10          < name >百度</name >
11          < description >全球最大的中文搜索引擎</description >
12          < url > www.baidu.com </url >
13      </site >
14      < site id = "1003">
15          < name >京东</name >
16          < description >大型电子商务企业</description >
17          < url > www.jd.com </url >
18      </site >
19      < site id = "1004">
20          < name >当当</name >
21          < description >知名的综合性网上购物商城</description >
22          < url > www.dangdang.com </url >
23      </site >
24      < site id = "1005">
25          < name >亚马逊</name >
26          < description >美国最大的一家网络电子商务公司</description >
27          < url > gs.amazon.cn </url >
28      </site >
29  </sites >
```

2．XML 语法简介

首行是 XML 文档声明，定义了版本号和编码方式。

注释使用<!-- 注释内容 -->来表示。上述示例中第二行就是注释信息。

XML 标记由开始标记<标记名称>和结束标记</标记名称>组成。

XML 标记的名称区分大小写，可以含字母、数字及其他字符，不能以数字开头，不能包含空格或冒号等特殊字符。

XML 标记具有树形结构，可以进行嵌套。上述示例中< site >和< sites >进行了嵌套。

XML 标记名称允许重复。上述示例中< site >标记进行了重复。

XML 标记中可以定义属性。上述示例中定义了 id 属性。

3．XML 的主要优点

（1）**结构化**。XML 文档以树形结构对数据进行组织，具备良好的结构化特性。

（2）**标准化**。XML 使用统一的标记语言，使得数据格式规范统一。XML 已经成为许多行业的标准，以简单对象访问协议（Simple Object Access Protocol，SOAP）和可扩展超文本标记语言（eXtensible HyperText Markup Language，XHTML）为主导，成为工业应用中网络传输、数据存储的事实标准。

（3）**跨平台**。XML 可以在不同的操作系统以及编程语言中使用，使得数据易于交换和共享。

（4）**跨语言**。多种编程语言可以对 XML 进行操作。不同编程语言具有不同的库，这些库提供了 XML 相关的多种功能，包括 XML 解析、XML 生成、XML 序列化、XML

反序列化、XML 验证、XML 路径查询、XML 转换和 XML 处理等。

（5）**互操作**。由于其结构化和标准化特性，XML 易于与其他系统进行远程交互。数据传输比较方便，尤其适合在网络中传输。互操作建立在跨平台和跨语言的基础上。

（6）**可读性**。XML 由于其规范化的数据结构，结合其分层特性，具有良好的语法与语义，使得其易于理解。

（7）**自述性**。XML 文档本身的结构和语义特性，易于理解和解析，具备自描述性。

（8）**维护性**。XML 文档结构清晰，易于阅读和维护。维护性建立在可读性和自述性的基础上。

（9）**扩展性**。XML 是一种开放性的语言，任何人都可以使用和修改它，使得 XML 得到了广泛的应用和支持。

4. XML 的主要缺点

（1）**复杂性**。服务器端和客户端通过 XML 进行交互，需要复杂的算法和操作代码实现 XML 格式的解析。用户需要编写大量代码进行数据相关操作。另外，XML 复杂的验证机制可能会影响其灵活使用。

（2）**高成本**。因为复杂性，导致开发成本增加。

（3）**兼容性**。客户端使用不同的浏览器，解析方式不一致可能会产生兼容性问题。

（4）**高存储**。与二进制数据相比，XML 文件通常更大，这样会导致更多的存储空间，需要更多的带宽来进行传输。

XML 的特点使其在某些应用场景下非常适用，同时在其他场景下可能不是最佳选择。需要具体问题具体分析，综合各方面因素来决定是否使用 XML 技术。

5. JSON 格式

JSON 是一种轻量级的数据交换格式。JSON 易于阅读和理解，方便机器解析和生成。JSON 是基于 JavaScript 语言编写的，但 JSON 独立于语言和平台。轻量化和独立的特性使得 JSON 成为网络编程中常用的通信格式。文件名称的扩展名为 json。

以下是 JSON 格式举例。

【例 1-2】 JSON 格式。

```
1  {
2      "id": "1001",
3      "name": "张三",
4      "sector": "销售中心",
5      "position": "销售经理",
6      "authority": ["8030", "8031", "8035"],
7      "VPMN": "62001",
8      "image": "images/1.jpg"
9  }
```

6. JSON 语法简介

数据以键值对的形式保存，键值对以冒号进行分隔，数据之间以逗号分隔。

字符串通过双引号表达。

数字是整型或者浮点型，布尔值是 true 或 false，空值是 null。

对象通过花括号进行表达。

数组通过方括号进行表达,数组中可以嵌套多个对象。

转义字符通过反斜杠进行表达。

7. JSON 的主要优点

(1)**轻量性**。JSON 数据通常比 XML 数据更轻量,更加适合在各种网络环境中传输,尤其是实时应用中的使用。

(2)**易解析**。由于其轻量性特性,易于各种计算机编程语言进行处理。

(3)**可读性**。所有键都是字符串,所有值都有相应的格式,具有良好的语法与语义,使得其易于理解。

(4)**结构化**。结构简单,由键值对组成。

(5)**跨平台**。JSON 可以在不同的操作系统以及编程语言中使用,使得数据易于交换和共享。

(6)**跨语言**。多种编程语言可以对 JSON 进行操作。不同编程语言具有不同的库。

(7)**互操作**。互操作是建立在跨平台和跨语言的基础上的。

(8)**扩展性**。JSON 支持嵌套结构,无须命名空间。

(9)**兼容性**。多种浏览器支持,且具备跨域传输特性。

(10)**低耦合**。特别适合 Web 开发前后端分离的场景。

8. JSON 的主要缺点

(1)**效率低**。时间复杂度方面体现在客户端和服务器端进行字符串处理时,需要花费一定的代价进行字符串操作,以提取相关信息。虽然其支持嵌套结构,但是应对复杂应用场景显得力不从心;空间复杂度方面体现在需要更多的存储,这可能会增加额外的开销。

(2)**性能低**。在数据库应用场合,由于每一条记录里面键和值都要保存,因此每次查询都要进行相应处理。

JSON 被广泛应用于各种通信场合,具有简单性、易用性、轻量性、扩展性等优点。JSON 在处理简单的数据交换和存储时,是一种非常高效和方便的方式,尤其适合 Web 前后端分离的场景。

1.1.7 RESTful API

RESTful 风格的接口具有结构清晰、符合标准、易于理解、扩展方便的特点。表现层状态转换(Representational State Transfer)是一种提供了一组设计原则和约束条件的软件架构和设计风格,并不是标准。客户端和服务器端进行通信的接口遵循 RESTful 风格,对应于 HTTP 协议的请求方法如下。

GET(对应选择 SELECT):从服务器端取出一项或多项资源。

POST(对应创建 CREATE):在服务器端新建一个资源。

PUT(对应更新 UPDATE):更新服务器端资源,涉及实体的全部字段。

PATCH(对应更新 UPDATE):更新服务器端资源,涉及实体的部分字段。

DELETE(对应删除 DELETE):从服务器端删除资源。

1.1.8 Web 技术的演进

Web 技术从 Web 1.0 至 Web 5.0，几经变迁，见证了互联网的发展历史。在此不打算进行长篇大论，采用表格的方式总结 Web 技术各版本的情况。

Web X.0 理论对比如表 1-2 所示。

表 1-2　Web X.0 理论对比

版本	代表人物	核心要义	本质	特点	进化方向	经济模式
Web 1.0	Tim Berners-Lee	所见即所得	联合	单向性、静态性	万维网	信息经济
Web 2.0	Tim O'Reilly	所荐即所得	互动	双向性、交互性	万维网、虚拟专用网	平台经济
Web 3.0	Gavin Wood	所建即所得	共享	共享性、信任性、分布性、融合性、普适性	语义网知识图谱派、互联网去中心化派、技术融合元宇宙派	代币经济
Web 5.0	Jack Dorsey	所感即所得	自由	沉浸性、安全性、融合性	去中心化派进化版、元宇宙派进化版、Web 2.0 与 Web 长期共存	共享经济

Web X.0 实践对比如表 1-3 所示。

表 1-3　Web X.0 实践对比

版本	相关技术	前端主流实现方式	中间件实现方式	后端主流实现方式	成功案例
Web 1.0	静态页面、网络工程	HTML、CSS	HTTP 服务器	JS	雅虎
Web 2.0	人工智能、大数据、云计算、物联网、动态页面、虚拟融合	HTML5、CSS、JS、TS、JQuery、Ionic、Angular、React、Vue、Ext、Cordova、PhoneGap	各种关系数据库、各种非关系数据库、各种消息队列、Nginx 等各种网关、各种微服务监控技术、容器技术	JSP、ASP、PHP、J2EE、SpringMVC、SpringBoot、.NET Core、Node.Js	亚马逊、Facebook、腾讯、字节跳动
Web 3.0	人工智能、元宇宙、扩展融合、区块链、非同质化代币、加密技术、渐进式页面	HTML5、JavaScript、TS、Angular、React、Vue、Blazor、MAUI	各种非关系数据库、各种新型数据库、容器技术、服务网格与云原生	.NET Core、Node.Js	国际货币支付电讯体系、央行数字货币试点
Web 5.0	算力、算法、网络、内容	PWA	DID	ION 公链	敬请期待

1.2　MAUI 快速入门

1.2.1　MAUI 跨平台特性

作为移动混合应用开发的后起之秀，MAUI(.NET Multi-platform App UI)基于

.NET 的跨平台应用程序界面是 Microsoft 推出的一个开源项目,使用 C♯和可扩展应用标记语言(XAML)来创建移动应用及桌面应用,项目源码和官方网址详见前言中的二维码。MAUI 提供了一个框架,用于为移动应用和桌面应用生成用户界面。可以开发在单个共享代码库上运行的应用,可以部署在 Windows 平台、Android 平台、iOS 平台、macOS 平台、Tizen 平台。作为 Xamarin.Forms 的下一代版本,目的是提供更高的性能和更好的可扩展性。MAUI 底层使用.NET 6、.NET 7、.NET 8 进行跨平台开发,支持 XAML 热重载、AOT(预先)编译、插件化架构等功能,帮助开发人员更快地构建跨平台应用程序。

1. MAUI 框架的主要优点

(1) **跨平台**。可以部署在 Windows 平台、Android 平台、iOS 平台、macOS 平台、Tizen 平台。

(2) **高性能**。MAUI 使用了 XAMLUI 渲染引擎。利用本地集成机制,允许开发人员在需要时调用原生平台的 API 和相应的功能。利用平台特定的功能,在需要时可以获得更高的性能。

(3) **体验佳**。Windows 平台称霸操作系统多年,作为 WPF 技术的延伸,MAUI 包含了许多 UI 组件和控件,基于 XAMLUI 渲染引擎,实现了强大的动画和转场效果,提供了绝佳的用户体验。

(4) **底层优**。MAUI 集成了.NET 6、.NET 7、.NET 8,这意味着它拥有了.NET Core 的新功能和新改进,以及 JIT 编译器、高性能和 C♯语言新特性等。

(5) **复用性**。使用跨平台的 C♯开发语言,可复用大量现有的框架和库函数,全面打通物联网、人工智能、移动开发、Web 开发、桌面开发各大开发领域的生态,真正做到一种语言全平台发布、一次开发处处运行。复用性是建立在底层优的基础上的。

(6) **生态优**。MAUI 构建在.NET 生态系统的基础上,可以利用.NET 的丰富工具和库来加速开发过程。以 Microsoft 为强大的后盾,具有大量的社区支持,开发人员可以从社区中获取大量的资源及支持。生态优是建立在底层优、复用性的基础上的。

(7) **先进性**。MAUI 应用程序可以进行热重载、提前编译(Ahead Of Time,AOT)、插件化架构等,提供了更好的开发体验。与云原生等技术深度融合,提供了更好的运维体验。预打包并分发,减少了应用程序启动的时间,提供了更好的用户体验。先进性是建立在底层优的基础上的。

(8) **成本低**。在环境搭建方面,相比于 Android 原生开发,尤其是后期学习和开发实战中需要经历的各种问题,MAUI 学习曲线较为平滑。有一定的 C♯和 HTML 基础即可快速上手,尤其是针对复杂程序处理、涉及人工智能等多领域的应用,使用基于 C♯的开发,后期就会体会到复用带来的巨大效益。

(9) **架构优**。基于模型-视图-视图模型(Model-View-View Model,MVVM)设计模式,开发人员能够更好地组织和管理应用程序代码。

2. MAUI 框架的主要缺点

因为技术相对较新,MAUI 框架目前最大的缺点是不够成熟,多平台部署上可能存在一些性能方面的折中,需要进行更加深入的优化,改进的道路上任重道远。另外,

Windows 平台方面，尚不支持 Windows 7，最低版本支持 Windows 10，对于 Windows 7 的庞大用户需求来说，遗产系统是否转型到此技术需要三思。不过相信在不久的将来，.NET 的继续优化和逐步完善，MAUI 框架早晚会克服目前存在的各种漏洞和现有问题。作为全世界计算机龙头企业 Microsoft 大力支持的技术，MAUI 引领互联网＋的未来，MAUI 大概率会成为 21 世纪先进的技术之一。

1.2.2　MAUI 快速入门示例

学习任何编程技术都少不了 Hello World 程序。本节通过讲解 MAUI Hello World 程序让读者对 MAUI 框架有个宏观层面的认识。下面读者动手创建第一个 MAUI 程序。

首先，启动 Visual Studio 2022 程序，如图 1-2 所示。

图 1-2　Visual Studio 2022 启动界面

单击"创建新项目"按钮，进入"创建新项目"界面，如图 1-3 所示。

选择".NET MAUI 应用"，单击"下一步"按钮。"配置新项目"界面如图 1-4 所示。

在"项目名称"文本框中输入 MAUIFirst，根据自己计算机的情况选择项目位置，单击"下一步"按钮。"其他信息"界面如图 1-5 所示。

在"框架"下拉列表中选择相应的框架。.NET 8 框架是长期支持的框架，.NET 7 框架是标准期限支持的框架。Microsoft 公司一般发布的偶数版本是长期支持的框架，奇数版本是标准期限支持的框架。如果是学习、研究或探索建议使用最新版本；如果用于生产环境建议使用稳定版本，即选择长期支持的框架，单击"下一步"按钮。项目界面如图 1-6 所示。

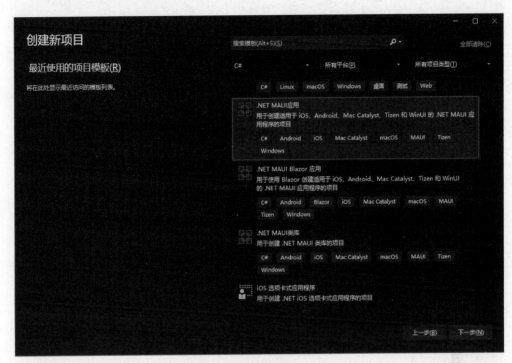

图 1-3 "创建新项目"界面

图 1-4 "配置新项目"界面

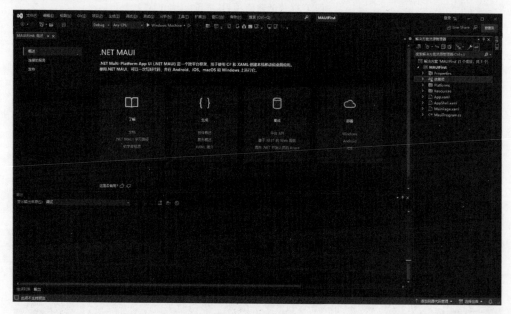

图1-5 "其他信息"界面

图1-6 项目界面

项目界面中有 MAUI 的介绍,是很好的入门材料,如果读者想了解更多信息可进入官网网址(网址详见前言二维码)。

可单击工具栏中绿色的"运行"按钮运行项目。MAUIFirst 项目初始运行结果如图1-7所示。

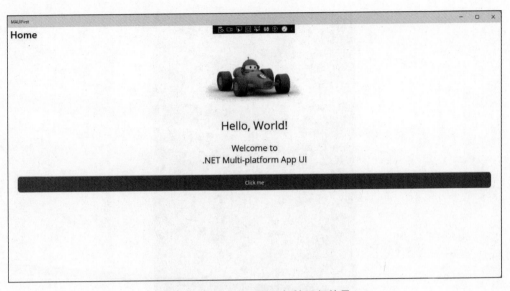

图1-7　MAUIFirst项目初始运行结果

连续单击界面中的按钮两次，运行结果如图1-8所示。

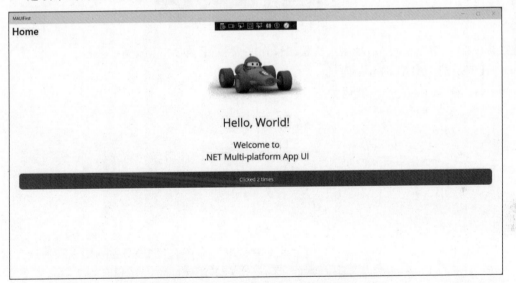

图1-8　MAUIFirst项目单击两次按钮后的运行结果

此时可以看到按钮上面的文字对应的数值随着单击次数的增加而增加。这样就成功运行了MAUI框架的"Hello,World!"程序。

1.2.3　MAUI项目结构介绍

MAUIFirst项目结构如图1-9所示。

可以看到，解决方案下面有一个项目MAUIFirst，项目根目录下的文件夹默认包括Properties文件夹、依赖项、Platforms文件夹和Resources文件夹。项目根目录下的文件

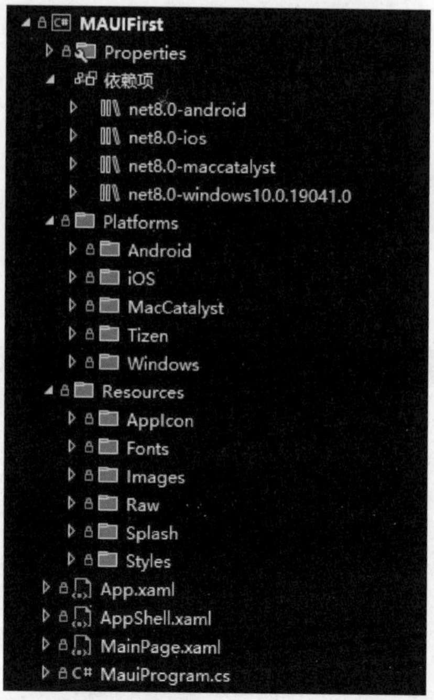

图 1-9 MAUIFirst 项目结构

默认包括 App.xaml、AppShell.xaml、MainPage.xaml 和 MauiProgram.cs。

【例 1-3】 MAUIFirst 项目。

launchSettings.json 代码如下：

```
1  {
2    "profiles": {
3      "Windows Machine": {
4        "commandName": "MsixPackage",
5        "nativeDebugging": false
6      }
7    }
8  }
```

上述代码描述了 Windows 环境下的配置情况。命令名称 commandName，本地调试选项 nativeDebugging。关于 JSON 格式的语法和语义详见 1.1.6 节内容。

依赖项中包含了库文件。涉及 4 个平台的库文件，依次是 net8.0-android、net8.0-ios、net8.0-maccatalyst、net8.0-windows10.0.19041.0。选择"工具"→"NuGet 包管理器"→"管理解决方案的 NuGet 程序包(N)"选项，接着选择"已安装"选项页，如图 1-10 所示。

这里说明下，NuGet 是一个 .NET 平台下的开源的项目，它是 Visual Studio 的扩展。NuGet 将项目中添加、移除和更新引用操作变得简单化。一方面可以使用 PowerShell 命令进行操作，另一方面可以使用 NuGet 图形界面进行操作。具体相关配置和使用方法详见第 2 章相关内容。

接着介绍 Platforms 文件夹。Platforms 文件夹包含平台相关代码和配置。

图 1-10 MAUIFirst 项目依赖

Platforms 文件夹包括 Android、iOS、MacCatalyst、Tizen、Windows 共 5 个子文件夹。每个子文件夹包含特定平台相关的文件。Platforms 文件夹下的默认内容如图 1-11 所示。

图 1-11 Platforms 文件夹下的默认内容

Android 文件夹包括 Resources 子文件夹、AndroidManifest.xml、MainActivity.cs 和 MainApplication.cs。

color.xml 代码如下：

```
1  <?xml version = "1.0" encoding = "UTF-8"?>
2  <resources>
3    <color name = "colorPrimary">#512BD4</color>
4    <color name = "colorPrimaryDark">#2B0B98</color>
5    <color name = "colorAccent">#2B0B98</color>
6  </resources>
```

color.xml 文件定义了许多 resources 资源，资源的内容是各种 color（颜色），每个 color 标签通过 name 属性定义了不同的名字。这样在 MAUI 程序中可以通过属性名称使用这些颜色。

AndroidManifest.xml 代码如下：

```
1  <?xml version = "1.0" encoding = "UTF-8"?>
2  <manifest xmlns:android = "http://schemas.android.com/apk/res/android">
3    <application android:allowBackup = "true" android:icon = "@mipmap/appicon" android:roundIcon = "@mipmap/appicon_round" android:supportsRtl = "true"></application>
4    <uses-permission android:name = "android.permission.ACCESS_NETWORK_STATE" />
5    <uses-permission android:name = "android.permission.INTERNET" />
6  </manifest>
```

类比原生开发的 AndroidManifest.xml 文件，xmlns:android 定义了命名空间。application 标签定义了应用级的声明。android:allowBackup 属性表示是否允许备份，android:icon 属性表示应用程序的图标，android:roundIcon 属性表示应用程序的圆角版图标，android:supportsRtl 属性表示是否愿意支持从右到左的布局。这里重点介绍 android:supportsRtl 属性。RTL（Right-To-Left，从右到左）的布局，默认值是 false。如果设置为 true，目标软件开发工具包（Software Development Kit，SDK）版本 targetSdkVersion 设置为 17 或更高，各种 RTL 的 API 将被激活，应用程序支持 RTL 布局。如果设置为 false，目标 SDK 版本 targetSdkVersion 设置为 16 或更低，RTL 的 API 将被忽略。application 标签后面就是各种权限标签，通过 uses-permission 进行配置。默认配置包含两项：android.permission.ACCESS_NETWORK_STATE 表示获取网络信息状态，用于判断当前的网络连接是否有效；android.permission.INTERNET 表示访问网络连接，可能产生 GPRS 流量。用户可以继续在此添加各种权限配置项目，与 Android 原生开发配置方法一致。

MainActivity.cs 代码如下：

```
1  using Android.App;
2  using Android.Content.PM;
3  using Android.OS;
4
5  namespace MAUIFirst;
6
7  [Activity(Theme = "@style/Maui.SplashTheme", MainLauncher = true, ConfigurationChanges =
   ConfigChanges.ScreenSize | ConfigChanges.Orientation | ConfigChanges.UiMode | ConfigChanges.
   ScreenLayout | ConfigChanges.SmallestScreenSize | ConfigChanges.Density)]
```

```
8   public class MainActivity : MauiAppCompatActivity
9   {
10  }
```

可以看出，默认引入了 Android SDK 下的 App、Content.PM 和 OS 命名空间。MainActivity 类相当于 Android 原生开发的主 Activity，可以理解为主界面。Android 原生开发的主界面入口继承了 MauiAppCompatActivity 类。注解配置项目 Theme 表示 App 的主题，默认引入 style/Maui.SplashTheme 样式文件。MainLauncher 主启动配置为 true，ConfigurationChanges 配置改变项目包括 ScreenSize(屏幕大小)、Orientation(方向)、UiMode(界面模式)、ScreenLayout(屏幕布局)、SmallestScreenSize(最小化屏幕)、Density(密集模式)各个配置项目的组合。

MainApplication.cs 代码如下：

```
1   using Android.App;
2   using Android.Runtime;
3
4   namespace MAUIFirst;
5
6   [Application]
7   public class MainApplication : MauiApplication
8   {
9       public MainApplication(IntPtr handle, JniHandleOwnership ownership)
10          : base(handle, ownership)
11      {
12      }
13      protected override MauiApp CreateMauiApp() => MauiProgram.CreateMauiApp();
14  }
```

MainApplication 类继承 MauiApplication 类。默认引入了 Android.App 和 Android.Runtime 两个命名空间。MainApplication 类的构造方法包括 IntPtr 上下文句柄，JniHandleOwnership 对象是 Java 命名空间接口所有者句柄。这两个参数传递给了父类的构造方法。此外，通过 override 重写 MauiApplication 的 CreateMauiApp()方法创建 MAUI 应用。利用委托方式调用了 MauiProgram 类的静态方法 CreateMauiApp()创建 MAUI 应用。

iOS 文件夹包括 AppDelegate.cs、Info.plist 和 Program.cs。

AppDelegate.cs 代码如下：

```
1   using Foundation;
2
3   namespace MAUIFirst;
4
5   [Register("AppDelegate")]
6   public class AppDelegate : MauiUIApplicationDelegate
7   {
8       protected override MauiApp CreateMauiApp() => MauiProgram.CreateMauiApp();
9   }
```

AppDelegate 是应用程序委托类，继承了 MauiUIApplicationDelegate。默认引入 Foundation 架构基础命名空间，通过注册机制 Register 注册了这个应用程序委托类。和

Android 平台下方式一致，通过 override 重写 MauiApplication 的 CreateMauiApp()方法创建 MAUI 应用。利用委托方式调用了 MauiProgram 类的静态方法 CreateMauiApp()创建 MAUI 应用。

Info.plist 和 iOS 原生开发一致，是 iOS 平台下的配置清单类。

Info.plist 代码如下：

```
1   <?xml version = "1.0" encoding = "UTF-8"?>
2   <!DOCTYPE plist PUBLIC " -//Apple//DTD PLIST 1.0//EN" "http://www.apple.com/DTDs/PropertyList-1.0.dtd">
3   <plist version = "1.0">
4   <dict>
5       <key>LSRequiresIPhoneOS</key>
6       <true/>
7       <key>UIDeviceFamily</key>
8       <array>
9           <integer>1</integer>
10          <integer>2</integer>
11      </array>
12      <key>UIRequiredDeviceCapabilities</key>
13      <array>
14          <string>arm64</string>
15      </array>
16      <key>UISupportedInterfaceOrientations</key>
17      <array>
18          <string>UIInterfaceOrientationPortrait</string>
19          <string>UIInterfaceOrientationLandscapeLeft</string>
20          <string>UIInterfaceOrientationLandscapeRight</string>
21      </array>
22      <key>UISupportedInterfaceOrientations~ipad</key>
23      <array>
24          <string>UIInterfaceOrientationPortrait</string>
25          <string>UIInterfaceOrientationPortraitUpsideDown</string>
26          <string>UIInterfaceOrientationLandscapeLeft</string>
27          <string>UIInterfaceOrientationLandscapeRight</string>
28      </array>
29      <key>XSAppIconAssets</key>
30      <string>Assets.xcassets/appicon.appiconset</string>
31  </dict>
32  </plist>
```

上述 XML 文档定义了 Apple 的文档类型定义(Document Type Definition，DTD)格式，plist 声明了 version 版本号为 1.0。dict 标签是字典项，包含了许多配置信息。配置信息讲解如下。

LSRequiresIPhoneOS 配置项。确定应用程序是否只能运行在 iPhone 设备上，还是可以在 iPad 等 iOS 设备上运行。默认值为 true。

UIDeviceFamily 配置项。用于设置设备的家族类型，iPhone、iPad、iPod Touch。这里采用数组列出配置值。

UIRequiredDeviceCapabilities 配置项。配置应用程序需要的设备功能。ARM64 支持 64 位处理器的指令集和体系架构。

UISupportedInterfaceOrientations 配置项。配置应用程序支持的屏幕方向。

UIInterfaceOrientationPortrait 竖屏、UIInterfaceOrientationLandscapeLeft 向左横向、UIInterfaceOrientationLandscapeRight 向右横向。

UISupportedInterfaceOrientations～iPad 配置项。专门针对 iPad 配置应用程序支持的屏幕方向。UIInterfaceOrientationPortrait 竖屏、UIInterfaceOrientationPortraitUpsideDown 倒转、UIInterfaceOrientationLandscapeLeft 向左横向、UIInterfaceOrientationLandscapeRight 向右横向。

XSAppIconAssets 配置项。图标集。

Program.cs 代码如下：

```
1   using ObjCRuntime;
2   using UIKit;
3
4   namespace MAUIFirst;
5
6   public class Program
7   {
8       static void Main(string[] args)
9       {
10          UIApplication.Main(args, null, typeof(AppDelegate));
11      }
12  }
```

这是 iOS 平台的主程序入口点，默认引入 ObjCRuntime 和 UIKit 两个命名空间。如果想增加不同的委托配置，可以在此进行个性化配置。

iOS 表示移动客户端平台，MacCatalyst 表示计算机客户端平台。MacCatalyst 文件夹包括 AppDelegate.cs、Info.plist、Program.cs 和 Entitlements.plist。因为都是 Apple 公司的产品，同 iOS 平台类似，内容和配置大同小异，在此不再赘述，这里仅展示 Entitlements.plist 的相关代码。

```
1   <?xml version = "1.0" encoding = "UTF-8"?>
2   <!DOCTYPE plist PUBLIC "-//Apple//DTD PLIST 1.0//EN" "http://www.apple.com/DTDs/PropertyList-1.0.dtd">
3   <plist version = "1.0">
4       <!-- See https://aka.ms/maui-publish-app-store#add-entitlements for more information about adding entitlements. -->
5       <dict>
6           <!-- App Sandbox must be enabled to distribute a MacCatalyst app through the Mac App Store. -->
7           <key>com.apple.security.app-sandbox</key>
8           <true/>
9           <!-- When App Sandbox is enabled, this value is required to open outgoing network connections. -->
10          <key>com.apple.security.network.client</key>
11          <true/>
12      </dict>
13  </plist>
```

Tizen 是英特尔和三星联合开发的手机和其他设备的操作系统。MAUI 支持 Tizen 平台。Tizen 文件夹包括 Main.cs 和 tizen-manifest.xml。

Main.cs 是 Tizen 平台的主程序入口点，与 Android 平台代码类似，通过重写

CreateMauiApp()方法实现与 MAUI 框架的关联。Program.cs 代码如下:

```
1   using System;
2   using Microsoft.Maui;
3   using Microsoft.Maui.Hosting;
4
5   namespace MAUIFirst;
6
7   class Program : MauiApplication
8   {
9   protected override MauiApp CreateMauiApp() => MauiProgram.CreateMauiApp();
10      static void Main(string[] args)
11      {
12          var app = new Program();
13          app.Run(args);
14      }
15  }
```

tizen-manifest.xml 代码如下:

```
1   <?xml version="1.0" encoding="UTF-8"?>
2   <manifest package="maui-application-id-placeholder" version="0.0.0" api-version="7" xmlns="http://tizen.org/ns/packages">
3     <profile name="common"/>
4     <ui-application appid="maui-application-id-placeholder" exec="MAUIFirst.dll" multiple="false" nodisplay="false" taskmanage="true" type="dotnet" launch_mode="single">
5       <label>maui-application-title-placeholder</label>
6       <icon>maui-appicon-placeholder</icon>
7       <metadata key="http://tizen.org/metadata/prefer_dotnet_aot" value="true"/>
8     </ui-application>
9     <shortcut-list/>
10    <privileges>
11      <privilege>http://tizen.org/privilege/internet</privilege>
12    </privileges>
13    <dependencies/>
14    <provides-appdefined-privileges/>
15  </manifest>
```

上述 XML 文档定义了包 maui-application-id-placeholder、版本号 version 为 0.0.0、应用程序接口版本号 api-version 为 7 以及 XML 命名空间。ui-application 标签配置了 appid 应用程序 ID,启动动态链接库 exec 为 MAUIFirst.dll,启动模式 launch_mode 为单例,应用程序标签 label 为 maui-application-title-placeholder,应用程序图标 icon 和应用程序元数据 metadata。通过 privileges 标签还配置了 internet 网络权限。

Windows 文件夹下包括 app.manifest、App.xaml 和 Package.appxmanifest。

app.manifest 代码如下:

```
1   <?xml version="1.0" encoding="UTF-8"?>
2   <assembly manifestVersion="1.0" xmlns="urn:schemas-microsoft-com:asm.v1">
3     <assemblyIdentity version="1.0.0.0" name="MAUIFirst.WinUI.app"/>
4     <application xmlns="urn:schemas-microsoft-com:asm.v3">
5       <windowsSettings>
6         <!-- The combination of below two tags have the following effect:
7              1) Per-Monitor for >= Windows 10 Anniversary Update
8              2) System < Windows 10 Anniversary Update
```

```
 9            -->
10            <dpiAware xmlns = "http://schemas.microsoft.com/SMI/2005/WindowsSettings">
   true/PM</dpiAware>
11            <dpiAwareness xmlns = "http://schemas.microsoft.com/SMI/2016/WindowsSettings">
   PerMonitorV2, PerMonitor</dpiAwareness>
12        </windowsSettings>
13      </application>
14    </assembly>
```

XML 文件的根节点是 assembly 标签。assemblyIdentity 标签定义了程序集版本号和名称。application 标签中定义了 windowsSettings 配置项。dpiAware 和 dpiAwareness 属性中的可用选项仅用于启用或禁用每英寸点数(Dots Per Inch, DPI)感知。

App.xaml 代码如下：

```
1    <maui:MauiWinUIApplication
2        x:Class = "MAUIFirst.WinUI.App"
3        xmlns = "http://schemas.microsoft.com/winfx/2006/xaml/presentation"
4        xmlns:x = "http://schemas.microsoft.com/winfx/2006/xaml"
5        xmlns:maui = "using:Microsoft.Maui"
6        xmlns:local = "using:MAUIFirst.WinUI">
7    </maui:MauiWinUIApplication>
```

上述 XAML 代码包括 MAUIWindows 界面程序标签，对应的 C# 代码如下：

```
1    using Microsoft.UI.Xaml;
2
3    namespace MAUIFirst.WinUI;
4
5    public partial class App : MauiWinUIApplication
6    {
7        public App()
8        {
9            this.InitializeComponent();
10       }
11       protected override MauiApp CreateMauiApp() => MauiProgram.CreateMauiApp();
12   }
```

上述代码引入了 Microsoft.UI.Xaml 命名空间。使用分布类 App，继承自 MauiWinUIApplication(MAUI 框架界面程序)，构造方法调用 InitializeComponent() 方法进行界面初始化操作。同 Android、iOS、MacCatalyst 平台类似，重写 CreateMauiApp() 方法进行应用程序初始化操作。

Package.appxmanifest 代码如下：

```
1    <?xml version = "1.0" encoding = "UTF-8"?>
2    <Package
3        xmlns = "http://schemas.microsoft.com/appx/manifest/foundation/windows10"
4        xmlns:uap = "http://schemas.microsoft.com/appx/manifest/uap/windows10"
5        xmlns:mp = "http://schemas.microsoft.com/appx/2014/phone/manifest"
6    xmlns:rescap = "http://schemas.microsoft.com/appx/manifest/foundation/windows10/
   restrictedcapabilities"
7        IgnorableNamespaces = "uap rescap">
8        <Identity Name = "maui-package-name-placeholder" Publisher = "CN = User Name"
   Version = "0.0.0.0" />
```

```
 9      <mp:PhoneIdentity PhoneProductId = "F63737A2-F11D-4D4C-91BF-9B96BDEAF59E"
        PhonePublisherId = "00000000-0000-0000-0000-000000000000"/>
10      <Properties>
11        <DisplayName>$placeholder$</DisplayName>
12        <PublisherDisplayName>User Name</PublisherDisplayName>
13        <Logo>$placeholder$.png</Logo>
14      </Properties>
15      <Dependencies>
16        <TargetDeviceFamily Name = "Windows.Universal" MinVersion = "10.0.17763.0"
        MaxVersionTested = "10.0.19041.0"/>
17        <TargetDeviceFamily Name = "Windows.Desktop" MinVersion = "10.0.17763.0"
        MaxVersionTested = "10.0.19041.0"/>
18      </Dependencies>
19      <Resources>
20        <Resource Language = "x-generate"/>
21      </Resources>
22      <Applications>
23        <Application Id = "App" Executable = "$targetnametoken$.exe" EntryPoint =
        "$targetentrypoint$">
24          <uap:VisualElements
25            DisplayName = "$placeholder$"
26            Description = "$placeholder$"
27            Square150x150Logo = "$placeholder$.png"
28            Square44x44Logo = "$placeholder$.png"
29            BackgroundColor = "transparent">
30            <uap:DefaultTile Square71x71Logo = "$placeholder$.png" Wide310x150Logo =
        "$placeholder$.png" Square310x310Logo = "$placeholder$.png"/>
31            <uap:SplashScreen Image = "$placeholder$.png"/>
32          </uap:VisualElements>
33        </Application>
34      </Applications>
35      <Capabilities>
36        <rescap:Capability Name = "runFullTrust"/>
37      </Capabilities>
38    </Package>
```

上述配置说明如下。

Identity 配置项。包含应用程序名称 Name、应用程序发布者 Publisher、版本号 Version。

mp:PhoneIdentity 配置项。包含电话产品编号 PhoneProductId、电话产品发布者 PhonePublisherId。

Properties 配置项。包含显示名称 DisplayName、发布显示名称 PublisherDisplayName、商标 Logo。

Dependencies 配置项。程序集依赖,包括两个目标设备族 TargetDeviceFamily 子节点。分别包括 Windows.Universal(Windows 通用版)对应的最低版本号和最高版本号,以及 Windows.Desktop(Windows 桌面版)对应的最低版本号和最高版本号。

Resources 配置项。资源配置项中的语言 Language 的值为 x-generate。

Applications 配置项。包括可执行程序对应的 exe、目标入口 EntryPoint,以及可视化标签相关的配置。

Capabilities 配置项。能力配置项。

以上内容是平台相关的文件介绍。下面介绍资源 Resources 目录。

资源 Resources 目录包括 AppIcon、Fonts、Images、Raw、Splash、Styles 共计 6 个子文件夹。资源文件夹存放应用程序所需的各种资源文件。

AppIcon 应用程序图标文件夹。包含应用程序启动显示的图标。一般采用 SVG 格式。SVG(Scalable Vector Graphics)是一种描述二维图形的语言,称为可缩放矢量图形。基于 XML 用于描述矢量图形、图像和文本,适用于创建复杂的高分辨率图形、动画以及交互式 Web 应用程序。

Fonts 字体文件夹。通常使用 TTF 格式,一种字体文件表示方式,可以很方便地在程序中引用相应的字体。

Images 图像文件夹。包含应用程序中的图像文件。

Raw 文件夹。应用程序中部署的任何原始资产的存放位置。

Splash 文件夹。开机启动界面相关的文件。

Styles 文件夹。存放样式相关的文件。默认包含 Colors.xaml 和 Styles.xaml。

下面重点介绍 Colors.xaml 和 Styles.xaml。

Colors.xaml 代码如下:

```
1  <?xml version = "1.0" encoding = "UTF-8" ?>
2  <?xaml-comp compile = "true" ?>
3  <ResourceDictionary
4      xmlns = "http://schemas.microsoft.com/dotnet/2021/maui"
5      xmlns:x = "http://schemas.microsoft.com/winfx/2009/xaml">
6      <Color x:Key = "Primary">#512BD4</Color>
7      <!-- 此处省略其他代码 -->
8      <SolidColorBrush x:Key = "PrimaryBrush" Color = "{StaticResource Primary}"/>
9      <!-- 此处省略其他代码 -->
10 </ResourceDictionary>
```

配置文件的根节点 ResourceDictionary 包括两类子节点:Color 和 SolidColorBrush。

Color 节点代表颜色,属性 x:Key 是颜色的键,Color 节点的值使用十六进制表示颜色。这些预定义的颜色供应用程序使用。

SolidColorBrush 节点是实心颜色画刷,属性 x:Key 是实心颜色画刷的键,属性 Color 是实心颜色画刷的值,通过静态引用 StaticResource 引用相应颜色键对应的颜色,这样实心颜色画刷就有了对应的颜色。

Styles.xaml 代码如下:

```
1  <?xml version = "1.0" encoding = "UTF-8" ?>
2  <?xaml-comp compile = "true" ?>
3  <ResourceDictionary
4      xmlns = "http://schemas.microsoft.com/dotnet/2021/maui"
5      xmlns:x = "http://schemas.microsoft.com/winfx/2009/xaml">
6      <Style TargetType = "ActivityIndicator">
7          <Setter Property = "Color" Value = "{AppThemeBinding Light = {StaticResource Primary}, Dark = {StaticResource White}}" />
8      </Style>
9      <Style TargetType = "IndicatorView">
10         <Setter Property = "IndicatorColor" Value = "{AppThemeBinding Light = {StaticResource Gray200}, Dark = {StaticResource Gray500}}"/>
11         <Setter Property = "SelectedIndicatorColor" Value = "{AppThemeBinding Light = {StaticResource Gray950}, Dark = {StaticResource Gray100}}"/>    </Style>
```

```
12              <!-- 此处省略其他代码 -->
13          </ResourceDictionary>
```

因文件内容较多,限于篇幅,此处不进行一一展示,读者可自行查阅相关代码。这里仅就前3个样式配置项目进行简要介绍,使读者有直观认识。和Colors.xaml文件一样,根节点是ResourceDictionary资源字典。Style是样式标签,TargetType属性是目标控件类型,此样式作用于目标控件。例如,第一个样式对应的目标控件是ActivityIndicator动画指示器。Setter标签设置该控件的属性,Property对应属性名称,Value对应属性值。IndicatorView是指示器视图控件,Border是边框控件。

剩下的文件将在1.2.4节中进行详细介绍。

1.2.4 MAUI项目启动过程

1.2.3节中新建项目剩下的文件没有介绍,包括3个页面、1个启动类和项目文件。每个页面分别对应XAML文件和CS文件。启动类是MauiProgram.cs,项目文件是MAUIFirst.csproj。

图1-12 MAUI程序的启动过程

MAUI程序的启动过程如图1-12所示,图中的标号表示启动顺序。

MAUI程序启动过程的UML时序图如图1-13所示。

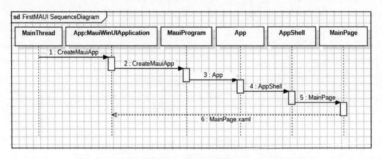

图1-13 MAUI程序启动过程的UML时序图

MAUI程序的主入口点是之前介绍各平台的入口程序。以Windows平台为例,App.xaml.cs中的App类通过构造函数调用InitializeComponent()进行控件初始化操作,派生类重写CreateMauiApp()方法基于Lambda表达式的方式调用MauiProgram类的CreateMauiApp()方法。MauiProgram.cs中的静态方法CreateMauiApp()创建了MAUI程序。App.xaml.cs初始化控件后,构造AppShell对象。AppShell.xaml.cs完成AppShell对象的初始化工作。AppShell.xaml调用MainPage页面完成MAUI程序主页面的加载。这样,通过上述4个步骤,完成了MAUI程序的启动过程。下面对每个过程进行详细介绍。

MauiProgram.cs代码如下:

```
1   using Microsoft.Extensions.Logging;
2
3   namespace MAUIFirst;
```

```
4
5    public static class MauiProgram
6    {
7        public static MauiApp CreateMauiApp()
8        {
9            var builder = MauiApp.CreateBuilder();
10           builder
11               .UseMauiApp<App>()
12               .ConfigureFonts(fonts =>
13               {
14                   fonts.AddFont("OpenSans-Regular.ttf", "OpenSansRegular");
15                   fonts.AddFont("OpenSans-Semibold.ttf", "OpenSansSemibold");
16               });
17   #if DEBUG
18           builder.Logging.AddDebug();
19   #endif
20           return builder.Build();
21       }
22   }
```

静态类 MauiProgram 中默认仅有一个方法 CreateMauiApp()，该方法完成 MauiApp 对象的构建过程。CreateMauiApp()的宏观思想是以构建器设计模式构建 MauiApp 对象。首先通过 MauiApp 的静态方法 CreateBuilder()创建构建器对象，构建器对象通过链式调用的方式完成 MAUI 程序的相关配置，最后通过调用构建器对象的 Build()方法完成 MauiApp 对象构建过程。链式调用是现代高级编程语言中常用配置对象的方式，是责任链设计模式的应用。每一步链式调用的返回值均是操作对象本身，调用的过程就是对对象属性的配置过程，链式调用的好处是结构清晰，增强代码的可读性。同时链式调用能够降低耦合度，将请求的发送者和接收者进行解耦，简化对象，增强给对象指派职责的灵活性和扩展性。与 ASPNetCore API 类似，UseXXX()方法是对 XXX 中间件进行配置。中间件采用管道设计模式，是责任链模式的变体。管道扮演着流水线的角色，将待操作的数据传递到一个加工处理序列中，加工处理后进行下一级管道的传递。依次经过各个处理器管道后，完成数据处理操作。有关管道模型的详细介绍详见 5.2.2 节的相关内容。这里调用 UseMauiApp<T>()方法，配置的泛型参数是 App，即 App.xaml.cs 中的 App。

App.xaml 代码如下：

```
1    <?xml version="1.0" encoding="UTF-8" ?>
2    <Application xmlns="http://schemas.microsoft.com/dotnet/2021/maui"
3                 xmlns:x="http://schemas.microsoft.com/winfx/2009/xaml"
4                 xmlns:local="clr-namespace:MAUIFirst"
5                 x:Class="MAUIFirst.App">
6        <Application.Resources>
7            <ResourceDictionary>
8                <ResourceDictionary.MergedDictionaries>
9                    <ResourceDictionary Source="Resources/Styles/Colors.xaml" />
10                   <ResourceDictionary Source="Resources/Styles/Styles.xaml" />
11               </ResourceDictionary.MergedDictionaries>
12           </ResourceDictionary>
13       </Application.Resources>
14   </Application>
```

Application.Resources 节点定义了应用程序的资源清单。子节点 ResourceDictionary 是资源字典。资源字典是一个合并的文件集，通过子节点 MergedDictionaries 进行逐个配置。上述代码配置了两部分资源内容，分别是位于 Resources/Styles 下的 Colors.xaml 和 Styles.xaml，相关配置内容 1.2.3 节中已经进行了介绍，这里不再赘述。如果想增加配置，继续追加 ResourceDictionary 条目即可。

App.xaml.cs 代码如下：

```
1   namespace MAUIFirst;
2
3   public partial class App : Application
4   {
5       public App()
6       {
7           InitializeComponent();
8           MainPage = new AppShell();
9       }
10  }
```

这里的 App 是一个 partial 分部类，会同对应 Platform 平台文件夹下的 App 相关类一起进行编译。App 类继承了 Application 类，构造方法首先调用 InitializeComponent() 方法完成控件的初始化操作，最后通过初始化 AppShell 对象完成主界面对象的构造。

AppShell.xaml 代码如下：

```
1   <?xml version = "1.0" encoding = "UTF-8" ?>
2   <Shell
3       x:Class = "MAUIFirst.AppShell"
4       xmlns = "http://schemas.microsoft.com/dotnet/2021/maui"
5       xmlns:x = "http://schemas.microsoft.com/winfx/2009/xaml"
6       xmlns:local = "clr-namespace:MAUIFirst"
7       Shell.FlyoutBehavior = "Disabled"
8       Title = "MAUIFirst">
9       <ShellContent
10          Title = "Home"
11          ContentTemplate = "{DataTemplate local:MainPage}"
12          Route = "MainPage" />
13  </Shell>
```

Shell 是通过提供大多数应用所需的基本功能从而降低应用开发复杂性的。一般完成视觉层次结构、导航用户体验和集成的搜索程序等。上述代码中可以看到 AppShell 继承 Shell 类，以 Shell 为根节点，ShellContent 为其子节点。Shell.FlyoutBehavior 表示是否为左右侧滑出菜单，这里默认配置为 false 表示禁用 Flyout 滑出菜单行为。ShellContent 是 Shell 根节点的内容，属性有标题（Title）、内容模板 ContentTemplate 和路由 Route 都指向 MainPage 对象。AppShell.xaml.cs 的代码较为简单，就是初始化控件，代码如下：

```
1   namespace MAUIFirst;
2
3   public partial class AppShell : Shell
4   {
5     public AppShell()
6     {
```

```
7        InitializeComponent();
8    }
9 }
```

通过 AppShell 的介入,完成 MainPage(MAUI 主界面)的调用。MainPage 最终被渲染至 AppShell.xaml。最后介绍呈现用户界面的主角 MainPage.xaml。MainPage.xaml 负责界面显示,MainPage.xaml.cs 负责界面逻辑。

MainPage.xaml 代码如下:

```
1  <?xml version = "1.0" encoding = "UTF-8" ?>
2  <ContentPage xmlns = "http://schemas.microsoft.com/dotnet/2021/maui"
3               xmlns:x = "http://schemas.microsoft.com/winfx/2009/xaml"
4               x:Class = "MAUIFirst.MainPage">
5      <ScrollView>
6          <VerticalStackLayout
7              Padding = "30,0"
8              Spacing = "25">
9              <Image
10                 Source = "dotnet_bot.png"
11                 HeightRequest = "185"
12                 Aspect = "AspectFit"
13     SemanticProperties.Description = "dot net bot in a race car number eight" /
14             <Label
15                 Text = "Hello, World!"
16                 Style = "{StaticResource Headline}"
17                 SemanticProperties.HeadingLevel = "Level1" />
18             <Label
19                 Text = "Welcome to &#10;.NET Multi-platform App UI"
20                 Style = "{StaticResource SubHeadline}"
21                 SemanticProperties.HeadingLevel = "Level2"
22     SemanticProperties.Description = "Welcome to dot net Multi platform App UI" />
23             <Button
24                 x:Name = "CounterBtn"
25                 Text = "Click me"
26                 SemanticProperties.Hint = "Counts the number of times you click"
27                 Clicked = "OnCounterClicked"
28                 HorizontalOptions = "Fill" />
29         </VerticalStackLayout>
30     </ScrollView>
31 </ContentPage>
```

x:Class 属性指明了 MainPage 所属的命名空间和类。内容页 ContentPage 是页面的根节点。滚动页 ScrollView 标签包裹着垂直布局标签 VerticalStackLayout。垂直布局标签 Spacing 属性表示间隙、Padding 属性表示与四周的间距、VerticalOptions 属性表示垂直对齐方式。垂直布局标签 VerticalStackLayout 内部包裹着 4 个控件,分别是一个图片控件 Image、两个标签控件 Label、一个按钮控件 Button。图片控件 Image 指明了图片源 Source、语义属性描述内容 SemanticProperties、图片的高 HeightRequest、图片的水平对齐方式 HorizontalOptions;标签控件 Label 指明了标签显示文本 Text、语义标题级别 SemanticProperties.HeadingLevel、语义描述 SemanticProperties.Description、标签显示字体大小 FontSize、标签水平对齐方式 HorizontalOptions；按钮控件 Button 指明了按钮控件名称 x:Name、按钮显示内容 Text、按钮提示语义 SemanticProperties.Hint、单击触发事件 Clicked、水平对齐方式 HorizontalOptions。

作为实现逻辑的 MainPage.xaml.cs 的代码如下：

```
1   namespace MAUIFirst;
2
3   public partial class MainPage : ContentPage
4   {
5       int count = 0;
6       public MainPage()
7       {
8           InitializeComponent();
9       }
10      private void OnCounterClicked(object sender, EventArgs e)
11      {
12          count++;
13          if (count == 1)
14              CounterBtn.Text = $"Clicked {count} time";
15          else
16              CounterBtn.Text = $"Clicked {count} times";
17          SemanticScreenReader.Announce(CounterBtn.Text);
18      }
19  }
```

主页面 MainPage 类继承内容页面 ContentPage 类，构造方法调用 InitializeComponent() 进行初始化。整型成员变量 count 表示单击次数。事件 OnCounterClicked 实现按钮单击后的操作，参数 sender 表示对象传递者，e 表示事件参数。事件函数的形参和 WinForm 单击事件完全类似。单击后的逻辑是单击次数 count 实现自增，如果为首次单击，按钮名称为 CounterBtn 的按钮文本显示对应的单击次数为1；如果为后续单击，按钮名称为 CounterBtn 的按钮文本显示对应的单击次数为 count(time 单词的意思是次数)，通过判断变量是否为1来确定是否为复数形式，这里使用了字符串插值语法。最后调用屏幕语义读取器 SemanticScreenReader 的 Announce() 方法进行读取按钮显示的内容。至此，完成了 MAUIFirst 项目的相关介绍。希望通过本节的介绍，使读者快速入门，能够对 MAUI 有宏观和感性层面的认识，初步领略 MAUI 的风采。

1.3 MAUI 底层框架

1.3.1 .NET Standard

.NET Standard 可以理解为一个通用类库的标准，.NET Standard 是针对多个 .NET 实现的一整套 .NET API 规范。微软的目的是统一生态，提升一致性、共享性和互操作性。.NET Standard 有严格的版本控制机制。高版本的 .NET Standard API 数量增多，但是使用局限于对应高版本的 .NET，同理，低版本的 .NET Standard API 数量减少，但通用性更强。表1-4 数据来自官方。

表 1-4 .NET Standard 各版本 API 数量

.NET Standard 各版本	API 数量/总 API 数量
.NET Standard 1.0	7949/37118
.NET Standard 1.1	10239/37118
.NET Standard 1.2	10285/37118
.NET Standard 1.3	13122/37118
.NET Standard 1.4	13140/37118
.NET Standard 1.5	13355/37118
.NET Standard 1.6	13501/37118
.NET Standard 2.0	32638/37118
.NET Standard 2.1	37118/37118

1.3.2 .NET Framework

.NET Framework 是大名鼎鼎的微软公司开发的一个供程序员编程的平台，为所有的.NET 程序语言提供了一个公共的基础类库。这个基础类库是面向对象的可重用类型集合，包含了大量可靠的底层实现代码。目的是实现一致的面向对象的编程环境，不仅适用于本地存储和执行，而且还适用于在 Internet 上分布式执行甚至是远程过程调用的远程执行。.NET Framework 为上层应用提供了一个软件部署、版本控制、安全性的执行环境。基于.NET Framework 的代码还可以与其他编程语言进行互操作。

.NET Framework 主要包含两个主要组件：CLR（Common Language Runtime，公共语言运行时）和.NET Framework 类库。公共语言运行时是.NET Framework 的基础，类似于 Java 编程语言中的 JVM（Java Virtual Machine，Java 虚拟机）。.NET Framework 类库包含一系列高可靠可重用的类，开发人员可以基于它开发多种类型的应用程序，如命令行程序或图形界面程序。Microsoft.NET Framework 中主要包括以下类库：目录服务类、数据库访问类、XML 类、字符串处理以及正则表达式类、消息通信类、网络协议类、硬件操作类、I/O 操作类、多线程类等。

.NET Framework 有着辉煌的历史。.NET Framework 大事记如下。

时光追溯到 2000 年，微软公司发布了第一个.NET Framework Beta 版本。

2001 年，微软公司发布了.NET Framework 的第一个正式版本 v1.0。

2003 年，.NET Framework 升级到了 v1.1 版本，该版本对桌面应用开发和 Web 开发进行了完善，并推出了 ASP.NET。

2006 年，.NET Framework 发布了 v2.0 版本。同年 9 月，.NET Framework 发布了 v3.0 版本。

2010 年，.NET Framework 发布了 v4.0 版本。该版本用于 Windows 的新托管代码编程模型，是可用于创建任意基于 Windows 系统的应用程序，支持各种业务流程的工具。它提供了更快的编译速度、更好的性能、更强大的功能以及更丰富的 API。同时，它还支持跨平台开发，使得开发者可以在不同的操作系统上使用相同的代码进行开发。

2012 年，.NET Framework 发布了 v4.5 版本。.NET Framework 4.5 的新特性包括异步编程，可以使应用程序更加健壮和高效。此外，它还提供了一个可提高代码执行安全性的代码执行环境,可以保护由未知的或不完全受信任的第三方创建的代码。

2015年,.NET Framework 4.6是微软.NET Framework 4.5之后的下一个版本,它提供了更快的编译速度、更好的性能、更强大的功能以及更丰富的API。同时,它还支持跨平台开发,使得开发者可以在不同的操作系统上使用相同的代码进行开发。

2017年,.NET Framework发布了v4.7版本。主要为Windows 10上的Windows呈现基础(Windows Presentation Foundation,WPF)程序提供了触控支持以及高DPI支持。

2019年,.NET Framework发布了v4.8版本。.NET Framework 4.8是重要的里程碑,性能大幅提升、安全性大幅增强、提供了跨平台支持、改进的调试和诊断工具。

.NET Framework支持多种编程语言,C♯、Visual Basic.NET、Visual C++.NET、J♯、Python等。历经近20余载,.NET Framework经历了跨语言的平台到跨语言跨平台的飞跃。当然,微软公司设计.NET Framework的初衷是提供一种跨平台的解决方案,可以帮助开发人员快速构建应用程序。同时与Java语言阵营进行市场对抗,力推C♯编程语言。.NET Framework的首选编程语言就是C♯,本书大部分篇幅也以C♯编程语言为范本。

1.3.3 .NET Core

.NET Core是微软公司开发的开源免费、跨平台的计算机软件框架。可以在Windows、Linux和macOS上运行。设计初衷是跨平台的.NET平台,包含了.NET Framework中的大部分类库,具有高性能、高可靠的特点,.NET Core是基于包的管理方式,采用NuGet包管理方式的架构。

.NET Core项目架构包括Core FX(核心类库部分)、Core CLR(核心公共语言运行时)、.NET Compiler Platform(编译器平台)、.NET Core Runtime(基于AOT编译技术优化包)、LLVM-based MSIL Compiler(MSIL跨平台编译器)。

.NET Core各项目说明如下。

Core FX(核心类库部分)。核心类库的集合。

Core CLR(核心公共语言运行时)。高性能的即时编译器Just-In-Time Compiler。

.NET Compiler Platform(编译器平台)。包括核心程序库mscorlib、JIT(Just-In-Time)编译器、垃圾收集器GC、运行微软中间语言(Microsoft Intermediate Language,MSIL)所需要的运行时环境。

.NET Core Runtime(包含AOT的场景优化运行时)。是一个跨平台通用的运行环境,用于支持.NET Core应用程序的执行。具有AOT编译功能,程序在编译时就已经提前将源代码或中间代码转换为目标平台的机器代码。例如,提前编译为通用Windows平台(Universal Windows Platform,UWP)中的本地代码,这样可以减少启动延迟。

LLVM-based MSIL Compiler(MSIL跨平台编译器)。基于底层虚拟机(Low Level Virtual Machine)的MSIL跨平台编译器。

.NET Core各版本说明如下。

.NET Core 1.x于2016年发布。.NET Core的最初版本,提供了跨平台、高性能和轻量级的开发体验。

．NET Core 2.x 于 2017 年发布。更好的性能、兼容性和更多的开发工具。

．NET Core 3.x 于 2019 年发布。支持 Windows 桌面应用程序开发、基于 Windows 的用户界面框架（WPF）和 Windows Forms 的现代化改进等一系列新特性。

．NET 5 于 2020 年发布。这里名称中不再包含 Core 字样，是集桌面应用程序开发、移动应用程序开发、网络应用程序开发、游戏开发、人工智能、大数据、物联网、云计算等各领域为一体的重大里程碑。

．NET 6 于 2021 年发布。具备更多的新特性和性能的改进，这是一个长期支持版。

．NET 7 于 2022 年发布。易于构建和部署分布式云原生应用。

．NET 8 于 2023 年 11 月发布。这是一个长期支持版，本书示例基于此版本。

可以看到，.NET 与时俱进，今后的每两年可能会发布一个长期支持版。

1.3.4 ．NET Standard、．NET Framework 和．NET Core 三者的关系

．NET Standard、．NET Framework 和．NET Core 三者都是．NET 发展历程的重要组成部分。三者关系总结如下。

．NET Standard 提供了一个统一的．NET 标准。

．NET Framework 主要针对的是 Windows 操作系统平台。

．NET Core 则是跨平台的．NET 实现。

三者关系如图 1-14 所示。

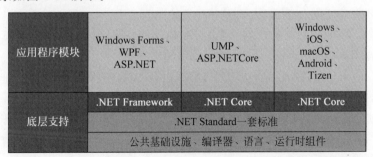

图 1-14 ．NET Standard、．NET Framework 和．NET Core 三者关系图

1.4 MAUI 开发语言

1.4.1 C♯语言

C♯是由微软公司开发的一种现代的、高效的、跨平台的面向对象的编程语言。C♯语言之父是 Anders Hejlsberg（安德斯·海尔斯伯格），C♯语言的别称是 C++++，设计初衷是扩充 C++功能。C♯广泛应用于桌面应用程序开发、移动应用程序开发、网络应用程序开发、游戏开发、人工智能、大数据、物联网、云计算等各个领域，是编程语言中的佼佼者，具备全栈开发的潜质。

1. C♯语言的主要优点

简洁性。具有简洁的语法和规范。一般情况下，C♯不使用类似 C++的指针，同 Java

类似，简化了许多复杂的语法。

语法糖。C♯的语法十分完善且在不断进化中。C♯语言充分借鉴了其他主流编程语言的优点，使得编写C♯程序如同天马行空，行云流水一般。尤其是C♯ 6之后新增的语法特性，大大增强了语言的表现能力。

安全性。作为强类型的静态编程语言，C♯语言在编译时进行类型检查，可以在编译时发现许多常见的类型错误，代码质量充分提升。

跨平台。Mono是跨平台的.NET Framework的实现。而且在.NET Core之后的各版本，C♯语言可以跨平台进行开发，包括Windows、Linux和macOS主流操作系统。

对象性。面向对象是C♯语言的重要特性，和其他面向对象的编程语言一样，支持封装、继承和多态性。这里需要注意的是，C♯不支持多继承，多继承通过实现多个接口来实现。

标准库。基于.NET Standard API开发出大量优秀的标准库供上层应用调用。丰富的类库和工具使得用C♯编写复杂功能易如反掌。

扩展性。通过调用大量第三方库完成扩展功能。

生态优。全世界范围内，C♯有广泛的社区支持和丰富的开源项目。

高效性。静态编译语言，代码执行速度非常快。

多线程。支持多线程开发以及异步操作。

易开发。配合优秀的集成编辑环境Visual Studio，作为微软主打语言与其自家研发的集成编辑环境深度融合，可以大大提升开发效率。

互操作。C♯语言可以与其他语言进行互操作，尤其是C++、Java等主流编程语言均可实现互相调用。

可视化。Windows Forms或WPF等框架进行GUI可视化开发，通过拖拽方式实现控件布局、属性编辑等操作，极大降低了编程门槛。

应用广。C♯广泛应用于桌面应用程序开发、移动应用程序开发、网络应用程序开发、游戏开发、人工智能、大数据、物联网、云计算等各个领域，是微软公司鼎力支持的打通各大板块的全栈编程语言。

2. C♯语言的主要缺点

分裂性。微软公司对C♯的极大控制权，使得C♯在全世界使用过程中一些问题产生的分歧会造成不同社区持有不同观点，尤其在WPF、数据访问框架（EF Core）、语言集成查询（Language INtegrated Query，LINQ）等问题上，导致一些分裂性的意见，或多或少地阻碍了技术前进的脚步。

依赖性。C♯语言需要运行在基于.NET框架或.NET Core平台，不太适合在硬件资源受限的设备中进行开发。

3. C♯语言展望

从世界范围看，C♯编程语言是"千年老五"的地位，目前有反超Java的趋势。它是桌面应用程序开发、移动应用程序开发、网络应用程序开发、游戏开发、人工智能、大数据、物联网、云计算等各领域全栈应用的绝佳选择。TIOBE于2024年1月正式公布了2023年年度编程语言为C♯，学好C♯是应对未来的不二法门。

1.4.2　C♯ 6.0新增特性

1. 静态引用

使用 using static 关键字进行引用,使用时无须写出命名空间前缀。注意,因为使用了此特性,所以本章之后的内容可以直接使用 WriteLine 代替 Console.WriteLine。

【例1-4】 静态引用。

```
1  using static System.Console;
2  WriteLine("静态引用");   //等价于 Console.WriteLine("静态引用");
```

2. 函数 Lambda 表达式

函数 Lambda 表达式通过()=>语法糖定义。

【例1-5】 函数 Lambda 表达式。

```
1  public static bool IsLeapYear(int year) => (year % 4 == 0 && year % 100 != 0) || (year % 400 == 0);
```

3. 属性 Lambda 表达式

【例1-6】 属性 Lambda 表达式。

```
1   public class Feature6Class
2   {
3       public Feature6Class()
4       {
5           ReadOnlyProp = "ReadOnlyProp";
6       }
7       public string? Name { get; set; }
8       public string? Description { get; set; }
9       public string Prop => Name + " - " + Description;
10      public int Value
11      {
12          get;
13          set;
14      } = 30;
15      public string ReadOnlyProp
16      {
17          get;
18      }
19      public override string ToString() => $"{Name} - {Description}";
20  }
```

首先定义类 Feature6Class,Prop 属性利用 Lambda 表达式进行定义。下面的代码是属性 Lambda 表达式的使用方式。

```
21  Feature6Class feature6 = new()
22  {
23      Name = "feature6",
24      Description = "feature6"
25  };
26  WriteLine(feature6.Prop);
```

4. 自动属性

自动属性包括属性自动初始化和只读的自动属性。

【例1-7】 自动属性。

```
1    WriteLine("属性自动初始化");
2    Feature6Class feature6 = new();
3    WriteLine(feature6.Value);
4    WriteLine("只读的自动属性");
5    WriteLine(feature6.ReadOnlyProp);
```

5. nameof 运算符

【例1-8】 nameof 运算符。

```
1    Feature6Class feature6 = new();
2    WriteLine(nameof(feature6));
```

6. 空值传播运算符

【例1-9】 空值传播运算符。

```
1    Feature6Class feature6 = null!;
2    string? name = feature6?.Name;
3    WriteLine(name);
```

7. 字符串插值

这里通过美元符号进行字符串插值 $"{Name}-{Description}"。

【例1-10】 字符串插值。

```
1    Feature6Class feature6 = new()
2    {
3        Name = "feature6",
4        Description = "feature6"
5    };
6    WriteLine(feature6.ToString());
```

8. 初始化字典

初始化字典可以指定索引位置进行初始化和访问。

【例1-11】 初始化字典。

```
1    Dictionary<int, string> dictionary = new()
2    {
3        [1] = "Value1",
4        [3] = "Value3"
5    };
6    WriteLine(dictionary[1]);
7    WriteLine(dictionary[3]);
```

9. 异常语句新特性

异常语句新特性包括异常条件判断和异常中使用异步方法。

【例1-12】 异常语句新特性。

```
1    try
2    {
3        Feature6 feature6 = null!;
4        WriteLine(feature6.ToString());
5    }
6    catch (Exception ex) when (ex.Source!.Equals("NewFeature"))
7    {
```

```
8        WriteLine("满足异常条件");
9    }
```

异常条件判断通过关键字 when。

【例 1-13】 异常中使用异步方法。

```
1    private static Task AsyncFunction()
2    {
3        return Task.Factory.StartNew(() =>
4        {
5            WriteLine("模拟异步函数开始");
6            Thread.Sleep(2000);
7            WriteLine("模拟异步函数结束");
8        });
9    }
```

上述代码模拟了异步函数。异常中使用异步方法。分别在 catch 和 finally 代码块中使用异步方法。读者可以具体调试代码的运行情况。

```
10   try
11   {
12       throw new Exception();
13   }
14   catch
15   {
16       WriteLine("catch语句块中调用异步函数开始");
17       await AsyncFunction();
18       WriteLine("catch语句块中调用异步函数结束");
19   }
20   finally
21   {
22       WriteLine("finally语句块中调用异步函数开始");
23       await AsyncFunction();
24       WriteLine("finally语句块中调用异步函数结束");
25   }
```

C♯ 6.0 新增特性实验的运行结果如图 1-15 所示。

图 1-15   C♯ 6.0 新增特性实验的运行结果

1.4.3　C＃ 7.0新增特性

1. out 关键字特性

通过 out 进行出参引用。

【例 1-14】　out 关键字特性。

```
1    private static void ParamsOutMethod(out int out_x, out string out_y)
2    {
3        out_x = 5;
4        out_y = "OutString";
5    }
6
7    ParamsOutMethod(out int out_x, out string out_y);
8    WriteLine("out_x = " + out_x);
9    WriteLine("out_y = " + out_y);
```

2. 元组特性

元组特性包括元组返回和元组解构。

下面使用元组定义了多个返回值的函数。

【例 1-15】　元组特性。

```
1    private static (string ret_a, int ret_b, bool c) GetMultyReturns()
2    {
3        return ("ret_a", 10, true);
4    }
5    var tuple = new Tuple < string, char, int, bool >("hello", 'A', 10, true);
6    WriteLine(tuple);
7    WriteLine((string)tuple.Item1);
8    WriteLine(GetMultyReturns());        // 元组返回
9    (string ret_a, int ret_b, bool ret_c) = new Tuple < string, int, bool >("string", 8, false);        // 元组解构
10   WriteLine(ret_a);
11   WriteLine(ret_b);
12   WriteLine(ret_c);
```

3. 字符串模式匹配

【例 1-16】　字符串模式匹配。

```
1    Object value = "待匹配的字符串";
2    if (value is string _str)
3    {
4        WriteLine( $ "模式匹配值为{_str}");
5    }
```

4. 数字分隔符

使用数字分隔符的目的是增强较大数字的可读性。

【例 1-17】　数字分隔符。

```
1    double f = 123.456_789;
2    WriteLine(f);
```

5. 局部函数

类似函数的嵌套定义。DisplayLocalFunction()函数内部又定义了Sum()函数。

【例 1-18】 局部函数。

```
1   public static void DisplayLocalFunction()
2   {
3       int Sum(int a, int b)
4       {
5           return a + b;
6       }
7       int c = Sum(1, 2); // 此处调用了局部函数
8       WriteLine(c);
9   }
```

6. 箭头函数扩展

下面首先定义 Feature7Class。Feature7Class 的构造方法和析构方法分别使用了箭头函数。

【例 1-19】 箭头函数扩展。

```
1   public class Feature7Class
2   {
3       public string Prop
4       {
5           get => Prop;
6           set => Prop = value;
7       }
8       public Feature7Class() => WriteLine("构造函数中使用箭头函数");
9       ~Feature7Class() => WriteLine($"析构函数中使用箭头函数 Prop={Prop}");
10  }
11  Feature7Class feature7 = new();
12  WriteLine(feature7);
```

7. 引用特性

可以理解为 C/C++ 的指针。示例引用获取了变量的地址，指针指向内存中同一个地址，所以 ref_num 改变了 num 的值。

【例 1-20】 引用特性。

```
1   int num = 10;
2   ref int ref_num = ref num;
3   ref_num = 15;
4   WriteLine($"num={num}");
```

C# 7.0 新增特性实验的运行结果如图 1-16 所示。

图 1-16 C# 7.0 新增特性实验的运行结果

1.4.4 C# 8.0 新增特性

1. 默认接口方法

首先定义一个接口,然后实现默认接口并调用默认接口中的方法。

【例 1-21】 实现默认接口。

```
1     public interface IFeature8
2     {
3         public void DefaultFunction()
4         {
5             WriteLine("1.默认接口方法");
6         }
7     }
8     public class Feature8 : IFeature8
9     {
10        public static void DisplayIFeature8()
11        {
12            IFeature8 feature8 = new Feature8();
13            feature8.DefaultFunction();
14        }
15    }
```

2. 只读成员

使用 Feature8Class 类的只读成员变量 num 只需要 Feature8Class.num。

【例 1-22】 只读成员。

```
1     public class Feature8Class
2     {
3         public static readonly int num = 100;
4     }
```

3. Switch 语法糖

可对 Switch 语句的 case 进行简写,default 可以使用丢弃算符代替。

【例 1-23】 Switch 语法糖。

```
1     string grade = "C";
2     string result = grade switch
3     {
4         "A" => "一级",
5         "B" => "二级",
6         "C" => "三级",
7         "D" => "四级",
8         _ => "五级"
9     };
10    WriteLine(result);
```

4. Using 语法糖

以内存对象 MemoryStream 为例,无须使用花括号包裹。

【例 1-24】 Using 语法糖。

```
1     using var ms = new MemoryStream();
2     WriteLine("开始使用 MemoryStream");
3     WriteLine("结束使用 MemoryStream");
```

5. Null 分配

通过??=算符进行针对 Null 变量的分配。

【例 1-25】 Null 分配。

```
1    string str = null!;
2    str ??= "空值分配";
3    WriteLine(str);
```

6. 静态局部函数

局部函数前面增加 static 关键字。

【例 1-26】 静态局部函数。

```
1    public static void DisplayLocalFunction()
2    {
3        static int Sum(int a, int b)
4        {
5            return a + b;
6        }
7        int c = Sum(1, 2);
8        WriteLine(c);
9    }
```

7. 异步流

使用 yield 关键字配合异步返回。

【例 1-27】 异步流。

```
1    private static async IAsyncEnumerable<int> GetNumbers()
2    {
3        for (int i = 0; i < 10; i++)
4        {
5            await Task.Delay(200);
6            yield return i;
7        }//for
8    }
9    var numbers = GetNumbers();
10   await foreach (int number in numbers)
11   {
12       WriteLine(number);
13   }//foreach
```

8. 字符串切片

通过索引方式进行字符串切片操作。左侧闭区间可以取到对应的字符,右侧开区间无法取到对应的字符,只能取到前一个字符。

【例 1-28】 字符串切片。

```
1    string str = "Hello World!";
2    WriteLine(str[6..11]);
```

C# 8.0 新增特性实验的运行结果如图 1-17 所示。

1.4.5　C# 9.0 新增特性

1. 目标类型推断

如下代码编译器对 num 变量进行推断。

图 1-17　C# 8.0 新增特性实验的运行结果

【例 1-29】 目标类型推断。

```
1    bool num = false;
2    int? result = num ? 0 : null;
3    WriteLine(result);
```

2. 初始化属性

例 1-30 是对 Feature9 的 Prop 属性进行初始化。

【例 1-30】 初始化属性。

```
1    public class Feature9Class
2    {
3        public string? Prop
4        {
5            get;
6            init;
7        }
8    }
9    Feature9Class feature9 = new()
10   {
11       Prop = "A"
12   };
13   WriteLine(feature9.Prop);
```

3. 记录类型

【例 1-31】 记录类型。

```
1    public record Employee(int EmployeeId, string EmployeeName);
2    Employee employee = new(1001, "张三");
3    WriteLine(employee.EmployeeId + " - " + employee.EmployeeName);
```

4. 顶级语句

可以存在没有 Main() 函数的顶级语句。

5. 协变返回

数学上的协变指一个物理定律以某方程式表示时，在不同的坐标系中方程的形式一律不变。计算机科学中协变就是对具体成员的输出参数进行基于里氏替换原则的类型转换。

【例1-32】 协变返回。

```
1     class Oil
2     {
3     }
4     class _970il : Oil
5     {
6     }
7     abstract class Vehicle
8     {
9         public abstract Oil Run();
10    }
11    class Car : Vehicle
12    {
13        public override _970il Run()
14        {
15            WriteLine("消耗97号汽油");
16            return new _970il();
17        }
18    }
19    Car car = new();
20    car.Run();
```

6. 关系模式

例1-33是对switch语句中的条件进行关系模式化，大大提升了switch语句的灵活性。

【例1-33】 关系模式。

```
1     int grade = 85;
2     string result = grade switch
3     {
4         >= 90 and <= 100 => "一级",
5         >= 80 and < 90 => "二级",
6         >= 70 and < 80 => "三级",
7         > 59 and < 70 => "四级",
8         _ => "五级"
9     };
10    WriteLine(result);
```

C＃9.0新增特性实验的运行结果如图1-18所示。

图1-18　C＃9.0新增特性实验的运行结果

1.4.6 C# 10.0 新增特性

1. 全局引用

例 1-34 展示了 Env 全局替换 System.Environment。

【例 1-34】 全局引用。

```
1    global using Env = System.Environment;
2    WriteLine(Env.OSVersion.ToString());
```

2. 无参构造结构体

【例 1-35】 无参构造结构体。

```
1    struct Box
2    {
3        public Box()
4        {
5        }
6        public Guid Id { get; init; } = Guid.NewGuid();
7        public string Trademark { get; set; } = string.Empty;
8    }
9    WriteLine(new Box().Id); // 这里可以直接使用无参构造方法
```

3. 内插字符串

【例 1-36】 内插字符串。

```
1    const string product = "东风汽车";
2    const string advertise = $"我公司推出的新产品是{product}";
3    WriteLine(advertise);
```

4. 属性模式扩展

【例 1-37】 属性模式扩展。

```
1    class Feature10Employee
2    {
3        public string? JobID { get; set; }
4        public string? EmployeeName { get; set; }
5        public Sector? SectorName { get; set; }
6    }
7    class Sector
8    {
9        public int SectorID { get; set; }
10       public string? Position { get; set; }
11   }
12   Feature10Employee employee = new()
13   {
14       SectorName = new()
15       {
16           SectorID = 1,
17           Position = "人力资源部"
18       }
19   };
20   WriteLine(employee.SectorName!.Position);
```

5. 解构赋值

【例1-38】 解构赋值。

```
1    (int x, int y, int z) = (100, 200, 300);
2    WriteLine($"坐标是({x},{y},{z})");
```

6. 记录类型重写 ToString() 方法支持密封关键字

【例1-39】 记录类型重写 ToString() 方法支持密封关键字。

```
1    public record Gemstone
2    {
3        public string? Slogan { get; init; }
4        public sealed override string ToString()
5        {
6            return Slogan!;
7        }
8    }
9    Gemstone gemstone = new() { Slogan = "钻石恒久远,一颗永流传" };
10   WriteLine(gemstone.ToString());
```

7. 函数签名忽略参数

使用丢弃算符忽略参数。

【例1-40】 函数签名忽略参数。

```
1    private static void PrintX(string _, int x)
2    {
3        WriteLine(x);
4    }
5    PrintX("PlaceHolder", 10);
```

8. with 操作符进行初始化

这里再次使用之前定义的结构体。

【例1-41】 with 操作符进行初始化。

```
1    Box box1 = new();
2    Box box2 = box1 with { Trademark = "Trademark" };
3    WriteLine(box2.Trademark);
```

9. const 创建只读局部变量

【例1-42】 const 创建只读局部变量。

```
1    const int x = 25;
2    const string y = "const 创建只读局部变量";
3    WriteLine(x);
4    WriteLine(y);
```

10. 枚举值扩展方法

例1-43是对枚举变量进行遍历。

【例1-43】 枚举值扩展方法。

```
1    enum ColorEnum
2    {
3        Red,
```

```
4            Green,
5            Blue,
6            Yellow,
7            Orange
8       }
9       foreach (var value in typeof(ColorEnum).GetEnumNames())
10      {
11          Write(value + " ");
12      }//foreach
```

11. 携带属性

Lambda 表达式可以携带属性。

【例 1-44】 携带属性。

```
1       Action action = [MyAttribute<string>("Attribute")] () =>
2       {
3           WriteLine("Lambda 表达式携带属性");
4       };
```

12. 指定返回值类型

【例 1-45】 指定返回值类型。

```
1       var func1 = int () => 5;
2       WriteLine(func1);
```

13. ref 修饰

【例 1-46】 ref 修饰。

```
1       var func2 = ref int (ref int x) => ref x;
2       int x = 10;
3       WriteLine(func2(ref x));
```

14. 函数转委托

【例 1-47】 函数转委托。

```
1       static void Print() { WriteLine("函数转委托"); }
2       var address = Print;
3       address();
```

15. 自动创建自然委托类型

【例 1-48】 自动创建自然委托类型。

```
1       var func3 = string (int x, bool y) => { if (y) return $"{x}"; else return ""; };
2       WriteLine(func3(2, true));
```

16. 记录型结构体

无须使用构造方法，直接定义结构体，简洁明快。

【例 1-49】 记录型结构体。

```
1       record struct Stock(int Id, string Name);
2       Stock stock1 = new(10, "中华大地");
3       WriteLine(stock1.GetHashCode());
4       Stock stock2 = new(10, "中华大地");
5       WriteLine(stock2.GetHashCode());
6       WriteLine(stock2.Equals(stock1));
```

17. CallerArgumentExpression 特性

例1-50实现了表达式字符串的解析。

【例1-51】 CallerArgumentExpression 特性。

```
1    void Debug(int value, [CallerArgumentExpression(nameof(value))] string? expression = null)
2    {
3        WriteLine(expression + " = " + value);
4    }
5    Debug(1 + 1);
```

C♯ 10.0新增特性实验的运行结果如图1-19所示。

图1-19 C♯ 10.0新增特性实验的运行结果

1.4.7 C♯ 11.0新增特性

1. 转义字符串

通过使用"""配合美元符号进行内插。

【例1-51】 转义字符串。

```
1    string title = "这是内插法构造的标题";
2    var html = $"""
3        < html >
```

```
4          < head >
5              < meta charset = "UTF - 8">
6              < title >{title}</title >
7          </head >
8          < body >
9              < h1 >无须转义</h1 >
10             < p >文 注意这里有空格和换行!
11                 本</p>
12         </body >
13     </html >
14     """;
15  WriteLine(html);
```

2. UTF-8 字符串转换十六进制

使用 u8 标记字符串,通过遍历 ReadOnlySpan 结构体实现向十六进制的转换。

【例 1-52】 UTF-8 字符串转换十六进制。

```
1  ReadOnlySpan < byte > u8byte = "UTF - 8 字符串转换十六进制"u8;
2  for (int i = 0; i < u8byte.Length; i++)
3  {
4      Write(u8byte[i] + " ");
5  }//for
6  WriteLine();
```

3. 列表模式

在列表中使用判定模式,增强条件判定的灵活性。

【例 1-53】 列表模式。

```
1  int[] list = { 10, 20, 30 };
2  WriteLine(list is [9 or 10, <= 20, 30]);
```

4. 泛型属性

首先定义一个继承 Attribute 的泛型属性,然后在相应的类上以注解方式进行添加。例 1-54 中通过调用 IsDefined()方法来判断是否定义了泛型属性。

【例 1-54】 泛型属性。

```
1   class MyAttribute < T > : Attribute
2   {
3       public T Infor { get; }
4       public MyAttribute(T infor) { Infor = infor; }
5   }
6   [MyAttribute < string >("DisplayAttribute")]
7   public class Feature11
8   {
9       public static void DisplayAttribute()
10      {
11          if (typeof(Feature11).IsDefined(typeof(MyAttribute < string >), true))
12          {
13              WriteLine("定义了泛型属性 MyAttribute");
14          }
15      }
16  }
```

5. 无符号右移运算符

右移运算符>>,无符号右移运算符>>>。

【例1-55】 无符号右移运算符。

```
1    int number = -32;
2    WriteLine( $ "原始数据二进制表示为 ={Convert.ToString(number, 2), 32},十进制表示
     为 = {number}" );
3    int shift_number = number >> 2;
4    WriteLine( $ "经过>>算符操作后二进制表示为 ={Convert.ToString(shift_number, 2),
     32},十进制表示为 = {shift_number}" );
5    int unsigned_shift_number = number >>> 2;
6    WriteLine( $ "经过>>>算符操作后二进制表示为 ={Convert.ToString(unsigned_shift_
     number, 2), 32},十进制表示为 = {unsigned_shift_number}" );
```

C♯11.0新增特性实验的运行结果如图1-20所示。

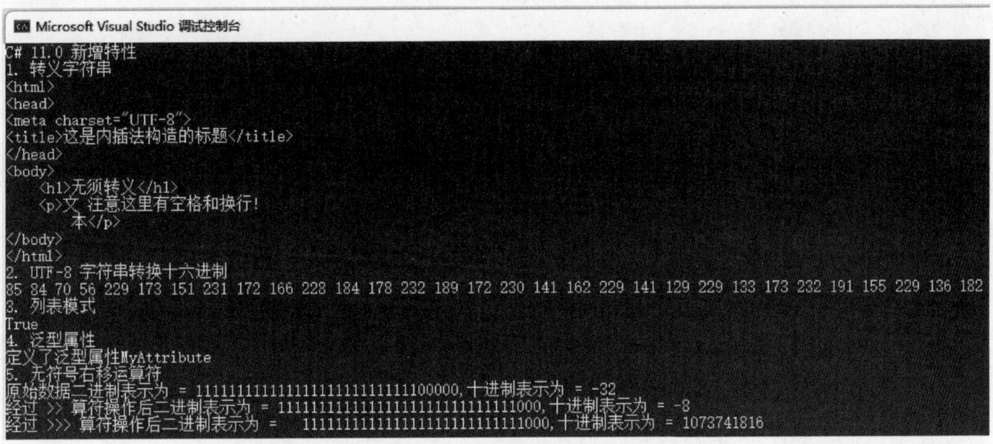

图1-20 C♯11.0新增特性实验的运行结果

1.4.8 C♯12.0新增特性

1. 主构造函数

主构造函数用于简化构造函数。例1-56是经典示例，来源于微软公司的官网。直接在结构体或对象后追加构造函数的相应参数完成参数的传递。

【例1-56】 主构造函数。

```
1    public struct Distance(double dx, double dy)
2    {
3        public readonly double Magnitude => Math.Sqrt(dx * dx + dy * dy);
4        public readonly double Direction => Math.Atan2(dy, dx);
5        public void Translate(double deltaX, double deltaY)
6        {
7            dx += deltaX;
8            dy += deltaY;
9        }
10       public Distance() : this(0, 0)
11       {
12       }
13   }
14   public static void DisplayMainConstruction()
15   {
16       Distance distance = new(2, 3);
```

```
17          WriteLine("调用Translate前,范数 = " + distance.Magnitude);
18          WriteLine("调用Translate前,方向 = " + distance.Direction);
19          distance.Translate(1, 2);
20          WriteLine("调用Translate后,范数" + distance.Magnitude);
21          WriteLine("调用Translate后,方向 = " + distance.Direction);
22      }
```

2. 集合表达式

直接使用数组的构造和解构,构造过程用于升维,解构过程用于降维。

【例 1-57】 集合表达式。

```
1       WriteLine("集合表达式合并");
2       int[] data1 = [1, 1, 1];
3       int[] data2 = [2, 2, 2];
4       int[][] data = [data1, data2];
5       for (int i = 0; i < data.Length; i++)
6       {
7           for (int j = 0; j < data[i].Length; j++)
8           {
9               Write(data[i][j] + " ");
10          }//for
11      }//for
12      WriteLine();
13      WriteLine("集合表达式展开");
14      int[] elements = [.. data1, .. data2];
15      foreach (var element in elements)
16      {
17          Write($"{element} ");
18      }//foreach
```

3. Lambda 表达式默认参数

例 1-58 使用 Lambda 表达式并提供了默认参数。

【例 1-58】 Lambda 表达式默认参数。

```
1       Func<int, string, bool> func = (int truncate, string str = "Default") => str.Length > truncate;
2       WriteLine(func(4, ""));
```

4. 命名别名

引用后直接通过别名进行调用,简化书写。

【例 1-59】 命名别名。

```
1   using Point = (int x, int y);
2       Point point = new(2, 2);
3       WriteLine(point.ToString());
```

5. 访问实例成员

在 C# 12.0 中,可以访问实例中的成员信息。

【例 1-60】 访问实例成员。

```
1       WriteLine(nameof(str.Length));
2       WriteLine(nameof(str.Replace));
```

C# 12.0 新增特性实验的运行结果如图 1-21 所示。

图 1-21　C♯ 12.0 新增特性实验的运行结果

1.5　MAUI 设计模式

1.5.1　设计模式概述

在软件设计领域，设计模式是一种经常遇到一类问题的通用解决方案。设计模式提供了一种通用的、可重用的设计思路，有助于软件开发人员更高效地解决问题。设计模式包括了一系列的设计思路、方法论，提供了普适性的解决方案。灵活使用设计模式可以事半功倍。

设计模式包括创建型、结构型、行为型三大类型，每种类型都有其特定的应用场景。

创建型设计模式。关注于如何创建对象，包括工厂方法模式、抽象工厂模式、建造者模式、原型模式、单例模式。

结构型设计模式。关注于如何组合对象，包括适配器模式、装饰器模式、代理模式、外观模式、桥接模式、组合模式、享元模式。

行为型设计模式。关注于如何控制和组织对象的行为，包括责任链模式、中介者模式、解释器模式、观察者模式、策略模式、模板方法模式、迭代子模式、命令模式、备忘录模式、状态模式、访问者模式。

有效地使用设计模式可以提高代码的可理解性、可维护性、可重用性、可扩展性、可测试性、可协作性，以及提高开发效率和软件质量。因此，在软件开发中，合理地使用设计模式是非常重要的，也可以体现出一个架构师的综合素质。

1.5.2　MVC 模式

在软件架构发展历程中，最为经典的模式莫过于 MVC 模式。其中 M 指模型（Model），V 指视图（View），C 指控制器（Controller），使用 MVC 模式的目的是将模型和视图实现代码分离，这样就能够让同一个应用程序使用不同的表现形式。应用 MVC 模式能够使代码的逻辑结构清晰，通过模型可以更好地体现，许多代码可以重用，便于团队协作，提升开发效率。MVC 模式的架构如图 1-22 所示。

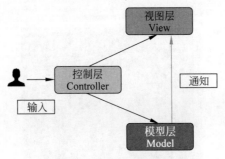

图 1-22　MVC 模式架构图

1.5.3　MVP 模式

MVP 模式是从经典的 MVC 模式演变而来的。其中 M 指模型(Model)，V 指视图(View)，P 指推荐者(Presenter)，三者各司其职，模型负责处理数据和业务逻辑，视图负责显示用户界面，推荐者负责连接模型和视图，处理用户输入的同时并更新模型和视图，所有的交互都发生在推荐者内部。在 MVP 模式中视图和模型是完全分离的，二者通过推荐者进行交互。与 MVC 的目的相同，主要用于降低代码的耦合度，提升代码的可理解性、可维护性、可重用性、可扩展性、可测试性、可协作性，以及提高开发效率和软件质量。在 MVP 模式中，基于接口和事件的方式实现视图交互与控制逻辑的解耦，使用状态管理技术来管理视图的状态，使用数据绑定机制实现模型数据的自动更新。

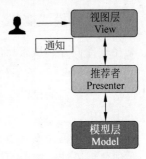

图 1-23　MVP 模式架构图

MVP 模式的架构如图 1-23 所示。

1.5.4　MVVM 模式

MVVM 模式是 MVC 模式的另一个演化版本，MVVM 模式有助于将应用程序的业务和表示逻辑与用户界面进一步进行分离。其中 M 指模型(Model)，V 指视图(View)，VM 指视图模型(ViewModel)。视图完成显示数据和接收用户操作的使命，同视图模型中的数据进行双向绑定，通过触发视图模型中的事件，实现视图和模型的解耦。这样，开发人员和用户界面设计人员能够更好地进行团队协作，可理解性、可维护性、可重用性、可扩展性、可测试性等进一步提升。通过发布订阅机制来实现数据的双向绑定。一方面，视图模型会对界面的变换进行监听，属性值发生变化时，自动触发相应的事件函数，事件函数会更新视图模型中的数据，并通知视图进行更新；另一方面，当视图模型中的数据发生变化时，也会触发相应的更新函数，渲染并更新视图的显示。双向绑定的发布订阅机制完成数据的自动同步。MAUI 主要使用此设计模式。

MVVM 模式的架构如图 1-24 所示。

总之，MVC 模式是最基本的模式。MVP 模式对 MVC 模式进行了改进，通过推荐者进行通信，降低视图层和数据层的耦合度。MVVM 模式是 MVC 模式架构思想的完

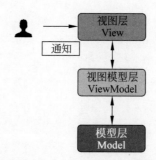

图 1-24　MVVM 模式架构图

全升华,视图模型完成数据绑定和事件处理逻辑,基于数据监听和发布订阅机制进行双向绑定,性能优于 MVP 模式。当然,任何事物都具有两面性,MVVM 模式框架体积较大,MVP 模式框架体积次之,MVC 模式甚至可以不使用任何框架。面对不同的应用需求,读者应该根据实际应用场景来决定使用上述哪种模式。

第 2 章

视频讲解

磨刀不误砍柴工　利器在手事功倍
——MAUI开发工具

2.1　Visual Studio

Microsoft Visual Studio 是美国微软公司研发的开发工具,准确地说是一款具有完备产品族的包系列产品,囊括了一系列完整的开发工具集,涉及软件研发的方方面面。目标代码适用于微软支持的所有平台,Microsoft Windows、Windows Phone、Windows CE、.NET Framework、.NET Compact Framework 以及 Microsoft Silverlight。

Visual Studio 包含 3 个版本,分别是社区版(Community)、专业版(Professional)和企业版(Enterprise)。

社区版。免费的版本,适用于个人开发者、学生、开源项目组织和小型团队,包含了 Visual Studio 核心功能,如代码编辑、代码调试、版本控制等。

专业版。收费版本,适用于专业开发人员和中型团队,包含社区版的所有功能,并且增加了代码分析、测试工具、数据库管理工具和集成部署功能。

企业版。收费版本,适用于大型团队和企业,包含专业版的所有功能,并且增加了高级数据分析、质量工具、软件工程和团队合作功能。

本书以社区版为例,社区版安装包的启动界面如图 2-1 所示。

版本升级功能可以更新版本。单击"修改"按钮后的界面如图 2-2 所示。

更新即将完成的界面如图 2-3 所示。

版本更新完成后重新启动并再次单击"修改"按钮后进入修改向导。修改向导包括工作负荷、单个组件、语言包、安装位置四大部分。

工作负荷包括 Web 和云上的开发(ASP.NET 和 Web 开发、Azure 开发、Python 开发、Node.js 开发)、桌面应用和移动应用开发(MAUI 开发、.NET 桌面开发、C++桌面开发、通用 Windows 平台开发、C++移动开发)、游戏开发(Unity、C++游戏开发)、其他工具集(数据存储和处理、数据科学和分析应用程序、Visual Studio 扩展开发、Office/SharePoint 开发、基于 C++的 Linux 嵌入式开发)。Visual Studio"工作负荷"界面如图 2-4 所示。

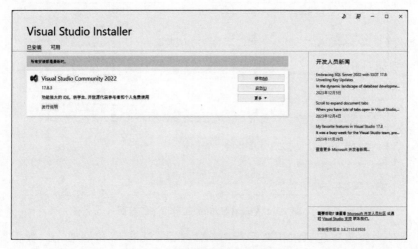

图 2-1　社区版安装包的启动界面

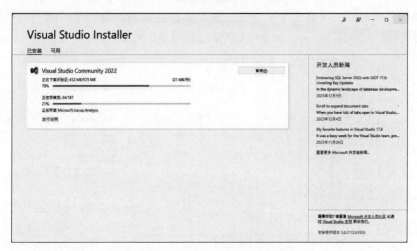

图 2-2　Visual Studio 版本更新界面

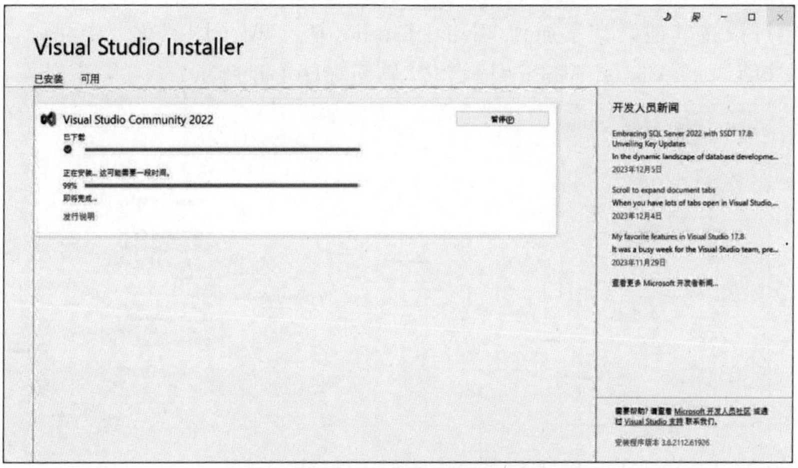

图 2-3　版本更新即将完成的界面

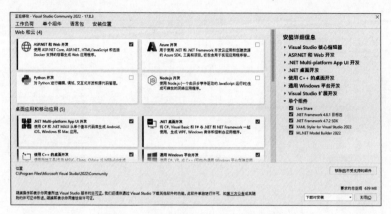

图 2-4 Visual Studio"工作负荷"界面

单个组件大类选项包括.NET 运行时、AI 辅助、SDK 库和框架、云、数据库和服务器、代码工具、仿真器、开发活动、未分类、游戏和图形、编译器生成工具和运行时、调试和测试。每个大类选项又包括多个子选项。各个子选项前面有复选框,用户根据实际工作需求进行选择。Visual Studio"单个组件"界面如图 2-5 所示。

图 2-5 Visual Studio"单个组件"界面

语言包可以将其他语言添加到 Visual Studio 中,实现了国际化。中文国家和地区默认选择中文(简体)。Visual Studio"语言包"界面如图 2-6 所示。

图 2-6 Visual Studio"语言包"界面

默认安装位置如图2-7所示。

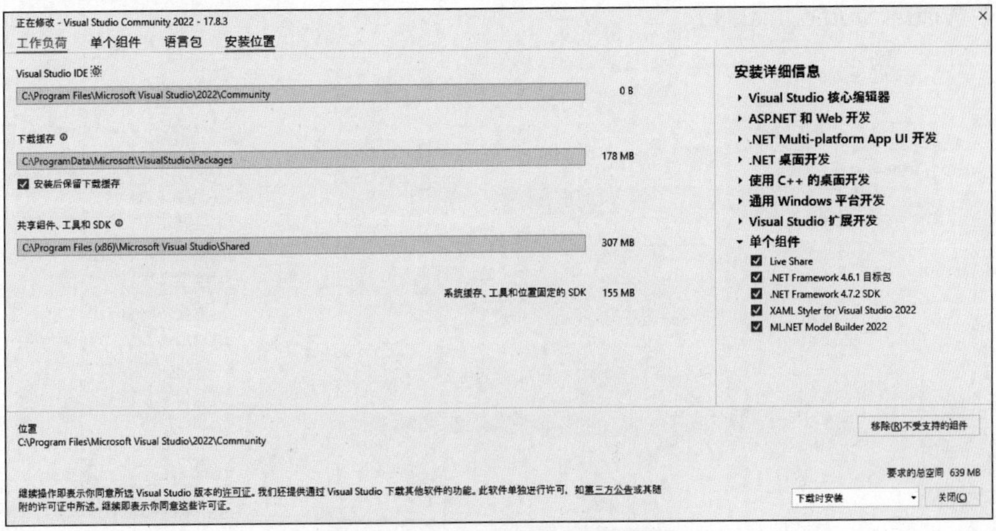

图2-7　Visual Studio 默认安装位置

应根据不同的工作需求选择不同的选项。选择后右侧会显示出需求总空间的大小，同时右下方的"关闭"按钮会变成"修改"按钮。例如，选择了 GitHub Copilot 组件后界面的变化情况如图2-8所示。

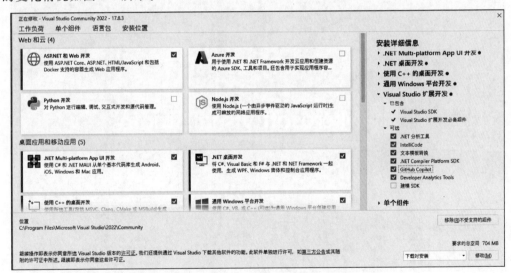

图2-8　选择了 GitHub Copilot 组件后界面的变化情况

此外，右下角还有"下载时安装"和"全部下载后安装"的选项。如果网速不是很稳定，建议全部下载后再进行安装。

Microsoft Visual Studio Installer 的另一个选项卡提供了最新的 Preview 预览版，如图2-9所示。供具有探索精神的开发者尝鲜。

单击"启动"按钮进入软件加载界面，如图2-10所示。

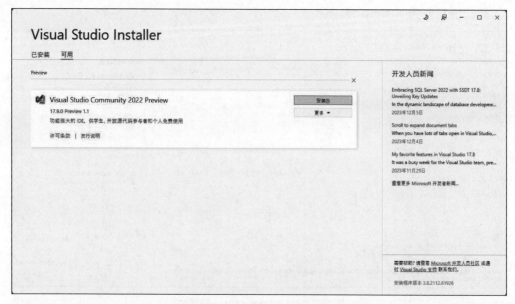

图 2-9　Visual Studio 预览版

图 2-10　Visual Studio 启动界面

加载完毕后进入如图 2-11 所示的初始界面。

单击"创建新项目"图标进入"创建新项目"界面，如图 2-12 所示。

开发者选择需要创建的项目类型，即可使用创建向导开启开发之旅。每次开发时也可以双击上次开发后的 sln 文件进入主界面进行开发。Visual Studio 开发主界面如图 2-13 所示。

图 2-11　Visual Studio 初始界面

图 2-12　Visual Studio "创建新项目"界面

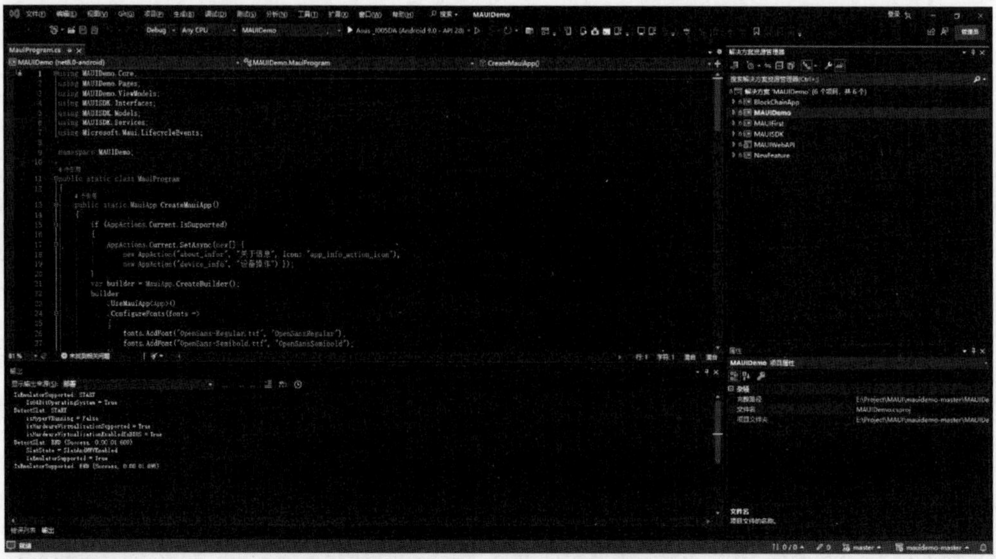

图 2-13 Visual Studio 开发主界面

Visual Studio 开发主界面默认布局包括菜单栏、工具栏、代码编辑工作区、控制台、状态栏、解决方案资源管理器、属性管理器。

Visual Studio 菜单栏常用选项说明如下。

文件。新建项目、打开项目、克隆存储库、保存项目、退出等功能。

编辑。查找、替换、剪切、复制、粘贴、大纲显示、重构等功能。

视图。解决方案管理器、Git 更改、Git 存储库、团队资源管理器、测试资源管理器、工具箱、其他窗口等功能。

Git。克隆项目、提取、拉取、推送、同步等功能。

项目。配置启动项目、设为启动项目、连接服务、发布等功能。

生成。生成解决方案、重新生成解决方案、清理解决方案、部署解决方案、配置管理器等功能。

调试。开始调试、开始执行等功能。

测试。测试资源管理器、选项等功能。

分析。运行代码清理、运行代码分析、计算代码度量等功能。

工具。连接到数据库、连接到服务器、NuGet 包管理器、选项等功能。

扩展。管理扩展、自定义菜单。

窗口。保存窗口布局、应用窗口布局、管理窗口布局、重置窗口布局等功能。

帮助。查看帮助、技术支持、发送反馈、检查更新等功能。

搜索。代码搜索、功能搜索。

Visual Studio 工具栏从左往右依次是：

向后导航。

向前导航。

新建项目。

打开项目。

保存当前。

全部保存。

调试选项。选择调试还是运行。

平台选项。选择要部署的平台。

项目选项。选择要启动的项目。

配置项目。配置启动项目。

开始执行。

热重载。热重载指开发者在不中断App正常运行的情况下，动态注入修改后的XAML代码片段，目的是方便开发者进行调试。

浏览器链接。

文件中查找。

启动窗口。

打开Android设备管理器。

打开Android SDK管理器。

与Mac配对。

设备日志。

切换拼写检查器。

显示快速信息。

注释选中行。

取消注释选中行。

书签类操作。

Visual Studio代码编辑工作区是编写代码的地方。最左侧的代码行号可以通过"工具"→"选项"进行配置。编辑区的字体颜色等也可以根据需求进行自行设置。默认提供高效的代码提示功能，如果安装AI辅助工具，开发效率会更上一层楼。Visual Studio代码编辑工作区正上方是三个选项列。以MAUI项目为例，第一列对应的是运行的目标平台，第二列对应的是当前类，第三列对应的是当前光标所在的方法。

Visual Studio控制台包括错误列表和输出结果。其中错误列表显示代码编辑过程中可能的错误、警告和信息，输出结果是控制台输出流输出的结果。

Visual Studio解决方案管理器内部包括当前解决方案的层次化树形视图，包括解决方案、项目、项目各个子文件夹、代码或数据等文件。

Visual Studio属性管理器包含当前选中对象的属性名称和属性值，是一种可视化的编辑器。

代码的检查方式有静态检查和动态检查。代码编辑完毕后，首先进行静态检查，然后进行动态检查。调试程序成为开发中不可或缺的环节，调试时需要程序中断的位置叫作断点，添加断点便于进行调试。单击"调试"按钮或者按下快捷键F5可开始进行调试，Visual Studio调试界面如图2-14所示。

调试过程中主要关注自动窗口和局部变量。对于感兴趣的值可以添加监视，这样方

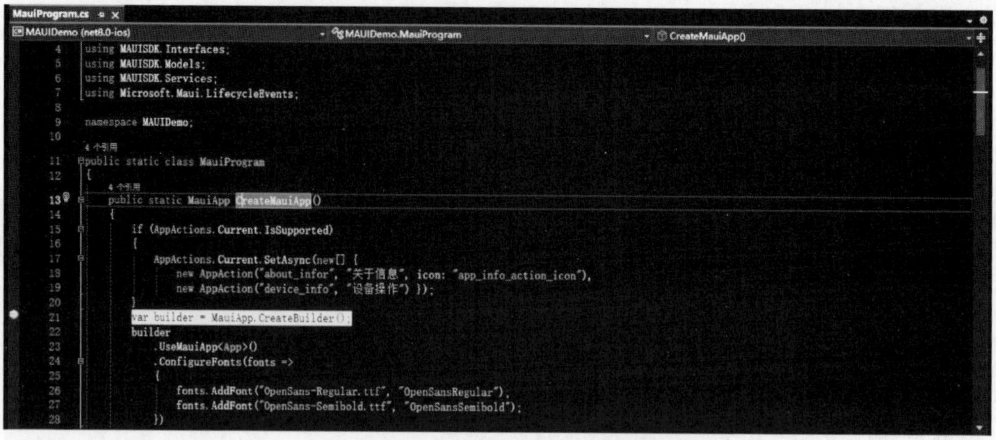

图 2-14 Visual Studio 调试界面

便动态查看被监视变量值的变化情况。熟练掌握断点调试过程是程序员的必备技能之一。只有通过动态调试才能发现隐藏在代码背后的问题。Visual Studio 调试过程中的自动窗口如图 2-15 所示。

图 2-15 Visual Studio 调试过程中的自动窗口

Visual Studio 调试过程中的工具栏自左向右包括暂停按钮、停止按钮、重启按钮、显示下一条语句按钮、逐语句(快捷键 F11)、逐过程(快捷键 F10)、跳出按钮(快捷键 Shift + F11),如图 2-16 所示。

图 2-16 Visual Studio 调试过程中的工具栏按钮

通过本节及 1.2 节的示例内容,相信读者对 Visual Studio 已经有了一定的认识。今后在实践中不断学习,不断进步,将最终达到对此 IDE 熟练运用的境界。

2.2　Visual Studio Code

Visual Studio Code 是微软公司研发的一款免费开源轻量级现代化的代码编辑器，号称宇宙领先的编辑器。支持几乎所有主流的开发语言，具备主题选择、语法高亮、智能代码补全、自定义快捷键、插件扩展等特性。跨平台性使得其应用广泛；插件扩展极大地丰富了 Visual Studio Code 的功能。前端开发的视角，Visual Studio Code 比 WebStorm 更轻量、更流畅。后端开发的视角，更具扩展性和适配性。一款 Visual Studio Code 在手，几乎可以完全搞定各种编程。

Visual Studio Code 基于 Electron 开发，可以通过使用 Web 技术来实现快速的开发和部署。相比传统的 IDE，Visual Studio Code 的启动速度更快，响应更为迅速。轻量级的设计思想使其无论是加载还是调试运行等流程，使用时都得心应手。插件机制的优化、增量式渲染技术、内存管理优化技术使得 Visual Studio Code 比一般的 IDE 效率高。

Visual Studio Code 主界面如图 2-17 所示。

图 2-17　Visual Studio Code 主界面

Visual Studio Code 的最大亮点是各种神奇的插件。Visual Studio Code 扩展功能界面如图 2-18 所示。

下面介绍几款流行的 Visual Studio Code 插件。

前端编程语言类插件如下。

Auto Close Tag。自动关闭标签。

CSS Peek。CSS 定位器。

Vue 3 Snippets。Vue 智能感知插件。

Vue Language Features(Volar)。Vue 语言支持。

Vetur。Vue 多功能集成。

图 2-18　Visual Studio Code 扩展功能界面

Simple React Snippets。React 语言支持。

jQuery Code Snippets。jQuery 智能提示。

HTML CSS Support。HTML 标签上写 class 智能提示当前项目所支持的样式。

JavaScript(ES6) code snippets。JavaScript 神器。

Angular Snippets。Angular 插件。

后端编程语言类插件如下。

Code Runner。各种主流编程语言的运行时。

.NET Install Tool。.NET 安装工具插件。

C/C++。C/C++语言集成开发环境。

C♯。C♯语言集成开发环境。

CMake。CMake 语言集成开发环境。

Go。Go 语言集成开发环境。

Python。Python 语言集成开发环境。

Debugger for Java。Java 语言集成调试器。

Markdown All in One。Markdown 语言集成开发环境。

Markdown PDF。Markdown 语言 PDF 输出插件。

Markdown Preview Enhanced。Markdown 语言界面美化插件。

项目管理类插件如下。

Maven for Java。Maven 仓库插件。

vscode-solution-explorer。类似 Visual Studio 的解决方案管理器预览插件。

Project Manager for Java。Java 工程管理器插件。

Git Graph。Git 图形化功能。

Git History。Git 历史支持。

辅助功能类插件如下。

Chinese(Simplified)(简体中文)Language Pack for Visual Studio Code。为 Visual Studio Code 提供中文语言包本地化界面。

ESLint。ESMAScript 代码格式化插件。

Image preview。图片预览插件。

IntelliCode。代码智能提示插件。

Color Highlight。颜色插件。

GitHub Copilot。代码人工智能生成插件。

CatGPT Copilot。基于 ChatGPT 的 Visual Studio Code 编程辅助插件。

Material Theme。换肤插件。

Material Icon Theme。扁平化的主题图标库。

wakatime。编程时间及行为跟踪统计。

SQLTools。几乎支持所有主流数据库的数据库工具集。

Prettier Code formatter。代码自动格式化插件。

Regex Previewer。正则表达式预览。

所有的插件安装和卸载都非常方便,可以进入官网查看相应的使用说明。插件市场对其进行了热度排序,开发者根据自己的需求进行筛选。读者经过不断地实践,定能够探索出 Visual Studio Code 插件的新天地。

Visual Studio Code 的优势总结如下。

跨平台。Visual Studio Code 支持 Windows、macOS 和 Linux 系统。

开源性。Visual Studio Code 是一款开源免费的 IDE。

插件丰。拥有大量的插件,完善的生态,可以满足各种开发需求、编程语言、调试工具、版本控制甚至人工智能等。

智能性。各种编程语言均具有相关的插件完成代码智能补全。

实时性。具备热重载调试、实时调试等功能。

配置性。各类插件均可进行配置,具备灵活性和扩展性。

2.3 Gitee

Git 是一个开源的分布式版本控制系统,用于追踪代码的变更和协作开发。与 SVN 集中式版本管理不同的是,Git 是分布式的。此外,SVN 基于文件存储,Git 基于元数据存储。另外,Git 的内容管理、分支管理、日志管理均优于 SVN。具备分布性、高效性、安全性、跨平台、扩展性。

Git 的 4 个关键位置如下。

工作区。代码编写的本地工作环境。

暂存区。代码暂时保存的区域。
本地库。代码暂时保存的本地信息库。
远程库。代码保存的远程信息库。
Git 的常用命令如下。
git init。初始化仓库。
git add。添加文件到暂存区。注意命令后的点符号。
git commit。将暂存区内容添加到本地库中。
git status。查看当前仓库状态,显示出文件的变更情况。
git diff。比较文件之间的差异。
git reset。版本回退。
git rm。暂存区和工作区删除文件。
git mv。移动文件。
git checkout(branch)。切换分支。branch 代表分支名称。
git merge。合并分支。
git branch -d(branch)。删除分支。branch 代表分支名称。
git log。查看相关日志信息。
git remote。操作远程库。
git fetch。获取远程库到本地库。
git clone。克隆远程库到本地库。
git push。推送本地库到远程库同时合并代码。
git pull。拉取远程库到工作区同时合并代码。
Git 的常用命令和 4 个关键位置之间的关系如图 2-19 所示。

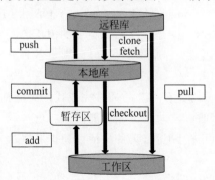

图 2-19　Git 的常用命令和 4 个关键位置之间的关系

基于 Git 的主流产品如下。
GitHub 是一个面向开源及私有软件项目的托管平台。GitHub 面向全世界,拥有 1 亿以上的开发人员。
Gitee 俗称码云,是 2013 年基于 Git 的代码托管、企业级研发的平台,主要提供本土化的代码托管服务,是目前国内规模最大的代码托管平台。
GitLab 是一个用于仓库管理的开源项目,基于 Git 作为代码管理工具,并搭建 Web

第2章 磨刀不误砍柴工 利器在手事功倍——MAUI开发工具

服务,主要用于企业内部内网环境。

访问 GitHub 涉及网络问题,所以本书以国内化产品 Gitee 为例。进入图 2-20 所示的 Gitee 登录界面。

图 2-20 Gitee 登录界面

输入用户名和密码后进入如图 2-21 所示的主界面。

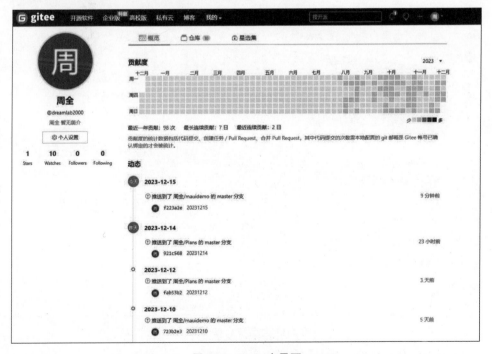

图 2-21 Gitee 主界面

查看仓库动态信息如图 2-22 所示。

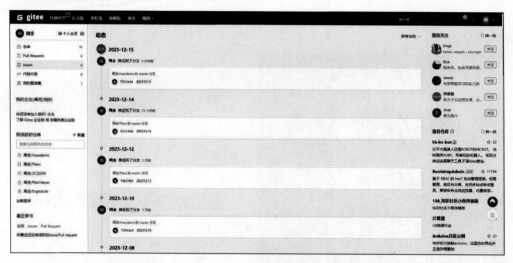

图 2-22　仓库动态信息

用户可以新建仓库，一个仓库对应一个解决方案，一个解决方案对应多个项目。"新建仓库"界面如图 2-23 所示。

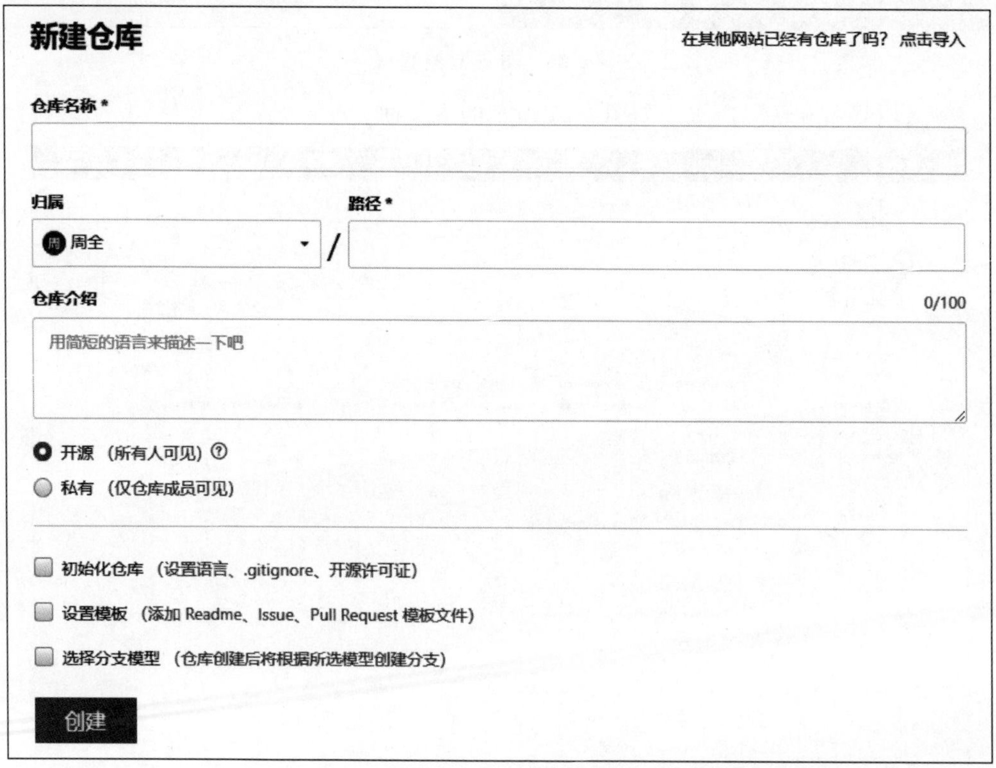

图 2-23　"新建仓库"界面

查看已存在的仓库状态如图 2-24 所示。

第2章　磨刀不误砍柴工　利器在手事功倍——MAUI开发工具

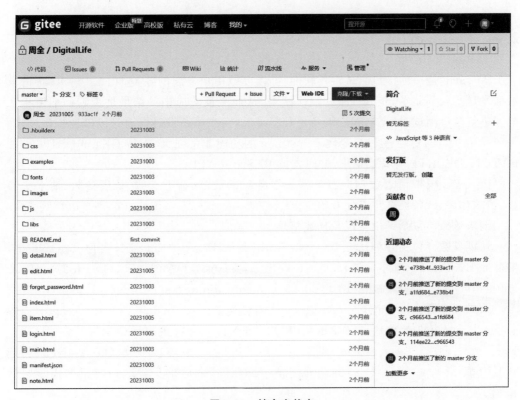

图 2-24　某仓库状态

在实际开发中,需要多人协作。协作的前提是在本地安装 git。安装 git 后,远程新建仓库,初始化本地仓库。使用 Microsoft Visual Studio 的 git 更改功能提交更改如图 2-25 所示。

图 2-25　Microsoft Visual Studio 提交更改

Visual Studio 使用方式类似,需要根据工作需求安装 2.2 节中介绍的 Git Graph 和 Git History 或其他相关插件。

无论使用哪种 IDE,新加入的开发者安装 git 并获取相关权限后,首先使用 git clone 命令将远程代码克隆到本地库,然后同步代码后进行相关开发。

2.4 Postman

Postman 是一款接口测试工具软件,可以模拟用户发起的各类 HTTP 请求,将请求数据发送至服务器端,获取对应的响应结果,从而验证响应中的结果是否和预期值相匹配。进行接口测试时,充当客户端角色发起请求,在产品开发时提前对接口进行测试,确保产品上线后的稳定性和安全性。Postman 的功能非常强大,支持 GET、POST、PUT、PATCH、DELETE 等各类请求,同时支持 RESTful API。

Postman 模拟请求数据向服务器发送各类参数,如请求参数、认证参数、请求头参数、请求体参数、各类客户端配置信息等。

请求参数。包括键值对以及描述信息。

认证参数。包括各种认证类型,No Auth(无认证)、API Key(应用程序密钥)、Bearer Token、Basic Auth(基本认证)、Digest Auth(摘要认证)、OAuth 1.0、OAuth 2.0、Hawk Authentication、AWS Signature、NTLM Authentication、Akamai EdgeGrid。

请求头参数。默认包括 Content-Type 内容类型(text/plain)、Content-Length(内容长度)、Host(主机参数)、User-Agent(用户代理)、Accept(接收类型)(*/*)、Accept-Encoding(接收类型编码)(gzip, deflate, br)、Connection(连接参数)(keep-alive 保持连接)、Content-type(内容类型)(application/json)。其余请求头参数用户根据需求自行添加。

请求体参数。包括各种格式的请求体参数。none(无类型)、form-data(表单类型)、x-www-form-urlencoded(统一资源定位符格式的编码)、raw(原生格式)、binary(二进制)、GraphQL(应用程序接口查询语言)、JSON 格式。

各类客户端配置信息。一些客户端请求相关的配置选项,具体使用时查看界面提示即可。

Postman 显示模拟请求的响应数据,如响应头、响应体、Cookies。

响应头。Content-Type 内容类型,如 Date(日期)、Server(服务器)、Transfer-Encoding(传输编码)等信息。

响应体。有各种显示格式,如 JSON 格式、XML 格式、HTML 格式、Text 格式、Auto 格式。

双击 Postman 安装包,启动界面如图 2-26 所示。

通过网页注册后,登录界面如图 2-27 所示。

输入注册时填写的用户名和密码进行登录,进入如图 2-28 所示的主界面。

根据需求进行新项目创建,如图 2-29 所示。

填写 GET 请求的 URL 参数,如果有其他请求参数,填写至响应的位置。为后续测试方便,API 可以保存至命名空间。单击 Send(发送)按钮,GET 请求示例响应结果如图 2-30 所示。

填写 POST 请求的 URL 参数,如果有其他请求参数,填写至响应的位置。此处演示的是登录过程,参考后端登录 API 需要填写的参数格式进行填写,此处填写 phone(电话

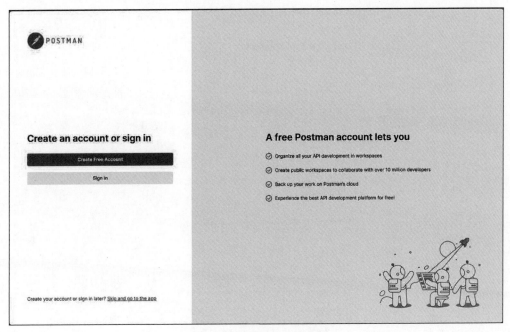

图 2-26　Postman 启动界面

图 2-27　Postman 登录界面

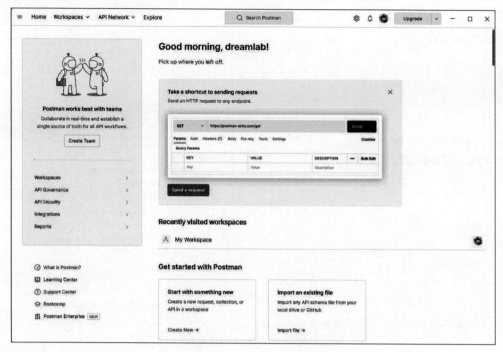

图 2-28 Postman 主界面

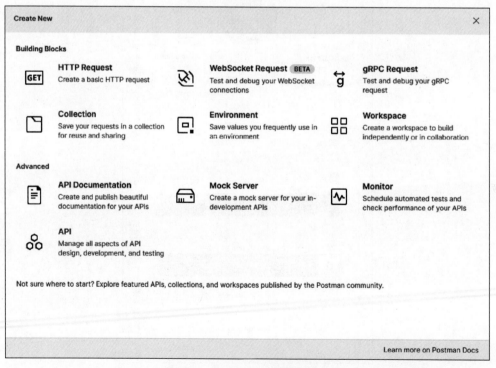

图 2-29 Postman 创建新项目

图 2-30　GET 请求示例响应结果

号码）和 passWord（密码）。为后续测试方便，API 可以保存至命名空间。POST 请求示例如图 2-31 所示。

登录 API 调用后，服务器响应的信息如果包括 token 信令字段，客户端进行保存，用于后续请求时添加。以 Bearer Token 为例，Authentication 参数选择 Bearer Token，并填写 Token 字段值后再进行请求，如图 2-32 所示。

以上就是 SSO 单点登录场景使用 Postman 接口测试工具的模拟流程。

Postman 的优势总结如下。

简洁性。界面设计简洁直观，使用简单方便。

易用性。只需要简单的操作就可以模拟发送请求。

多协议。可以为开发者提供不同的协议进行测试，如 HTTP、HTTPS、HTTP/2、Websocket、GRPC 等。

图 2-31　POST 请求示例

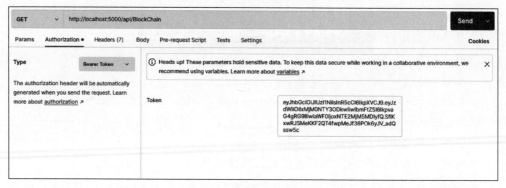

图 2-32　填写 Bearer Token

多认证。包括各种认证类型,如 No Auth(无认证)、API Key(应用程序密钥)、Bearer Token、Basic Auth(基本认证)、Digest Auth(摘要认证)、OAuth 1.0、OAuth 2.0、Hawk Authentication、AWS Signature、NTLM Authentication、Akamai EdgeGrid。

多格式。响应体有各种显示格式,如 JSON 格式、XML 格式、HTML 格式、Text 格式、Auto 格式。

多功能。请求分组、历史记录、数据迁移、在线存储、参数设置、环境变量、断言、代码生成、授权管理、自动化测试、可视化等。

Postman 是一款非常优秀的接口测试工具,无论是应用于前端还是后端,都极大地提升了开发效率。

2.5 Sqlite

Sqlite 是一个由 C 语言编写的轻量级的关系数据库。设计目标是实现低资源消耗、嵌入式的互操作数据库。Sqlite 能够跨平台、跨语言,不同编程语言有不同的库函数和组件,能够很好地支持 Sqlite 的相关操作。嵌入式设备中,内存等资源相对有限,Sqlite 能够很好地胜任这种场景,尤其是移动开发。

Sqlite 具有很好的保证数据的一致性和完整性机制。和其他关系数据库一样,遵循原子性、一致性、隔离性和持久性(ACID)4 种属性。具备事务管理机制,这样就可以确保一系列的操作要么全部成功,要么全部失败进行回滚,保证了数据的一致性。同时支持多种约束,主键实体完整性、外键参照完整性和用户自定义完整性。此外,通过构建触发器,进一步有助于维护数据的一致性和完整性。

除使用控制台操作 Sqlite 数据库外,Sqlite Expert Personal 是一款 Sqlite 的 GUI(图形化管理界面),相当于 MySQL 数据库的 Navicat。使用它可以方便地对 Sqlite 数据库进行相关操作。所见即所得,用户对数据库的增、删、查、改等操作可以实时地体现在图形化界面中,用户可以方便地对数据库进行相关管理和后台维护等。双击 Sqlite Expert Personal.exe 图标后进入启动页面,如图 2-33 所示。

图 2-33 Sqlite Expert Personal 启动界面

等待数秒后进入 Sqlite Expert Personal 主界面,如图 2-34 所示。

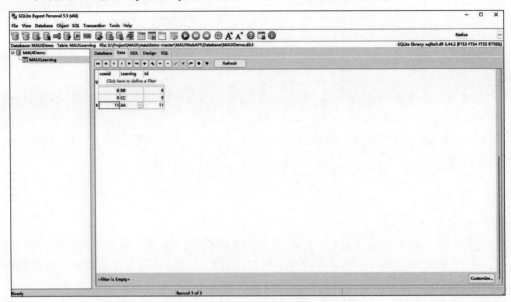

图 2-34　Sqlite Expert Personal 主界面

切换至数据库及属性界面查看相关信息,如图 2-35 所示。

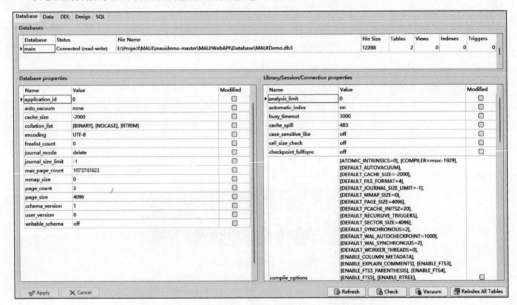

图 2-35　Sqlite Expert Personal 数据库及属性界面

可以对相关数据库进行数据库定义语言相关的编辑和操作,如图 2-36 所示。

一方面可以使用数据库定义语言(DDL)创建表,另一方面也可以使用图形化操作界面创建表。进入设计界面对表结构进行设计,如图 2-37 所示。

可以看到,类似 Access、Navicat 等各种图形化操作数据库的软件,Sqlite Expert Personal 可以针对字段的约束性、各个属性进行配置等操作。

第2章 磨刀不误砍柴工 利器在手事功倍——MAUI开发工具

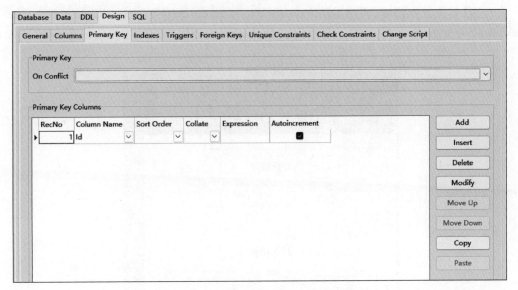

图 2-36 Sqlite Expert Personal DDL

图 2-37 Sqlite Expert Personal 设计界面

2.6 模拟器

模拟器 Simulator 是一种通过模拟硬件处理器功能和指令系统的软件，旨在降低实验成本和开发成本，更好地指导实践。模拟器还可以进行故障树分析、测试超大规模集成电路的逻辑设计、各种材料的物理化学机制等复杂的模拟任务。小到模拟嵌入式移动软件开发，大到模拟飞机、火箭等大型航天器的运行，应用于科技的方方面面。

MAUI 是跨平台的应用程序，基于 Android 平台、iOS 平台的开发可以使用模拟器进行模拟。iOS 平台的模拟需要苹果计算机及操作系统，并安装 XCode 等相关开发环境和组件，还需要开发者进行认证。本书中桌面端的开发主要在 Windows 平台下进行演示，移动端的开发主要在 Android 平台下进行演示。Android 平台的相关开发同样也需要各种相关环境和组件的安装，Microsoft Visual Studio 自带各种模拟器。Android、Android Studio、adb 等组件网络以及相关问题太多，对环境和版本强依赖，不便于初学者进行实操。这里强烈推荐使用市面上各种主流的模拟器，如夜神模拟器、逍遥模拟器等。

本书以夜神模拟器、逍遥模拟器为开发工具，对 MAUI App 进行模拟（也可以将编译出的 apk 直接在真机上运行）。夜神模拟器对硬件的模拟支持性较好，硬件和传感器相关操作的章节可以使用夜神模拟器。但是，经笔者测试，本机的 WebAPI 搭建的服务无法被夜神模拟器访问，目前的最新版本在官网也找不到合适的解决方案，所以使用逍遥模拟器演示前后端交互的相关内容。涉及前后端交互逻辑的内容,逍遥模拟器的 IP 地址 10.0.2.2 可以访问本机回环 IP 地址 127.0.0.1,这样在一台主机中即可模拟本书中所有的实验。

安装夜神模拟器后进行启动,进入夜神模拟器主界面。可以看到,几乎完全类似真实的手机。

先启动夜神模拟器,再启动 Microsoft Visual Studio,相应的项目启动时就可以选择 Android 对应的夜神模拟器。夜神模拟器调试运行 MAUIDemo App 的运行情况如图 2-38 所示。

图 2-38　夜神模拟器调试运行 MAUIDemo App

第 3 章

宝剑锋从磨砺出 梅花香自苦寒来
——MAUI开发理论

视频讲解

3.1 XAML 可扩展的应用程序标记语言

3.1.1 XAML 概述

XAML(eXtensible Application Markup Language)是基于 XML 的可扩展应用程序标记语言。XAML 具有跨语言、跨平台、层次化、可读性的特点,是一种声明式的、具有层次结构的标记性语言,主要用于界面设计。XAML 组件包括 *.xaml 界面文件和 *.xaml.cs 代码文件。这样做的好处是将界面设计和业务逻辑相分离,实现界面与逻辑的解耦,提升可维护性、可理解性、可测试性。XAML 能够方便地实现数据绑定机制,实现 MVVM 设计模式。Visual Studio 能够支持 XAML 热重载,实时修改界面代码后,调试过程无须重启,能够在 UI 上形成快速迭代,提升工作效率。Visual Studio 还能够支持 XAML 可视化,提供 XAML 可视化树,使用属性视图能够方便地对属性进行编辑操作。目前,.NET MAUI 应用程序中没有针对 XAML 的视觉设计器。

XAML 由以下元素组成。

声明。XAML 文件根节点属性。包括 XAML 命名空间引用声明、XAML 动态库引用声明、XAML 类引用声明、XAML 标记声明。

对象。基于 XAML 描述,可创建、可实例化。包括容器、控件、资源。

资源。与对象关联的存储或定义,具有统一定义数据、样式或行为的功效。包括数据资源、样式资源、模板资源。

属性。定义控件的数据、外观或行为。包括普通属性、内容属性、附加属性。

模板。定义控件的整体效果,具有复用性。

触发器。能够根据事件或属性变化更改控件外观。

动画。提供渐变性、交互性、动态性效果。

标记扩展。自定义组件、控件,扩充标记。

3.1.2 XAML 基本语法

XAML 是标准的 XML,但是还包括自身的一些特性,如普通属性、内容属性、附加属性和标记扩展。

Visual Studio 新建.NET MAUI XAML 文件的方法是,在项目中选择文件夹后,右击,从弹出的快捷菜单中选择"菜单项添加"→"类"命令,然后选择.NET MAUI ContentPage(XAML)模板,如图 3-1 所示,并输入文件名。这样在选中的文件夹下面自动生成 XAML 文件和 XAML 文件相对应的类文件。XAML 文件相对应的类文件默认是隐藏的,需要在 Visual Studio 中展开才能看到。

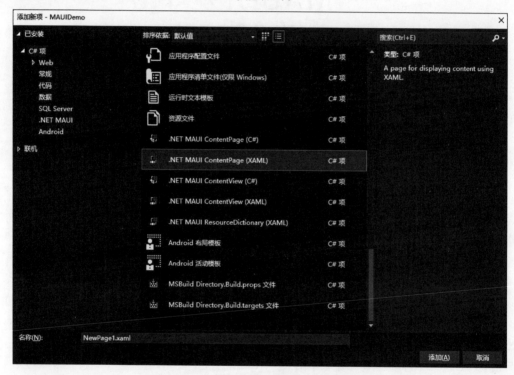

图 3-1 新建.NET MAUI ContentPage(XAML)

【例 3-1】 XAML 基本语法。

NewPage1.xaml 代码如下:

```
1    <?xml version = "1.0" encoding = "UTF-8" ?>
2    <ContentPage xmlns = "http://schemas.microsoft.com/dotnet/2021/maui"
3                 xmlns:x = "http://schemas.microsoft.com/winfx/2009/xaml"
4                 x:Class = "MAUIDemo.Pages.NewPage1"
5                 Title = "NewPage1">
6        <VerticalStackLayout>
7            <Label
8                Text = "Welcome to .NET MAUI!"
9                VerticalOptions = "Center"
```

```
10          HorizontalOptions = "Center" />
11      </VerticalStackLayout>
12  </ContentPage>
```

首行和普通 XML 一样，声明了 XML 文件的版本号和编码方式。ContentPage 是内容页面，对应的属性含义详见 3.1.4 节内容。内容部分定义了 VerticalStackLayout（垂直布局）。内部包括 Label（标签）控件，具有 Text（文本）属性，属性值显示 Welcome to .NET MAUI!，VerticalOptions 垂直对齐方式属性是 Center（居中）显示和 HorizontalOptions 水平对齐方式属性也是 Center 显示。属性统一使用键值对的方式进行定义，中间使用赋值运算符，属性值使用双引号进行包裹。XAML 中的标签可以采用单标签或双标签的形式。

NewPage1.xaml.cs 代码如下：

```
1  namespace MAUIDemo.Pages;
2
3  public partial class NewPage1 : ContentPage
4  {
5      public NewPage1()
6      {
7          InitializeComponent();
8      }
9  }
```

NewPage1.xaml.cs 是 NewPage1.xaml 对应的代码文件。NewPage1 类继承 ContentPage 类，属于分部类。构造方法调用 InitializeComponent() 完成界面控件初始化操作。命名空间与 XAML 文件中 x:Class 相对应。

3.1.3 XAML 标记扩展

XAML 标记扩展的目的是提升扩展性和灵活性。下面直接引入示例展示 XAML 标记扩展的各种使用方式。

【例 3-2】 XAML 标记扩展。

```
1  <VerticalStackLayout x:Name = "vStackLayout">
2      <Label
3          BackgroundColor = "Blue"
4          HorizontalOptions = "Center"
5          Text = "属性示例"
6          VerticalOptions = "Center"
7          WidthRequest = "300" />
8      <Label BackgroundColor = "Orange" Text = "x:StaticExtension 成员">
9          <Label.WidthRequest>
10             <x:StaticExtension Member = "core:XAMLConstants.WidthRequest" />
11         </Label.WidthRequest>
12     </Label>
13     <Label BackgroundColor = "Red" Text = "x:Static 成员">
14         <Label.WidthRequest>
15             <x:Static Member = "core:XAMLConstants.WidthRequest" />
16         </Label.WidthRequest>
17     </Label>
18     <Label
```

```xml
19            BackgroundColor = "Green"
20            Text = "x:StaticExtension 成员"
21            WidthRequest = "{x:StaticExtension Member = core:XAMLConstants.WidthRequest}" />
22        <Label
23            BackgroundColor = "Gray"
24            Text = "x:Static Member = core"
25            WidthRequest = "{x:Static Member = core:XAMLConstants.WidthRequest}" />
26        <Label
27            BackgroundColor = "Yellow"
28            Text = "x:Static core"
29            WidthRequest = "{x:Static core:XAMLConstants.WidthRequest}" />
30        <Label
31            BackgroundColor = "Violet"
32            HeightRequest = "{x:Static sys:Math.E}"
33            Scale = "5"
34            Text = "x:Static sys"
35            WidthRequest = "{x:Static sys:Math.PI}" />
36        <Slider
37            x:Name = "slider1"
38            HorizontalOptions = "Center"
39            Maximum = "100"
40            WidthRequest = "300" />
41        <Label BindingContext = "{x:Reference slider1}" Text = "{Binding Value}" />
42        <ListView
43            HorizontalOptions = "Center"
44            VerticalOptions = "Center"
45            WidthRequest = "300">
46            <ListView.ItemsSource HorizontalOptions = "Center">
47                <x:Array Type = "{x:Type sys:String}">
48                    <sys:String> x:Array AAA </sys:String>
49                    <sys:String> x:Array BBB </sys:String>
50                    <sys:String> x:Array CCC </sys:String>
51                </x:Array>
52            </ListView.ItemsSource>
53        </ListView>
54        <Label
55            BackgroundColor = "DarkOliveGreen"
56            FontFamily = "{x:Null}"
57            Text = "OnPlatform" />
58        <Label
59            BackgroundColor = "Aqua"
60            Text = "OnPlatform"
61            WidthRequest = "{OnPlatform 300,
62                                        iOS = 350,
63                                        Android = 250,
64                                        Tizen = 260,
65                                        MacCatalyst = 320}" />
66        <Label BackgroundColor = "{OnIdiom LightGreen, Phone = Yellow, Desktop = Green, Tablet = Orange}" Text = "OnIdiom" />
67        <Grid BackgroundColor = "{AppThemeBinding Light = {StaticResource DayModePrimaryColor}, Dark = {StaticResource NightModePrimaryColor}}" WidthRequest = "300">
68            <Button Style = "{StaticResource ButtonTheme}" Text = "AppThemeBinding" />
69        </Grid>
70        <Label BackgroundColor = "{core:RGB R = 150, G = 80, B = 120}" Text = "IMarkupExtension" />
71    </VerticalStackLayout>
```

上述示例从上往下依次对应标记扩展的使用方式。

属性设置。类似 HTML/XML 属性语法，对控件设置相应的属性。

静态扩展。使用 x:StaticExtension 标记扩展并配置 Member 属性设置相应的属性。

静态引用。使用 x:Static 标记扩展并配置 Member 属性设置相应的属性。

插值静态扩展。使用 x:StaticExtension 标记扩展结合花括号插值语法并配置 Member 属性设置相应的属性。

插值静态引用。使用 x:Static 标记扩展结合花括号插值语法并配置 Member 属性设置相应的属性。

插值静态引用。使用 x:Static 标记扩展结合花括号插值语法并省略 Member 属性直接设置相应的属性。

命名空间引用。通过命名空间机制引入变量作为属性值。

控件引用。BindingContext(绑定上下文)属性中使用 x:Reference 标记扩展引用之前通过 x:Name 定义的控件，Binding(绑定)属性配置绑定的变量。

类型标记扩展。使用 x:Type 标记扩展，后面指定类型参数。

数组标记扩展。使用 x:Array 标记扩展，通过 Type 属性指定数组元素类型。

空值标记扩展。使用 x:Null 标记扩展，表示空。

平台标记扩展。使用 OnPlatform 标记扩展，分别设置 iOS、Android、Tizen、MacCatalyst 不同平台显示的参数值。

习语标记扩展。使用 OnIdiom 标记扩展，分别设置 Phone 手机、Desktop 桌面、Tablet 平板不同终端显示的参数值。

主题标记扩展。使用 AppThemeBinding 标记扩展，结合 StaticResource 引用相应的资源展示不同的主题。

自定义标记扩展。继承 IMarkupExtension 接口自定义标记扩展。

RGBExtension.cs 代码如下：

```
1   namespace MAUIDemo.Core
2   {
3       public class RGBExtension : IMarkupExtension<Color>
4       {
5           public int R
6           {
7               get;
8               set;
9           }
10          public int G
11          {
12              get;
13              set;
14          }
15          public int B
16          {
17              get;
18              set;
19          }
20          public Color ProvideValue(IServiceProvider serviceProvider)
```

```
21          {
22              return Color.FromRgb(R,G,B);
23          }
24      object IMarkupExtension.ProvideValue(IServiceProvider serviceProvider)
25      {
26          return (this as IMarkupExtension<Color>).ProvideValue(serviceProvider);
27      }
28  }
29 }
```

上述代码展示了自定义标记扩展的使用，RGBExtension 继承 IMarkupExtension，泛型参数是 Color(颜色)类。重写 ProvideValue()方法完成对象转换。

XAML 标记扩展涉及的语法现象示例程序的运行结果如图 3-2 所示。

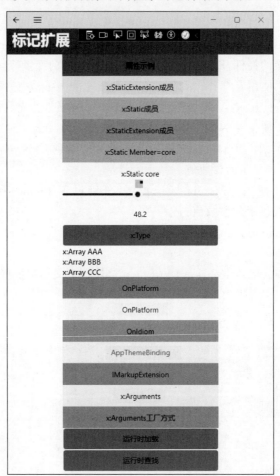

图 3-2　XAML 标记扩展涉及的语法现象示例程序的运行结果

3.1.4　XAML 命名空间

命名空间是用于组织类文件的层次化结构。例 3-3 包含了常见的命名空间引用情况。

【例 3-3】 XAMLPage.xaml 命名空间。

```
1   <ContentPage
2       x:Class = "MAUIDemo.Pages.XAMLPage"
3       xmlns = "http://schemas.microsoft.com/dotnet/2021/maui"
4       xmlns:x = "http://schemas.microsoft.com/winfx/2009/xaml"
5       xmlns:core = "clr-namespace:MAUIDemo.Core"
6       xmlns:sys = "clr-namespace:System;assembly = mscorlib"
7       Title = "标记扩展">
```

ContentPage 根节点包含了 6 个属性。

x:Class。声明当前组织 XAML 命名空间的类。

xmlns。XML Namespaces 声明了.NET MAUI 命名空间。

xmlns:x。声明了.NET MAUI 关于 xaml 的命名空间。

xmlns:core。引入自定义的命名空间。clr-namespace 指定命名空间前缀。

xmlns:sys。引入系统定义的命名空间。clr-namespace 指定命名空间前缀，assembly 属性指定命名空间对应的程序集。

Title。声明当前页面标题。

3.1.5 XAML 参数传递

XAML 参数传递主要通过 x:Arguments 标记扩展。

【例 3-4】 XAML 参数传递。

```
1   <Label Text = "x:Arguments">
2       <Label.BackgroundColor>
3           <Color>
4               <x:Arguments>
5                   <x:Int32>110</x:Int32>
6                   <x:Int32>233</x:Int32>
7                   <x:Int32>89</x:Int32>
8               </x:Arguments>
9           </Color>
10      </Label.BackgroundColor>
11  </Label>
12  <Label Text = "x:Arguments 工厂方式">
13      <Label.BackgroundColor>
14          <Color x:FactoryMethod = "FromRgb">
15              <x:Arguments>
16                  <x:Int32>199</x:Int32>
17                  <x:Int32>22</x:Int32>
18                  <x:Int32>98</x:Int32>
19              </x:Arguments>
20          </Color>
21      </Label.BackgroundColor>
22  </Label>
```

XAML 参数传递构造对象有如下方式。

参数构造。使用 x:Arguments 标记扩展，传入参数构造相应对象。

工厂构造。使用 x:Arguments 标记扩展，结合 x:FactoryMethod 标记扩展利用工厂方法传入参数构造相应对象。

3.1.6 XAML 动态加载

【例 3-5】 XAML 动态加载。

XAML 动态加载界面代码如下：

```
1    <Button
2        Command="{Binding OnClick}"
3        CommandParameter="{x:Type Stepper}"
4        Text="x:Type" />
5    <Button Command="{Binding OnRuntimeClick}" Text="运行时加载" />
6    <Button Command="{Binding OnFindClick}" Text="运行时查找" />
```

XAML 动态加载逻辑代码如下：

```
1    public ICommand OnClick
2    {
3      get;
4      set;
5    }
6    public ICommand OnRuntimeClick
7    {
8        get;
9        set;
10   }
11   public ICommand OnFindClick
12   {
13       get;
14       set;
15   }
16   OnClick = new Command<Type>((Type type) =>
17   {
18     View view = (View)Activator.CreateInstance(type);
19     view.HorizontalOptions = LayoutOptions.Center;
20     view.VerticalOptions = LayoutOptions.Center;
21     vStackLayout.Insert(9, view);
22   });
23   OnRuntimeClick = new Command(() =>
24   {
25       string xaml = "<Label Text=\"OnRuntimeClick\" HorizontalOptions=\"Center\" VerticalOptions=\"Center\" BackgroundColor=\"Olive\" WidthRequest=\"300\"/>";
26       Label label = new Label().LoadFromXaml(xaml);
27       vStackLayout.Insert(18, label);
28   });
29   OnFindClick = new Command(async () =>
30   {
31       string xaml = """
32       <?xml version="1.0" encoding="utf-8"?>
33           <ContentPage
34               xmlns="http://schemas.microsoft.com/dotnet/2021/maui"
35               xmlns:x="http://schemas.microsoft.com/winfx/2009/xaml">
36           <Button Text="OnFindClick" x:Name="btn" HorizontalOptions="Center" VerticalOptions="Center" BackgroundColor="Olive" WidthRequest="300"/>
37           </ContentPage>
38       """;
39       ContentPage page = new ContentPage().LoadFromXaml(xaml);
```

```
40      Button btn = page.FindByName<Button>("btn");
41      await DisplayAlert("信息", btn.Text, "确认");
42  });
```

上述代码涉及的 3 个方法如下。

OnClick()。通过 CommandParameter 属性传入 Stepper 对象调用 Activator 静态方法 CreateInstance()实例化,设置参数后插入垂直布局中索引值为 9 的位置。

OnRuntimeClick()。运行时加载。运行时通过调用 LoadFromXaml()方法动态加载 XAML 构建的 Label 控件。

OnFindClick()。运行时查找。运行时通过调用 FindByName()方法动态查找指定名称的按钮控件,查找后对按钮控件的属性进行弹窗展示。

3.1.7　XAML 编译选项

XAML 文件格式是 *.xaml,一方面特定于不同平台的处理器将 XAML 文件 *.xaml 解释翻译成描述界面的中间语言;另一方面把处理后的中间语言与 C#代码 *.xaml.cs 进行链接,二者被.NET 编译器进行编译,最终形成可执行程序。.NET MAUI 应用程序默认开启 XAML 编译功能。XAML 编译器直接将 XAML 文件编译为中间语言,通过编译过程一方面检查语法正确性,另一方面优化代码并减少最终生成程序集文件的大小。

关闭编译功能。类文件上方添加注解［XamlCompilation（XamlCompilationOptions.Skip)]关闭 XAML 编译器编译功能。

开启编译功能。类文件上方添加注解［XamlCompilation(XamlCompilationOptions.Compile)]开启 XAML 编译器编译功能。

3.2　MAUI 生命周期

MAUI 包含 4 种状态:Not Running(未运行)、Running(运行)、Stopped(停止)和 Deactivated(去激活)。其中 Not Running 状态尚未加载至内存。Window 类的跨平台生命周期事件会导致上述状态之间的切换。MAUI 生命周期状态转换如图 3-3 所示。

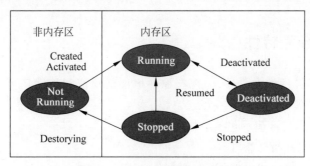

图 3-3　MAUI 生命周期状态转换

MAUI 事件针对不同平台映射到不同的方法。

Activated。激活窗口后引发。
Created。创建窗口后引发。
Deactivated。窗口失去焦点时引发。
Destroying。窗口销毁时引发。
Resumed。应用恢复时引发。
Stopped。窗口不可见时引发。

MAUI 不同平台生命周期的对应关系见表 3-1。

表 3-1　MAUI 不同平台生命周期的对应关系

事件	Android 平台	iOS 平台	Windows 平台
Created	OnPostCreate	FinishedLaunching	Created
Activated	OnResume	OnActivated	Activated(CodeActivated and PointerActivated)
Deactivated	OnPause	OnResignActivation	Activated(Deactivated)
Stopped	OnStop	DidEnterBackground	VisibilityChanged
Resumed	OnRestart	WillEnterForeground	Resumed
Destroying	OnDestroy	WillTerminate	Closed

例 3-6 中的代码重写了 CreateWindow() 方法，并向 Window 对象添加 Created() 事件委托，内部完成个性化创建逻辑即可。读者实验时可在相应位置增加断点进行调试。

【例 3-6】 MAUI 生命周期。

App.xaml.cs 代码如下：

```
1   public partial class App : Application
2   {
3       protected override Window CreateWindow(IActivationState activationState)
4       {
5           Window window = base.CreateWindow(activationState);
6           window.Created += (sender, e) =>
7           {
8               // 创建逻辑
9           };
10          return window;
11      }
12      // 此处省略其他代码
13  }
```

3.3　MAUI 行为特性

除用子类继承控件的方式外，为现有控件增加新功能和特性还可以通过行为操作，这样做能够增强扩展性，如图 3-4 所示。

图 3-4 中的行为特性演示包括增加和删除行为。

【例 3-7】 MAUI 行为特性。

BehaviorPage.xaml 代码如下：

```
1   <?xml version = "1.0" encoding = "UTF-8" ?>
2   < ContentPage
```

第3章 宝剑锋从磨砺出 梅花香自苦寒来——MAUI开发理论

图 3-4 通过行为操作为现有控件增加新功能

```
 3      x:Class = "MAUIDemo.Pages.BehaviorPage"
 4      xmlns = "http://schemas.microsoft.com/dotnet/2021/maui"
 5      xmlns:x = "http://schemas.microsoft.com/winfx/2009/xaml"
 6      xmlns:local = "clr-namespace:MAUIDemo.Behaviors"
 7      Title = "行为操作">
 8      <ContentPage.Resources>
 9          <!-- 此处省略其他代码 -->
10          <Style x:Key = "PositiveValidationStyle" TargetType = "Entry">
11              <Style.Setters>
12                  <Setter Property = "HorizontalOptions" Value = "Center" />
13                  <Setter Property = "WidthRequest" Value = "300" />
14                  <Setter Property = "local:PositiveValidationBehavior.AttachBehavior" Value = "true" />
15              </Style.Setters>
16          </Style>
17      </ContentPage.Resources>
18      <VerticalStackLayout>
19          <Entry Placeholder = "行为示例(输入正数)">
20              <Entry.Behaviors>
21                  <local:PositiveValidationBehavior />
22              </Entry.Behaviors>
23          </Entry>
24          <Entry
25              x:Name = "entry2"
26              Placeholder = "样式行为(输入正数)"
27              Style = "{StaticResource PositiveValidationStyle}" />
28          <Button Command = "{Binding OnAddClick}" Text = "增加行为" />
29          <Button Command = "{Binding OnDeleteClick}" Text = "删除行为" />
30      </VerticalStackLayout>
31  </ContentPage>
```

行为演示页面中,页面资源中定义了 Entry 控件的 HorizontalOptions 水平对齐属性、WidthRequest 宽度属性,PositiveValidationBehavior 为自定义行为属性。页面中包含两种行为使用方式。上面的 Entry 控件通过 Entry.Behaviors 标记扩展调用 PositiveValidationBehavior 实现的相关操作,下面的 Entry 控件引用了资源部分定义的样式资源,通过定义的样式资源控制行为。

BehaviorPage.xaml.cs 代码如下:

```
1  using MAUIDemo.Behaviors;
2  using System.Windows.Input;
```

```
3
4    namespace MAUIDemo.Pages;
5
6    public partial class BehaviorPage : ContentPage
7    {
8        public ICommand OnDeleteClick
9        {
10           get;
11           set;
12       }
13       public ICommand OnAddClick
14       {
15           get;
16           set;
17       }
18       public BehaviorPage()
19       {
20           InitializeComponent();
21           OnDeleteClick = new Command<Type>((Type type) =>
22           {
23               Behavior del = entry2.Behaviors.FirstOrDefault(behavior => behavior is PositiveValidationBehavior);
24               if (del != null)
25               {
26                   entry2.Behaviors.Remove(del);
27               }
28           });
29           OnAddClick = new Command<Type>((Type type) =>
30           {
31               entry2.Behaviors.Add(new PositiveValidationBehavior());
32           });
33           BindingContext = this;
34       }
35   }
```

控件的 Behaviors 属性包含了涉及的全部行为列表，增加行为逻辑中向该列表中追加了自定义的 PositiveValidationBehavior 行为。删除行为逻辑中遍历全部行为列表，如果找到 PositiveValidationBehavior 行为则删除。

PositiveValidationBehavior.cs 代码如下：

```
1    using Microsoft.Maui.Controls;
2
3    namespace MAUIDemo.Behaviors
4    {
5        public class PositiveValidationBehavior : Behavior<Entry>
6        {
7            public static readonly BindableProperty AttachBehaviorProperty = BindableProperty.CreateAttached("AttachBehavior", typeof(bool), typeof(PositiveValidationBehavior), false, propertyChanged: OnAttachBehaviorChanged);
8            protected override void OnAttachedTo(Entry entry)
9            {
10               entry.TextChanged += OnEntryTextChanged;
11               base.OnAttachedTo(entry);
12           }
13           protected override void OnDetachingFrom(Entry entry)
```

```csharp
14      {
15          entry.TextChanged -= OnEntryTextChanged;
16          base.OnDetachingFrom(entry);
17      }
18      void OnEntryTextChanged(object sender, TextChangedEventArgs args)
19      {
20          _ = Int32.TryParse(args.NewTextValue, out int result);
21          bool isValid = result > 0;
22          ((Entry)sender).TextColor = isValid ? Colors.LightGreen : Colors.Red;
23      }
24      public static bool GetAttachBehavior(BindableObject view)
25      {
26          return (bool)view.GetValue(AttachBehaviorProperty);
27      }
28      public static void SetAttachBehavior(BindableObject view, bool value)
29      {
30          view.SetValue(AttachBehaviorProperty, value);
31      }
32      static void OnAttachBehaviorChanged(BindableObject view, object oldValue, object newValue)
33      {
34          if (view is not Entry entry)
35          {
36              return;
37          }
38          if (Convert.ToBoolean(newValue))
39          {
40              entry.Behaviors.Add(new PositiveValidationBehavior());
41          }
42          else
43          {
44              Behavior del = entry.Behaviors.FirstOrDefault(behavior => behavior is PositiveValidationBehavior);
45              if (del != null)
46              {
47                  entry.Behaviors.Remove(del);
48              }
49          }
50      }
51  }
52 }
```

具体自定义行为实现时需要继承 Behavior<T>类,控件类型作为泛型参数。自定义的 PositiveValidationBehavior 正数验证行为定义了静态只读的 BindableProperty 可绑定的属性。通过 GetAttachBehavior()和 SetAttachBehavior()实现该属性的存取和访问。可绑定属性属性值发生变化时调用 OnAttachBehaviorChanged()方法,该方法首先判断是否为 Entry 控件导致,否则直接返回,如果为 Entry 控件导致,则根据输入值情况进行行为的增减。如果输入值转换为布尔型变量为 true,追加 PositiveValidationBehavior 行为,否则删除 PositiveValidationBehavior 行为。OnAttachedTo()和 OnAttachedFrom()方法分别用于增减 OnEntryTextChanged()事件委托。OnEntryTextChanged()方法用于判断输入数据正负,如果为正则设置为浅绿色。

3.4 MAUI 手势特性

MAUI 手势特性是基于硬件特性抽象出的手势识别器。用户发起的连续手势动作导致屏幕识别位置的连续变更,对应数据参数信息状态发生变化。包括如下手势特性。

DragGestureRecognizer。拖动手势。DragStarting 是开始拖放事件。

DropGestureRecognizer。拖放手势。DragOver 是拖放过程事件,Drop 是拖放完毕事件。

PanGestureRecognizer。移动手势。PanUpdated 是移动更新事件。

TapGestureRecognizer。触摸手势。NumberOfTapsRequired 属性代表触发事件的触摸次数,Tapped 是触摸事件。

SwipeGestureRecognizer。滑动手势。Direction 属性代表滑动方向,Swiped 是滑动事件。

图 3-5 所示为手势操作的运行效果。

图 3-5 手势操作的运行效果

【例 3-8】 MAUI 手势特性。

GesturePage.xaml 代码如下:

```
 1    <?xml version = "1.0" encoding = "UTF - 8" ?>
 2    <ContentPage
 3        x:Class = "MAUIDemo.Pages.GesturePage"
 4        xmlns = "http://schemas.microsoft.com/dotnet/2021/maui"
 5        xmlns:x = "http://schemas.microsoft.com/winfx/2009/xaml"
 6        xmlns:viewmodels = "clr - namespace:MAUIDemo.ViewModels"
 7        Title = "手势操作">
 8        <VerticalStackLayout>
 9            <Image HeightRequest = "50" Source = "dotnet_bot.png">
10                <Image.GestureRecognizers>
11                    <DragGestureRecognizer DragStarting = "OnDragStarting" />
```

```
12              <DropGestureRecognizer DragOver = "OnDragOver" />
13              <DropGestureRecognizer Drop = "OnDrop" />
14              <PanGestureRecognizer PanUpdated = "OnPanUpdated" />
15              <TapGestureRecognizer NumberOfTapsRequired = "2" Tapped = "OnTapped" />
16          </Image.GestureRecognizers>
17      </Image>
18      <Grid>
19          <viewmodels:PinchViewModel>
20              <Image HeightRequest = "50" Source = "dotnet_bot.png" />
21          </viewmodels:PinchViewModel>
22      </Grid>
23      <BoxView
24          HeightRequest = "50"
25          WidthRequest = "50"
26          Color = "Chartreuse">
27          <BoxView.GestureRecognizers>
28  <SwipeGestureRecognizer Direction = "Left" Swiped = "OnSwipedAsync" />
29  SwipeGestureRecognizer Direction = "Right" Swiped = "OnSwipedAsync" />
30  <SwipeGestureRecognizer Direction = "Up" Swiped = "OnSwipedAsync" />
31  <SwipeGestureRecognizer Direction = "Down" Swiped = "OnSwipedAsync" />
32          </BoxView.GestureRecognizers>
33      </BoxView>
34  </VerticalStackLayout>
35 </ContentPage>
```

上述代码针对控件的GestureRecognizers标记扩展进行手势相关的配置。Image是图片控件，BoxView是盒视图控件。无论是何种手势，ContentView内容视图内部维护着GestureRecognizers手势识别器这个数据结构，包含多个手势识别器的链表。

GesturePage. xaml. cs代码如下：

```
1  namespace MAUIDemo.Pages;
2
3  public partial class GesturePage : ContentPage
4  {
5      double X, Y;
6      public GesturePage()
7      {
8          InitializeComponent();
9      }
10     void OnDragStarting(object sender, DragStartingEventArgs e)
11     {
12     }
13     void OnDragOver(object sender, DragEventArgs e)
14     {
15         e.AcceptedOperation = DataPackageOperation.None;
16     }
17     async void OnDrop(object sender, DropEventArgs e)
18     {
19     }
20     void OnPanUpdated(object sender, PanUpdatedEventArgs e)
21     {
22         switch (e.StatusType)
23         {
24             case GestureStatus.Running:
```

```
25                  Content.TranslationX = Math.Clamp(X + e.TotalX, - Content.Width,
    Content.Width);
26                  Content.TranslationY = Math.Clamp(Y + e.TotalY, - Content.Height,
    Content.Height);
27                  break;
28              case GestureStatus.Completed:
29                  X = Content.TranslationX;
30                  Y = Content.TranslationY;
31                  break;
32          }
33      }
34      async void OnSwipedAsync(object sender, SwipedEventArgs e)
35      {
36          switch (e.Direction)
37          {
38              case SwipeDirection.Left:
39                  await DisplayAlert("信息", "Left", "确认");
40                  break;
41              case SwipeDirection.Right:
42                  await DisplayAlert("信息", "Right", "确认");
43                  break;
44              case SwipeDirection.Up:
45                  await DisplayAlert("信息", "Up", "确认");
46                  break;
47              case SwipeDirection.Down:
48                  await DisplayAlert("信息", "Down", "确认");
49                  break;
50          }
51      }
52      async void OnTapped(object sender, EventArgs e)
53      {
54          await DisplayAlert("信息", "OnTapped", "确认");
55      }
56  }
```

对应逻辑部分的代码展示了手势触发的各种事件执行逻辑。特别说明一下 PanUpdatedEventArgs 是移动手势更新事件参数，根据 StatusType 枚举确定移动手势更新是 Running（运行）态，还是 Completed（完成）态。SwipedEventArgs 是滑动手势更新事件参数，根据 Direction 枚举确定滑动手势的滑动方向。

PinchViewModel.cs 代码如下：

```
1   namespace MAUIDemo.ViewModels
2   {
3       public class PinchViewModel : ContentView
4       {
5           double currentScale = 1;
6           double startScale = 1;
7           double xOffset = 0;
8           double yOffset = 0;
9           public PinchViewModel()
10          {
11              PinchGestureRecognizer pinchGesture = new();
12              pinchGesture.PinchUpdated += OnPinchUpdated;
13              GestureRecognizers.Add(pinchGesture);
```

```
14          }
15          private void OnPinchUpdated(object sender, PinchGestureUpdatedEventArgs e)
16          {
17              if (e.Status == GestureStatus.Started)
18              {
19                  startScale = Content.Scale;
20                  Content.AnchorX = 0;
21                  Content.AnchorY = 0;
22              }
23              if (e.Status == GestureStatus.Running)
24              {
25                  currentScale += (e.Scale - 1) * startScale;
26                  currentScale = Math.Max(1, currentScale);
27                  double renderedX = Content.X + xOffset;
28                  double deltaX = renderedX / Width;
29                  double deltaWidth = Width / (Content.Width * startScale);
30                  double originX = (e.ScaleOrigin.X - deltaX) * deltaWidth;
31                  double renderedY = Content.Y + yOffset;
32                  double deltaY = renderedY / Height;
33                  double deltaHeight = Height / (Content.Height * startScale);
34                  double originY = (e.ScaleOrigin.Y - deltaY) * deltaHeight;
35                  double targetX = xOffset - (originX * Content.Width) * (currentScale - startScale);
36                  double targetY = yOffset - (originY * Content.Height) * (currentScale - startScale);
37                  Content.TranslationX = Math.Clamp(targetX, -Content.Width * (currentScale - 1), 0);
38                  Content.TranslationY = Math.Clamp(targetY, -Content.Height * (currentScale - 1), 0);
39                  Content.Scale = currentScale;
40              }
41              if (e.Status == GestureStatus.Completed)
42              {
43                  xOffset = Content.TranslationX;
44                  yOffset = Content.TranslationY;
45              }
46          }
47      }
48  }
```

上述代码是微软公司官方提供的移动手势视图模型,用于完成手势操作的正交变换(仅涉及平移和缩放,不涉及旋转)。构造方法通过构造PinchGestureRecognizer(移动手势识别器)并增加事件委托,将移动手势识别器追加至内部的GestureRecognizers(手势识别器)列表数据结构中。OnPinchUpdated事件根据手势状态Started(开始)、Running(运行)、Completed(完成)更新相关数据,实现手势操作的正交变换。

3.5 MAUI 数据绑定

3.5.1 数据绑定概述

数据绑定是指将两个对象的属性进行关联,其中一个对象的属性发生变化引起另一个对象相关联的属性变化。涉及的两个对象称为目标对象和源对象。目标对象是继承

BindableObject 的可绑定对象。目标对象的 BindingContext 属性设置为源对象,调用 SetBinding()方法后即可完成数据绑定。数据绑定的方法分为基本绑定、高级绑定、路径绑定、条件绑定、模型绑定。

3.5.2 基本绑定

基本绑定是最简单的一种数据绑定。

【例 3-9】 基本绑定。

```
1   <VerticalStackLayout>
2       <Label x:Name = "label1" Text = "文本 1" />
3       <Label x:Name = "label2" Text = "文本 2" />
4       <Label
5           x:Name = "label3"
6           BindingContext = "{x:Reference Name = slider}"
7           Rotation = "{Binding Path = Value}"
8           Text = "文本 3" />
9       <Label
10          x:Name = "label4"
11          BindingContext = "{x:Reference slider}"
12          Rotation = "{Binding Value}"
13          Text = "文本 4" />
14      <Label x:Name = "label5" Text = "文本 5">
15          <Label.Rotation>
16              <Binding Path = "Value" Source = "{x:Reference slider}" />
17          </Label.Rotation>
18      </Label>
19      <VerticalStackLayout BindingContext = "{x:Reference slider}">
20          <Label
21              x:Name = "label6"
22              Rotation = "{Binding Value}"
23              Text = "文本 6" />
24      </VerticalStackLayout>
25      <Slider
26          x:Name = "slider"
27          Maximum = "360"
28          VerticalOptions = "Center"
29          WidthRequest = "300" />
30      <Label Text = "{Binding Source = {x:Reference slider}, Path = Value, StringFormat = 'The slider value is {0:F3}'}" />
31  </VerticalStackLayout>
```

BindingPage.xaml.cs 代码如下:

```
1   namespace MAUIDemo.Pages;
2
3   public partial class BindingPage : ContentPage
4   {
5       public BindingPage()
6       {
7           InitializeComponent();
8           label1.BindingContext = slider;
9           label1.SetBinding(Label.RotationProperty, "Value");
10          label2.SetBinding(Label.RotationProperty, new Binding("Value", source: slider));
11      }
12  }
```

上述代码使用 6 种方式进行绑定，VerticalStackLayout 垂直布局最后一个 Label 控件通过 Binding Source＝{x:Reference slider}绑定了上面定义的 Slider 滑块控件，Path＝Value 是监控滑块控件的 Value 属性，StringFormat 使用字符串插值方法完成信息的格式化展示。实际使用时，绑定方式非常灵活，对应上述 6 个标签的基本绑定方式如下。

第 1 个标签采用 C#代码方式进行绑定，设置 BindingContext 并调用 SetBinding()方法完成数据绑定，参数代表绑定的属性是标签的 RotationProperty 旋转属性。

第 2 个标签采用 C#代码方式进行绑定，直接调用 SetBinding()的重载方法完成数据绑定，第一个参数代表绑定的属性是标签的 RotationProperty 旋转属性，第二个参数使用 Binding 对象，采用绑定源控件属性和绑定源控件名称进行构造。

第 3 个标签采用 XAML 方式进行绑定，BindingContext 使用{x:Reference Name＝slider}指定源对象为 Slider 控件，Rotation（旋转）属性使用{Binding Path＝Value}指定绑定的是 Slider 控件的 Value 属性。

第 4 个标签采用 XAML 方式进行绑定，与第 3 个标签不同的是，BindingContext 和 Rotation 属性的表达采用简写方式。

第 5 个标签采用 XAML 方式进行绑定，采用 XAML 标记扩展＜Label.Rotation＞层级化方式进行绑定的定义。

第 6 个标签采用 XAML 方式进行绑定，Label 控件嵌套在 VerticalStackLayout 垂直布局内部，垂直布局为目标对象设置其 BindingContext 属性，再对嵌套在内部的 Label 控件进行 Rotation 属性设置绑定。

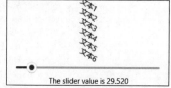

图 3-6　基本绑定示例的运行效果

基本绑定示例的运行效果如图 3-6 所示。

3.5.3　高级绑定

高级绑定分为自身绑定、绑定回退、相对绑定和模板绑定。

【例 3-10】　自身绑定。

```
1    < Button
2        BackgroundColor = "Yellow"
3        Text = "自身绑定"
4        WidthRequest = "100"
5        HeightRequest = "{Binding Source = {RelativeSource Self}, Path = WidthRequest}" />
```

自身绑定是特殊的相对绑定。通过 RelativeSource 相对绑定关键字 Self 引用自身，绑定通过 Path 参数指定 WidthRequest。这样 HeightRequest 高度值和 WidthRequest 宽度值相等。

【例 3-11】　绑定回退。

```
1    < ContentPage.Resources >
2        < sys:String x:Key = "FallBack">绑定回退</sys:String>
3    </ContentPage.Resources >
4    < Button
5        BackgroundColor = "LawnGreen"
6        Text = "{Binding Parameter, FallbackValue = {StaticResource FallBack}}"
```

```
7        WidthRequest = "100"
8        HeightRequest = "100"/>
```

绑定回退是指因找不到相应的数据导致绑定失败时,为提升用户感知而显示的临时信息,通过 FallbackValue 属性指定。上述代码引用了资源中的 FallBack 字符串关键字,对应绑定回退字样。

将相对绑定和模板绑定合并在一个示例中,下面首先定义了 GoodViewTemplate 模板资源。该模板资源通过 Frame 框架实现,Frame 框架通过 RelativeSource 相对绑定绑定到了 TemplatedParent 父模板中,意味着该框架嵌入了后面的 GoodView 自定义控件中。Frame 框架内部通过 VerticalStackLayout 垂直布局排放 3 个标签控件,第一个标签控件对 Name 商品名称进行了绑定,第二个标签控件用于分隔符显示,第三个标签控件对 Description 商品描述进行了绑定。GoodView 自定义商品视图控件的样式资源中设置了 GoodViewTemplate 控件模板属性,该控件模板属性引用了之前定义的 GoodViewTemplate 模板资源,通过这种方式实现模板绑定。

【例 3-12】 相对绑定和模板绑定。

相对绑定和模板绑定资源代码如下:

```
1    < ContentPage. Resources >
2        < ControlTemplate x:Key = "GoodViewTemplate">
3            < Frame BackgroundColor = " { TemplateBinding ControlBackgroundColor }"
    BindingContext = "{Binding Source = {RelativeSource TemplatedParent}}">
4                < VerticalStackLayout >
5                    < Label Text = "{TemplateBinding Name}" />
6                    < Label BackgroundColor = "Red" HeightRequest = "20"/>
7                    < Label Text = "{TemplateBinding Description}"/>
8                </VerticalStackLayout>
9            </Frame>
10        </ControlTemplate>
11        < Style TargetType = "controls:GoodView">
12            < Setter Property = " ControlTemplate" Value = " { StaticResource
    GoodViewTemplate}" />
13        </Style>
14    </ContentPage. Resources >
```

GoodView 自定义商品控件继承 ContentView 类,内部定义了 BindableProperty 可绑定属性 NameProperty 商品名称属性和 DescriptionProperty 商品描述属性,这两个可绑定属性作为 Name 商品名称和 Description 商品描述访问器的参数。同时,Name 商品名称和 Description 商品描述使用 nameof 运算符作为对应可绑定属性的参数。

GoodView.cs 代码如下:

```
1    namespace MAUIDemo.Controls
2    {
3        public class GoodView : ContentView
4        {
5            public static readonly BindableProperty NameProperty = BindableProperty.Create(nameof(Name), typeof(string), typeof(GoodView), String.Empty);
6            public static readonly BindableProperty DescriptionProperty = BindableProperty.Create(nameof(Description), typeof(string), typeof(GoodView), String.Empty);
7            public string Name
```

```
8        {
9            get => (string)GetValue(NameProperty);
10           set => SetValue(NameProperty, value);
11       }
12       public string Description
13       {
14           get => (string)GetValue(DescriptionProperty);
15           set => SetValue(DescriptionProperty, value);
16       }
17       public new Color BackgroundColor
18       {
19           get;
20           set;
21       }
22   }
23 }
```

高级绑定（包括自身绑定、绑定回退、相对绑定、模板绑定）示例的运行效果如图 3-7 所示。

3.5.4 路径绑定

路径绑定是特殊的数据绑定，通过设置绑定的 Path 属性指定绑定的数据对象。路径绑定通过时间选择器控件进行演示。

例 3-13 的代码中，两个 Label 控件通过设置绑定的 Path 属性分别绑定了 TimePicker（时间选择器）控件的 TotalSeconds 秒数和 DateTimeFormat.DayNames[0] 每周的第一天。

图 3-7　高级绑定示例的运行效果

【例 3-13】　路径绑定。

```
1  <VerticalStackLayout>
2      <TimePicker
3          x:Name = "timePicker"
4          HorizontalOptions = "Center"
5          VerticalOptions = "Center" />
6      <Label Text = "{Binding Source = {x:Reference timePicker}, Path = Time.TotalSeconds, StringFormat = '{0}总秒数'}" />
7      <Label Text = "{Binding Source = {x:Static globe:CultureInfo.CurrentCulture}, Path = DateTimeFormat.DayNames[0], StringFormat = '每周的第一天是{0}'}" />
8  </VerticalStackLayout>
```

路径绑定示例的运行效果如图 3-8 所示。

3.5.5 条件绑定

条件绑定是自定义满足某些条件的绑定逻辑，自定义的类需要继承 IMultiValueConverter 接口。

图 3-8　路径绑定示例的运行效果

【例 3-14】　条件绑定。

条件绑定资源代码如下：

```
1  <ContentPage.Resources>
2    <converters:AllSatisfyMultiConverter x:Key = "allSatisfyMultiConverter" />
3  <ContentPage.Resources>
```

条件绑定界面代码如下:

```
1   <HorizontalStackLayout HorizontalOptions = "Center">
2       <CheckBox>
3           <CheckBox.IsChecked>
4               <MultiBinding Converter = "{StaticResource allSatisfyMultiConverter}">
5                   <Binding Path = "Good.Fresh" />
6                   <Binding Path = "Good.Inventory" />
7               </MultiBinding>
8           </CheckBox.IsChecked>
9       </CheckBox>
10  </HorizontalStackLayout>
```

条件绑定界面引用了前面定义的条件绑定资源。

AllSatisfyMultiConverter.cs 代码如下:

```
1   using System.Globalization;
2
3   namespace MAUIDemo.Converters
4   {
5       public class AllSatisfyMultiConverter : IMultiValueConverter
6       {
7           public object Convert(object[] values, Type targetType, object parameter, CultureInfo culture)
8           {
9               if (values == null || !targetType.IsAssignableFrom(typeof(bool)))
10              {
11                  return false;
12              }
13              foreach (var value in values)
14              {
15                  if (value is not bool flag)
16                  {
17                      return false;
18                  }
19                  else if (!flag)
20                  {
21                      return false;
22                  }
23              }
24              return true;
25          }
26          public object[] ConvertBack(object value, Type[] targetTypes, object parameter, CultureInfo culture)
27          {
28              if (value is not bool flag || targetTypes.Any(t => !t.IsAssignableFrom(typeof(bool))))
29              {
30                  return null;
31              }
32              if (flag)
33              {
```

```
34              return targetTypes.Select(t => (object)true).ToArray();
35          }
36          else
37          {
38              return null;
39          }
40      }
41    }
42 }
```

条件绑定转换器需要实现 Convert()方法和 ConvertBack()方法用于实现类型之间的相互转换。上述示例中，如果商品满足是 Fresh(新鲜)的且有 Inventory(库存)，则 CheckBox(复选框)控件默认效果是选中。

3.5.6 模型绑定

实际应用程序中，数据绑定与 MVVM 模型紧密结合，相辅相成、相得益彰。界面中应用视图模型，将视图模型中的数据在视图中动态呈现，实现模型绑定。

首先定义 RGBViewModel 类，继承 INotifyPropertyChanged 接口的目的是保证属性数据变化时及时通知视图层，从而实现数据属性的一致性变化。定义 Color 成员变量，由 Hue(色调)、Saturation(饱和度)、Luminosity(亮度)3 个分量进行描述。分别对这 4 个属性设置访问器。

【例 3-15】 模型绑定。

RGBViewModel.cs 代码如下：

```
1  using System.ComponentModel;
2
3  namespace MAUIDemo.ViewModels
4  {
5      public class RGBViewModel : INotifyPropertyChanged
6      {
7          private Color color;
8          float hue;
9          float saturation;
10         float luminosity;
11         public event PropertyChangedEventHandler PropertyChanged;
12         public float Hue
13         {
14             get
15             {
16                 return hue;
17             }
18             set
19             {
20                 if (hue != value)
21                 {
22                     Color = Color.FromHsla(value, saturation, luminosity);
23                 }
24             }
25         }
26         public float Saturation
27         {
```

```
28            get
29            {
30                return saturation;
31            }
32            set
33            {
34                if (saturation != value)
35                {
36                    Color = Color.FromHsla(hue, value, luminosity);
37                }
38            }
39        }
40        public float Luminosity
41        {
42            get
43            {
44                return luminosity;
45            }
46            set
47            {
48                if (luminosity != value)
49                {
50                    Color = Color.FromHsla(hue, saturation, value);
51                }
52            }
53        }
54        public Color Color
55        {
56            get
57            {
58                return color;
59            }
60            set
61            {
62                if (color != value)
63                {
64                    color = value;
65                    hue = color.GetHue();
66                    saturation = color.GetSaturation();
67                    luminosity = color.GetLuminosity();
68 PropertyChanged?.Invoke(this, new PropertyChangedEventArgs("Hue"));
69 PropertyChanged?.Invoke(this, new PropertyChangedEventArgs("Saturation"));
70 PropertyChanged?.Invoke(this, new PropertyChangedEventArgs("Luminosity"));
71 PropertyChanged?.Invoke(this, new PropertyChangedEventArgs("Color"));
72                }
73            }
74        }
75    }
76 }
```

其次,在视图中定义资源,引用 RGBViewModel 视图模型。

模型绑定资源代码如下:

```
1    <ContentPage.BindingContext>
2        <viewmodels:RGBViewModel Color = "Teal" />
3    </ContentPage.BindingContext>
```

```
4    <ContentPage.Resources>
5      <Style x:Key = "SliderStyle" TargetType = "Slider">
6        <Setter Property = "WidthRequest" Value = "300" />
7        <Setter Property = "Minimum" Value = "0" />
8        <Setter Property = "Maximum" Value = "1" />
9      </Style>
10   </ContentPage.Resources>
```

最后,在界面中定义Grid(网格)布局,包含BoxView(盒视图)和3个Slider(滑块)控件。3个Slider控件引用资源定义的样式,Slider控件的Value属性绑定了RGBViewModel模型视图中的属性。

模型绑定界面代码如下:

```
1    <Grid>
2      <Grid.RowDefinitions>
3        <RowDefinition Height = "100" />
4        <RowDefinition Height = "100" />
5      </Grid.RowDefinitions>
6      <BoxView
7        Grid.Row = "0"
8        WidthRequest = "300"
9        Color = "{Binding Color}" />
10     <StackLayout Grid.Row = "1">
11        <Slider Style = "{StaticResource SliderStyle}" Value = "{Binding Hue}" />
12     <Slider Style = "{StaticResource SliderStyle}"Value = "{Binding Saturation}" />
13     <Slider Style = "{StaticResource SliderStyle}"Value = "{Binding Luminosity}" />
14     </StackLayout>
15   </Grid>
```

模型绑定示例的运行效果如图3-9所示。

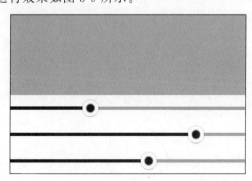

图3-9 模型绑定示例的运行效果

3.5.7 绑定转换器

通过定义绑定转换器进行数值转换,将转换后的对象赋值为相应的属性,从而改变控件的外观或行为。定义的转换器需要继承IValueConverter接口,重写Convert()和ConvertBack()两个方法。这两个方法完成类型的相互转换。

【例3-16】 绑定转换器。

DoubleToBoolConverter.cs代码如下:

```csharp
using System.Globalization;

namespace MAUIDemo.Converters
{
    public class DoubleToBoolConverter : IValueConverter
    {
        public object Convert(object value, Type targetType, object parameter, CultureInfo culture)
        {
            if (value == null || value.Equals(""))
            {
                return false;
            }
            _ = Double.TryParse(value.ToString(), out double res);
            return res * GetParameter(parameter) >= 0;
        }
        public object ConvertBack(object value, Type targetType, object parameter, CultureInfo culture)
        {
            int flag = GetParameter(parameter);
            return (bool)value ? flag : -flag;
        }
        private static int GetParameter(object parameter)
        {
            if (parameter is int || parameter is float || parameter is double)
                return (int)parameter;
            else if(parameter is string)
                return Int32.Parse(parameter.ToString());
            return 0;
        }
    }
}
```

下面定义了绑定转换器资源。

绑定转换器资源代码如下：

```xml
<ContentPage.Resources>
    <converters:DoubleToBoolConverter x:Key="doubleToBool" />
</ContentPage.Resources>
```

绑定转换器界面中的 Button 控件引用了 Entry 输入条目控件，指定采用 DoubleToBoolConverter 转换器。界面将 ConverterParameter 作为 Convert() 和 ConvertBack() 两个方法的第三个参数进行传递。

绑定转换器界面代码如下：

```xml
<VerticalStackLayout>
    <Entry
        x:Name = "entry1"
        Placeholder = "符号转换器"
        Text = "" />
    <Button IsEnabled = "{Binding Source = {x:Reference entry1}, Path = Text, Converter = {StaticResource doubleToBool}, ConverterParameter = -1}" Text = "符号转换器" />
</VerticalStackLayout>
```

绑定转换器示例的运行效果如图3-10所示。

图3-10 绑定转换器示例的运行效果

3.6 MAUI 模板介绍

3.6.1 控件模板

控件模板是为控件量身定做的个性化界面展示的组织方式。控件模板的实现方式有使用 XAML 定义或完全使用 C#代码两种方式。本书中大量使用 XAML 定义模板，这种方式随处可见。完全使用 C#代码的方式请读者参阅第 4 章的相关内容。

3.6.2 数据模板

数据模板是为控件量身定做的个性化数据展示的组织方式。数据模板选择器是根据不同的条件适配不同的数据模板。下面自定义的 ItemTemplateSelector（条目数据模板选择器）继承了 DataTemplateSelector（数据模板选择器）。通过 OnSelectTemplate() 方法实现模板选择，该方法包含两个参数，第一个参数是模板名称前缀参数，用于根据名称前缀进行匹配，第二个参数是绑定容器对象参数。

【例 3-17】 数据模板。

ItemTemplateSelector.cs 代码如下：

```
1  namespace MAUIDemo.Templates
2  {
3      public class ItemTemplateSelector : DataTemplateSelector
4      {
5          public DataTemplate DefaultTemplate
6          {
7              get;
8              set;
9          }
10         public DataTemplate FavorTemplate
11         {
12             get;
13             set;
14         }
15         protected override DataTemplate OnSelectTemplate(object item, BindableObject container)
16         {
17             return item.ToString().Equals("Favor") ? FavorTemplate : DefaultTemplate;
18         }
19     }
20 }
```

BindableLayoutPage.xaml 在资源部分定义了两个不同的模板以及一个模板选择器。模板选择器分别对上述两个定义的模板进行了静态资源绑定。嵌套在内部的

VerticalStackLayout垂直布局涉及如下3个关键属性。

BindableLayout.EmptyView。无模板绑定时的默认显示。

BindableLayout.ItemTemplateSelector。绑定模板选择器。这里引用了上面定义的数据模板选择器。

BindableLayout.ItemsSource。绑定数据源。

BindableLayoutPage.xaml代码如下：

```xml
1  <?xml version = "1.0" encoding = "UTF-8" ?>
2  <ContentPage
3      x:Class = "MAUIDemo.Pages.Layouts.BindableLayoutPage"
4      xmlns = "http://schemas.microsoft.com/dotnet/2021/maui"
5      xmlns:x = "http://schemas.microsoft.com/winfx/2009/xaml"
6      xmlns:templates = "clr-namespace:MAUIDemo.Templates"
7      xmlns:viewmodels = "clr-namespace:MAUIDemo.ViewModels"
8      Title = "绑定布局">
9      <ContentPage.BindingContext>
10         <viewmodels:CarViewModel />
11     </ContentPage.BindingContext>
12     <ContentPage.Resources>
13         <DataTemplate x:Key = "defaultTemplate">
14             <Label BackgroundColor = "Beige" Text = "{Binding CarName}" />
15         </DataTemplate>
16         <DataTemplate x:Key = "favorTemplate">
17             <Label BackgroundColor = "Chartreuse" Text = "{Binding CarName}" />
18         </DataTemplate>
19         <templates:ItemTemplateSelector
20             x:Key = "itemTemplateSelector"
21             DefaultTemplate = "{StaticResource defaultTemplate}"
22             FavorTemplate = "{StaticResource favorTemplate}" />
23     </ContentPage.Resources>
24     <VerticalStackLayout>
25         <Button
26             Command = "{Binding OnClear}"
27             HeightRequest = "40"
28             HorizontalOptions = "Center"
29             Text = "清空库存"
30             WidthRequest = "300" />
31         <Button
32             Command = "{Binding OnLoad}"
33             HeightRequest = "40"
34             HorizontalOptions = "Center"
35             Text = "加载汽车"
36             WidthRequest = "300" />
37         <VerticalStackLayout
38             BindableLayout.EmptyView = "No Car"
39             BindableLayout.ItemTemplateSelector = "{StaticResource itemTemplateSelector}"
40             BindableLayout.ItemsSource = "{Binding CarList}"
41             HorizontalOptions = "Center" />
42     </VerticalStackLayout>
43  </ContentPage>
```

ContentPage.BindingContext配置了绑定上下文，此处引用了视图模型命名空间中的CarViewModel（汽车视图模型）。CarViewModel继承自下面的BaseViewModel（基本视图模型）类。

BaseViewModel.cs 代码如下：

```
1   using System.ComponentModel;
2   using System.Runtime.CompilerServices;
3
4   namespace MAUIDemo.ViewModels
5   {
6       public class BaseViewModel : IQueryAttributable, INotifyPropertyChanged
7       {
8           public event PropertyChangedEventHandler PropertyChanged;
9   public virtual void ApplyQueryAttributes(IDictionary<string, object> query)
10          {
11          }
12          protected virtual void OnPropertyChanged([CallerMemberName] string propertyName = null)
13          {
14  PropertyChanged?.Invoke(this, new PropertyChangedEventArgs(propertyName));
15          }
16      }
17  }
```

BaseViewModel 类实现了 IQueryAttributable（查询属性）接口和 INotifyPropertyChanged（属性变更）接口。OnPropertyChanged() 触发属性变更事件。

Car.cs 代码如下：

```
1   namespace MAUIDemo.Models
2   {
3       public class Car
4       {
5           public Car(string CarName)
6           {
7               this.CarName = CarName;
8           }
9           public string CarName
10          {
11              get;
12              set;
13          }
14      }
15  }
```

本示例定义的 Car（汽车）数据结构如上。

CarViewModel.cs 代码如下：

```
1   using MAUIDemo.Data;
2   using MAUIDemo.Models;
3   using System.Collections.ObjectModel;
4   using System.Windows.Input;
5
6   namespace MAUIDemo.ViewModels
7   {
8       public class CarViewModel: BaseViewModel
9       {
10          public ICommand OnClear
```

```
11      {
12          set;
13          get;
14      }
15      public ICommand OnLoad
16      {
17          set;
18          get;
19      }
20      public ObservableCollection<Car> CarList
21      {
22          get;
23          set;
24      }
25      public CarViewModel()
26      {
27          CarList = Mocker.LoadCars();
28          OnClear = new Command(() =>
29          {
30              CarList.Clear();
31              OnPropertyChanged("CarList");
32          });
33          OnLoad = new Command(() =>
34          {
35              CarList = Mocker.LoadCars();
36              OnPropertyChanged("CarList");
37          });
38      }
39  }
40 }
```

CarViewModel 内部维护着 CarList(汽车列表)，作为 ObservableCollection(可观察)属性列表，调用父类的 OnPropertyChanged()方法可实现属性变更。OnClear()方法完成清空汽车列表数据，OnLoad()方法完成加载汽车列表数据。Mocker 对象是自定义的数据模拟器，因篇幅所限，不在此展示，读者可自行查阅相关代码。

3.7 MAUI 触发器

3.7.1 触发器概述

触发器是基于 XAML 声明式语法完成，通过数据、状态、事件等的改变，进而更改控件外观的一种机制。控件通过 Triggers XAML 标记扩展来定义，视觉状态的变更通过 VisualState 视觉状态来定义。.NET MAUI 中的触发器分为普通触发器、样式触发器、数据触发器、事件触发器、条件触发器、动画触发器、状态触发器、比较触发器、设备触发器、方向触发器和自适应触发器。其中普通触发器、样式触发器、数据触发器、事件触发器、条件触发器、动画触发器是通过 Triggers XAML 标记扩展来定义的，而状态触发器、比较触发器、设备触发器、方向触发器、自适应触发器是通过视觉状态来定义的。

3.7.2 普通触发器

大部分控件可使用普通触发器,通过 Triggers XAML 标记扩展来定义。

【例 3-18】 普通触发器。

```
1   <Entry
2       HorizontalOptions = "Center"
3       Placeholder = "普通触发器"
4       WidthRequest = "300">
5       <Entry.Triggers>
6           <Trigger TargetType = "Entry" Property = "IsFocused" Value = "True">
7               <Setter Property = "BackgroundColor" Value = "BlueViolet" />
8           </Trigger>
9       </Entry.Triggers>
10  </Entry>
```

上述代码中 Trigger 标签的 TargetType 属性指向 Entry 输入条目控件自身,当 IsFocused 属性值为 True 时,此时激活触发器,导致 BackgroundColor(背景色)属性设置为 BlueViolet。

3.7.3 样式触发器

通过 Style.Triggers XAML 标记扩展定义样式触发器。

【例 3-19】 样式触发器。

样式触发器资源代码如下:

```
1   <ContentPage.Resources>
2       <Style x:Key = "EntryTrigger" TargetType = "Entry">
3           <Setter Property = "WidthRequest" Value = "300" />
4           <Setter Property = "HeightRequest" Value = "40" />
5           <Setter Property = "HorizontalOptions" Value = "Center" />
6           <Style.Triggers>
7               <Trigger TargetType = "Entry" Property = "IsFocused" Value = "True">
8                   <Setter Property = "BackgroundColor" Value = "DarkRed" />
9               </Trigger>
10          </Style.Triggers>
11      </Style>
12  </ContentPage.Resources>
```

上述资源定义中定义了样式触发器。与普通触发器类似,当 IsFocused 属性值为 True 时,此时激活触发器,导致 BackgroundColor 属性的更改。

样式触发器界面代码如下:

```
1   <Entry Placeholder = "样式触发器" Style = "{StaticResource EntryTrigger}" />
```

引用定义的样式触发器资源时,只需将 Style 属性设置为静态引用即可。

3.7.4 数据触发器

数据触发器使用 DataTrigger 进行定义,当满足某些数据条件时,激活此类触发器。

【例 3-20】 数据触发器。

```
1   <Entry
2       x:Name = "entry"
3       HorizontalOptions = "Center"
4       Placeholder = "数据触发器"
5       Text = ""
6       WidthRequest = "300" />
7   <Button
8       HorizontalOptions = "Center"
9       Text = "按钮状态"
10      WidthRequest = "300">
11      <Button.Triggers>
12          <DataTrigger
13              Binding = "{Binding Source = {x:Reference entry}, Path = Text.Length}"
14              TargetType = "Button"
15              Value = "0">
16              <Setter Property = "BackgroundColor" Value = "YellowGreen" />
17              <Setter Property = "IsEnabled" Value = "False" />
18          </DataTrigger>
19      </Button.Triggers>
20  </Button>
```

上述代码 Button 控件中的数据触发器绑定了 Entry 输入条目控件,输入条目控件的文本长度为 0 时激活数据触发器。该数据触发器的效果是将 TargetType(目标类型)控件,即 Button 控件的 BackgroundColor 变为 YellowGreen(黄绿色),IsEnabled(是否启用)属性变为 False 不可用。

3.7.5 事件触发器

事件触发器基于事件驱动机制进行激活。

【例 3-21】 事件触发器。

事件触发器界面代码如下:

```
1   <Entry
2       HorizontalOptions = "Center"
3       Placeholder = "事件触发器"
4       WidthRequest = "300">
5       <Entry.Triggers>
6           <EventTrigger Event = "TextChanged">
7               <triggers:EntryTriggerAction />
8           </EventTrigger>
9       </Entry.Triggers>
10  </Entry>
```

上述代码通过 EventTrigger XAML 标记扩展来定义事件触发器。触发器激活后的事件由 Event 属性配置。这里的事件回调函数是 TextChanged。

EntryTriggerAction.cs 代码如下:

```
1   using System.Text.RegularExpressions;
2
3   namespace MAUIDemo.Triggers
4   {
```

```
5     public class EntryTriggerAction : TriggerAction<Entry>
6     {
7         protected override void Invoke(Entry entry)
8         {
9             entry.TextColor = IsNumeric(entry.Text) ? Colors.LightGreen : Colors.Red;
10        }
11        /// <summary>
12        /// 判断是否是数字
13        /// </summary>
14        /// <param name="value">字符串</param>
15        /// <returns>是否是数字</returns>
16        public static bool IsNumeric(string value)
17        {
18            return Regex.IsMatch(value, @"^SymbolYCp[+-]?\d*[.]?\d*$");
19        }
20    }
21 }
```

事件触发器的动作类 EntryTriggerAction 需要继承 TriggerAction<T>，其中泛型参数需要指明控件类型。重写 Invoke()方法执行激活后的逻辑。IsNumeric()方法通过正则表达式判断是否是数字。根据判断结果，修改条目控件的文字颜色。

3.7.6 条件触发器

条件触发器是满足指定的条件后才激活相应的逻辑。例 3-22 中定义了两个 Slider 控件，MultiTrigger 是多个条件 XAML 标记扩展，MultiTrigger.Conditions 指定了需要满足的条件集合，BindingCondition 是单个条件。通过 Binding 属性绑定滑块控件的值，当满足设置的 Value（即 Maximum 最大值）时，条件触发器生效，将 BackgroundColor 属性设置为 LightGreen（浅绿色）。

【例 3-22】 条件触发器。

```
1  <Slider
2      x:Name="slider1"
3      Maximum="100"
4      WidthRequest="300" />
5  <Slider
6      x:Name="slider2"
7      Maximum="100"
8      WidthRequest="300" />
9  <Button Text="条件触发器" WidthRequest="300">
10     <Button.Triggers>
11         <MultiTrigger TargetType="Button">
12             <MultiTrigger.Conditions>
13                 <BindingCondition Binding="{Binding Source={x:Reference slider1},Path=Value}" Value="100" />
14                 <BindingCondition Binding="{Binding Source={x:Reference slider2},Path=Value}" Value="100" />
15             </MultiTrigger.Conditions>
16             <Setter Property="BackgroundColor" Value="LightGreen" />
17         </MultiTrigger>
18     </Button.Triggers>
19 </Button>
```

同时将两个滑块控件的值手动设置到最大即可激活条件触发器,执行前后的效果分别如图 3-11 和图 3-12 所示。

图 3-11　条件触发器触发前状态

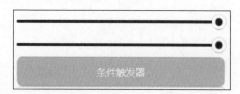

图 3-12　条件触发器触发后状态

3.7.7　动画触发器

动画触发器通过定义两个状态,这里的状态类似动画制作中的关键帧。动画触发器被激活后,不同状态之间的切换过程产生动画过渡效果。

【例 3-23】　动画触发器。

动画触发器界面代码如下:

```
1    < Entry Placeholder = "动画触发器" WidthRequest = "300">
2        < Entry.Triggers >
3            < Trigger TargetType = "Entry" Property = "Entry.IsFocused" Value = "True">
4                < Trigger.EnterActions >
5                    < triggers:AnimationTriggerAction Begin = "0" />
6                </Trigger.EnterActions>
7                < Trigger.ExitActions >
8                    < triggers:AnimationTriggerAction Begin = "1" />
9                </Trigger.ExitActions>
10            </Trigger>
11        </Entry.Triggers>
12    </Entry>
```

上述代码通过 Trigger.EnterActions 定义两个动画,第一个动画的状态是 Begin 属性为 0,第二个动画的状态是 Begin 属性为 1。两个状态之间的过渡逻辑需要自定义。

AnimationTriggerAction.cs 代码如下:

```
1    namespace MAUIDemo.Triggers
2    {
3        public class AnimationTriggerAction : TriggerAction<VisualElement>
4        {
5            public int Begin
6            {
7                get;
8                set;
9            }
10            protected override void Invoke(VisualElement sender)
11            {
12                sender.Animate("AnimationTriggerAction", new Animation((d) =>
13                {
14                    double val = Begin == 1 ? d : 1 - d;
15                    sender.BackgroundColor = Color.FromRgb(1, val, 1);
16                }),
17                length: 1500,
18                easing: Easing.Linear);
```

```
19          }
20      }
21  }
```

自定义的 AnimationTriggerAction 同样需要继承 TriggerAction<T>类，这里的泛型参数指定为 VisualElement(可视化元素)。内部包含自定义的 Begin 属性用于区分状态。重写的 Invoke()方法中，设置了 Animation 对象。其中第三个参数指明了需要动画的缓动函数。关于缓动动画的内容，读者可参阅本书第 4 章中的相关内容。

3.7.8 状态触发器

状态触发器和动画触发器类似，只不过是将 VisualElement 对象换成了 VisualState 对象。以下是关于状态触发器的 XAML 标记扩展。

VisualStateGroupList。可视化状态组列表。用于描述一系列可视化状态组。

VisualStateGroup。可视化状态组。用于描述一系列可视化状态。

VisualState。可视化状态。用于描述单个可视化状态。

VisualState.StateTriggers。可视化状态的状态触发器。定义状态触发条件。

VisualState.Setters。可视化状态的状态触发器激活后的设置。定义状态触发器激活后设置的属性。

【例 3-24】 状态触发器。

状态触发器资源代码如下：

```
1   <ContentPage.Resources>
2       <Style x:Key = "GridTrigger" TargetType = "Grid">
3           <Setter Property = "VisualStateManager.VisualStateGroups">
4               <VisualStateGroupList>
5                   <VisualStateGroup>
6                       <VisualState x:Name = "Checked">
7                           <VisualState.StateTriggers>
8   <StateTrigger IsActive = "{Binding IsChecked}" IsActiveChanged = "OnChecked" />
9                           </VisualState.StateTriggers>
10                          <VisualState.Setters>
11  <Setter Property = "BackgroundColor" Value = "LightBlue" />
12                          </VisualState.Setters>
13                      </VisualState>
14                      <VisualState x:Name = "Unchecked">
15                          <VisualState.StateTriggers>
16                              <StateTrigger IsActive = "{Binding IsChecked}" IsActiveChanged = "OnUnchecked" />
17                          </VisualState.StateTriggers>
18                          <VisualState.Setters>
19                              <Setter Property = "BackgroundColor" Value = "LightSalmon" />
20                          </VisualState.Setters>
21                      </VisualState>
22                  </VisualStateGroup>
23              </VisualStateGroupList>
24          </Setter>
25      </Style>
26  </ContentPage.Resources>
```

上述代码在资源中定义了状态触发器。IsChecked 属性选中时触发 OnChecked 事件，不选中时触发 OnUnchecked 事件。触发执行逻辑就是将 BackgroundColor 属性设置为相应的颜色。

状态触发器界面代码如下：

```
1    <HorizontalStackLayout HorizontalOptions = "Center">
2        <CheckBox
3            x:Name = "checkBox1"
4            HorizontalOptions = "Center"
5            IsChecked = "False" />
6        <Label Text = "状态触发器" VerticalOptions = "Center" />
7    </HorizontalStackLayout>
8    <Grid
9        BindingContext = "{x:Reference checkBox1}"
10       HorizontalOptions = "Center"
11       Style = "{StaticResource GridTrigger}">
12       <Grid.RowDefinitions>
13           <RowDefinition Height = "50" />
14           <RowDefinition Height = "50" />
15       </Grid.RowDefinitions>
16       <Grid.ColumnDefinitions>
17           <ColumnDefinition Width = "150" />
18           <ColumnDefinition Width = "150" />
19       </Grid.ColumnDefinitions>
20       <Label
21           Grid.Row = "0"
22           Grid.Column = "0"
23           Text = "0 行 0 列" />
24       <Label
25           Grid.Row = "0"
26           Grid.Column = "1"
27           Text = "0 行 1 列" />
28       <Label
29           Grid.Row = "1"
30           Grid.Column = "0"
31           Text = "1 行 0 列" />
32       <Label
33           Grid.Row = "1"
34           Grid.Column = "1"
35           Text = "1 行 1 列" />
36   </Grid>
```

状态触发器界面中定义了两行两列的表格，当 CheckBox 控件状态改变时触发相应的事件。

TriggerPage.xaml.cs 代码如下：

```
1    void OnChecked(object sender, EventArgs e)
2    {
3        StateTriggerBase stateTrigger = sender as StateTriggerBase;
4        Console.WriteLine($"Checked state active: {stateTrigger.IsActive}");
5    }
6    void OnUnchecked(object sender, EventArgs e)
7    {
8        StateTriggerBase stateTrigger = sender as StateTriggerBase;
```

```
 9            Console.WriteLine($"Unchecked state active: {stateTrigger.IsActive}");
10        }
```

事件函数中将参数 sender 转换为 StateTriggerBase 对象。通过 IsActive 属性来检测触发器是否被激活。

3.7.9 比较触发器

比较触发器资源定义的语法与状态触发器类似,只不过是将 StateTrigger 换成 CompareStateTrigger。

【例 3-25】 比较触发器。

比较触发器资源代码如下:

```
 1  <ContentPage.Resources>
 2      <Style x:Key="CompareTrigger" TargetType="Grid">
 3          <Setter Property="VisualStateManager.VisualStateGroups">
 4              <VisualStateGroupList>
 5                  <VisualStateGroup>
 6                      <VisualState x:Name="Checked">
 7                          <VisualState.StateTriggers>
 8                              <CompareStateTrigger Property="{Binding Source={x:Reference checkBox2}, Path=IsChecked}" Value="True" />
 9                          </VisualState.StateTriggers>
10                          <VisualState.Setters>
11                              <Setter Property="BackgroundColor" Value="Blue" />
12                          </VisualState.Setters>
13                      </VisualState>
14                      <VisualState x:Name="Unchecked">
15                          <VisualState.StateTriggers>
16                              <CompareStateTrigger Property="{Binding Source={x:Reference checkBox2}, Path=IsChecked}" Value="False" />
17                          </VisualState.StateTriggers>
18                          <VisualState.Setters>
19                              <Setter Property="BackgroundColor" Value="Green" />
20                          </VisualState.Setters>
21                      </VisualState>
22                  </VisualStateGroup>
23              </VisualStateGroupList>
24          </Setter>
25      </Style>
26  </ContentPage.Resources>
```

比较触发器界面中定义了两行两列的表格,当 CheckBox 控件状态改变时触发相应的事件。

比较触发器界面代码如下:

```
 1  <HorizontalStackLayout HorizontalOptions="Center">
 2      <CheckBox
 3          x:Name="checkBox2"
 4          HorizontalOptions="Center"
 5          IsChecked="False" />
 6      <Label Text="比较触发器" VerticalOptions="Center" />
 7  </HorizontalStackLayout>
 8  <Grid
```

```
9         BindingContext = "{x:Reference checkBox2}"
10        HorizontalOptions = "Center"
11        Style = "{StaticResource CompareTrigger}">
12        <Grid.RowDefinitions>
13            <RowDefinition Height = "50" />
14            <RowDefinition Height = "50" />
15        </Grid.RowDefinitions>
16        <Grid.ColumnDefinitions>
17            <ColumnDefinition Width = "150" />
18            <ColumnDefinition Width = "150" />
19        </Grid.ColumnDefinitions>
20        <Label
21            Grid.Row = "0"
22            Grid.Column = "0"
23            Text = "0 行 0 列" />
24        <Label
25            Grid.Row = "0"
26            Grid.Column = "1"
27            Text = "0 行 1 列" />
28        <Label
29            Grid.Row = "1"
30            Grid.Column = "0"
31            Text = "1 行 0 列" />
32        <Label
33            Grid.Row = "1"
34            Grid.Column = "1"
35            Text = "1 行 1 列" />
36    </Grid>
```

手动勾选或取消复选框控件的选项，看到表格的颜色会随之改变。

3.7.10 设备触发器

设备触发器是针对不同的设备触发不同的效果，也是通过视觉状态进行定义的，这里使用 DeviceStateTrigger（设备触发器）类进行定义。参数 Device 指明设备类型。UWP 指通用 Windows 操作系统设备、Android 指安卓设备等。

【例 3-26】设备触发器。

设备触发器资源代码如下：

```
1     <ContentPage.Resources>
2         <Style x:Key = "DeviceTrigger" TargetType = "Button">
3             <Setter Property = "HorizontalOptions" Value = "Center" />
4             <Setter Property = "WidthRequest" Value = "300" />
5             <Setter Property = "VisualStateManager.VisualStateGroups">
6                 <VisualStateGroupList>
7                     <VisualStateGroup>
8                         <VisualState x:Name = "UWP">
9                             <VisualState.StateTriggers>
10                                <DeviceStateTrigger Device = "UWP" />
11                            </VisualState.StateTriggers>
12                            <VisualState.Setters>
13                                <Setter Property = "BackgroundColor" Value = "LightGreen" />
14                            </VisualState.Setters>
15                        </VisualState>
```

```
16              <VisualState x:Name = "Android">
17                  <VisualState.StateTriggers>
18                      <DeviceStateTrigger Device = "Android" />
19                  </VisualState.StateTriggers>
20                  <VisualState.Setters>
21                      <Setter Property = "BackgroundColor" Value = "LightBlue" />
22                  </VisualState.Setters>
23              </VisualState>
24          </VisualStateGroup>
25      </VisualStateGroupList>
26  </Setter>
27  </Style>
28  </ContentPage.Resources>
```

设备触发器资源的定义完全类似,引用时通过 Style 属性指定对应的资源即可。

设备触发器界面代码如下:

```
1  <Button Style = "{StaticResource DeviceTrigger}" Text = "设备触发器" />
```

3.7.11 方向触发器

方向触发器基于判断设备方向从而决定触发器是否被激活。也是通过视觉状态进行定义的,这里使用 OrientationStateTrigger(方向触发器)类进行定义。Orientation 属性指明方向。

【例 3-27】 方向触发器。

方向触发器资源代码如下:

```
1   <ContentPage.Resources>
2       <Style x:Key = "OrientationTrigger" TargetType = "Button">
3           <Setter Property = "HorizontalOptions" Value = "Center" />
4           <Setter Property = "WidthRequest" Value = "300" />
5           <Setter Property = "VisualStateManager.VisualStateGroups">
6               <VisualStateGroupList>
7                   <VisualStateGroup>
8                       <VisualState x:Name = "Portrait">
9                           <VisualState.StateTriggers>
10                              <OrientationStateTrigger Orientation = "Portrait" />
11                          </VisualState.StateTriggers>
12                          <VisualState.Setters>
13                              <Setter Property = "BackgroundColor" Value = "LightGreen" />
14                          </VisualState.Setters>
15                      </VisualState>
16                      <VisualState x:Name = "Landscape">
17                          <VisualState.StateTriggers>
18                              <OrientationStateTrigger Orientation = "Landscape" />
19                          </VisualState.StateTriggers>
20                          <VisualState.Setters>
21                              <Setter Property = "BackgroundColor" Value = "SeaGreen" />
22                          </VisualState.Setters>
23                      </VisualState>
24                  </VisualStateGroup>
25              </VisualStateGroupList>
26          </Setter>
```

```
27        </Style>
28    </ContentPage.Resources>
```

方向触发器资源的定义完全类似，引用时通过 Style 属性指定对应的资源即可。

方向触发器界面代码如下：

```
1 <Button Style="{StaticResource OrientationTrigger}" Text="方向触发器" />
```

3.7.12 自适应触发器

自适应触发器是根据容器中文字的多少来触发相应的显示状态。观察自适应触发器示例前后状态的运行效果分别如图 3-13 和图 3-14 所示。

图 3-13 自适应触发器触发前状态

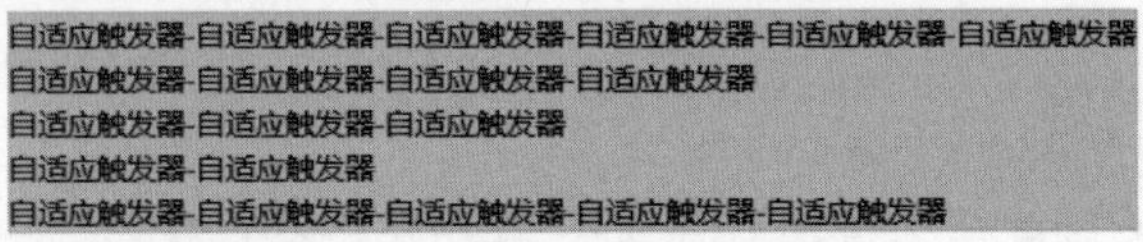

图 3-14 自适应触发器触发后状态

自适应触发器也是通过视觉状态进行定义的，这里使用 AdaptiveTrigger（自适应触发器）类进行定义。MinWindowWidth 属性指明最小视窗宽度。

【例 3-28】 自适应触发器。

自适应触发器资源代码如下：

```
1    <ContentPage.Resources>
2        <Style x:Key="AdaptiveTrigger" TargetType="StackLayout">
3            <Setter Property="VisualStateManager.VisualStateGroups">
4                <VisualStateGroupList>
5                    <VisualStateGroup>
6                        <VisualState x:Name="Vertical">
7                            <VisualState.StateTriggers>
8                                <AdaptiveTrigger MinWindowWidth="0" />
9                            </VisualState.StateTriggers>
10                           <VisualState.Setters>
11                               <Setter Property="Orientation" Value="Vertical" />
12                           </VisualState.Setters>
13                       </VisualState>
14                       <VisualState x:Name="Horizontal">
15                           <VisualState.StateTriggers>
16                               <AdaptiveTrigger MinWindowWidth="800" />
17                           </VisualState.StateTriggers>
18                           <VisualState.Setters>
19                               <Setter Property="Orientation" Value="Horizontal" />
20                           </VisualState.Setters>
21                       </VisualState>
22                   </VisualStateGroup>
23               </VisualStateGroupList>
24           </Setter>
```

```
25        </Style>
26    </ContentPage.Resources>
```

自适应触发器资源的定义完全类似，引用时通过 Style 属性指定对应的资源即可。

自适应触发器界面代码如下：

```
1  <StackLayout
2      BackgroundColor = "Gold"
3      HorizontalOptions = "Center"
4      Style = "{StaticResource AdaptiveTrigger}">
5      <Label Text = "自适应触发器-自适应触发器-自适应触发器-自适应触发器-自适应触发器-自适应触发器" />
6      <Label Text = "自适应触发器-自适应触发器-自适应触发器-自适应触发器" />
7      <Label Text = "自适应触发器-自适应触发器-自适应触发器" />
8      <Label Text = "自适应触发器-自适应触发器" />
9      <Label Text = "自适应触发器-自适应触发器-自适应触发器-自适应触发器-自适应触发器" />
10 </StackLayout>
```

自适应触发器界面代码中专门设置了 5 个 Label 控件，内容文字长短不一。读者可通过变更视窗长度和宽度自行查看运行效果。

3.8 MAUI 消息通信

3.8.1 消息概述

消息是一种进程间通信机制，基于生产者-消费者模型实现。生产者-消费者是操作系统中经典的多线程并发协作机制，尤其在分布式场合使用广泛。生产者和消费者之间存在缓冲区，生产者生产数据后，暂时存放在缓冲区中，待消费者空闲时取走。缓冲区为空时，消费者阻塞；缓冲区为满时，生产者阻塞。缓冲区的引入目的是解决生产者和消费者之间处理速度不匹配问题。解决思路是定义信号量，并利用锁机制实现。缓冲区使用队列这种数据结构，可以根据实际需求采用循环队列。先入先出的这种方式接收或取走相应的数据。将生产者-消费者模型具体化，衍生出了发布-订阅模型。实现发布-订阅模型比较成熟的中间件有 ActiveMQ、RabbitMQ、RocketMQ、Kafka 等。

.NET MAUI 消息通信使用 MessagingCenter 对象封装了底层实现细节。使用基于事件机制的发布-订阅模型，降低事件发布方和订阅方之间的耦合关系，实现多发布方和多订阅方。内部使用弱引用机制无须使数据保持实时活跃状态，必要时可进行垃圾回收（Garbage Collection，GC）。用户通过调用相应的方法即可快速实现消息的订阅、发布和取消。本节涉及的示例集中在 MessagingCenterPage 页面中，如图 3-15 所示。

【例 3-29】 消息中心。

MessagingCenterPage.xaml.cs 代码如下：

```
1  <?xml version = "1.0" encoding = "UTF-8" ?>
2  <ContentPage
3      x:Class = "MAUIDemo.Pages.MessagingCenterPage"
4      xmlns = "http://schemas.microsoft.com/dotnet/2021/maui"
```

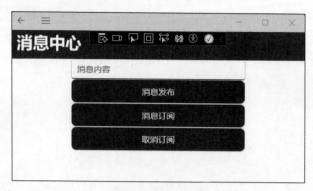

图 3-15 消息概述

```
5        xmlns:x = "http://schemas.microsoft.com/winfx/2009/xaml"
6        Title = "消息中心">
7        < VerticalStackLayout >
8            < Entry
9                x:Name = "entry"
10               Placeholder = "消息内容"
11               Text = ""
12               WidthRequest = "300" />
13           < Button
14               Command = "{Binding OnSend}"
15               Style = "{StaticResource NormButton}"
16               Text = "消息发布" />
17           < Button
18               Command = "{Binding OnSubscribe}"
19               Style = "{StaticResource NormButton}"
20               Text = "消息订阅" />
21           < Button
22               Command = "{Binding OnUnsubscribe}"
23               Style = "{StaticResource NormButton}"
24               Text = "取消订阅" />
25       </VerticalStackLayout >
26   </ContentPage >
```

MessagingCenterPage 使用 VerticalStackLayout 垂直布局。内部包含 Entry 控件用于输入待测试的消息内容，3 个 Button 控件分别用于测试消息发布、消息订阅和取消订阅。

3.8.2 消息发布

消息发布是消息发布者将用户输入的消息进行发布。

【例 3-30】 消息发布。

```
1   OnSend = new Command(() =>
2   {
3       MessagingCenter.Send < MessagingCenterPage, string >(this, "message", entry.Text);
4   });
```

Send()方法完成消息发布，涉及的 5 个参数如下。

(1) 泛型参数一是发布消息的类型。上述代码对应当前页面。

(2) 泛型参数二是发布消息的有效负载类型。上述代码对应字符串类型。

(3) 形参一是发布消息的类型。上述代码对应当前页面。

(4) 形参二是发布消息的主题。主题可以理解为感兴趣的频道。上述代码对应的主题是 message。

(5) 形参三是发布消息的有效负载类型。上述代码对应字符串类型。

3.8.3 消息订阅

消息订阅是消息订阅者对感兴趣的消息进行订阅。

【例 3-31】 消息订阅。

```
1  OnSubscribe = new Command(() =>
2  {
3      MessagingCenter.Subscribe<MessagingCenterPage, string>(this, "message", async (sender, arg) =>
4      {
5          await DisplayAlert("订阅消息", "消息参数>" + arg, "确认");
6      });
7  });
```

Subscribe()方法完成消息订阅,涉及的 5 个参数如下。

(1) 泛型参数一是订阅消息的类型。上述代码对应当前页面。

(2) 泛型参数二是订阅消息的有效负载类型。上述代码对应字符串类型。

(3) 形参一是订阅消息的类型。上述代码对应当前页面。

(4) 形参二是订阅消息的主题。主题可以理解为感兴趣的频道。上述代码对应的主题是 message。

(5) 形参三是订阅消息的回调函数。回调函数包含两个参数,参数一是发布者,参数二是消息参数内容。

3.8.4 取消订阅

取消订阅是用户取消对指定主题的订阅,即不再接收此主题或频道的消息信息。

【例 3-32】 取消订阅。

```
1  OnUnsubscribe = new Command(() =>
2  {
3      MessagingCenter.Unsubscribe<MessagingCenterPage, string>(this, "message");
4  });
```

Unsubscribe()方法完成取消订阅,涉及的 4 个参数如下。

(1) 泛型参数一是取消订阅消息的类型。上述代码对应当前页面。

(2) 泛型参数二是取消订阅消息的有效负载类型。上述代码对应字符串类型。

(3) 形参一是取消订阅消息的类型。上述代码对应当前页面。

(4) 形参二是取消订阅消息的主题。主题可以理解为感兴趣的频道。上述代码对应的主题是 message。

第 4 章

视频讲解

雄关漫道真如铁　而今迈步从头越
——MAUI用户界面

4.1 MAUI 布局介绍

4.1.1 布局概述

和下围棋一样，布局的好坏直接影响一盘棋能否获胜。布局是界面设计的框架，界面中的控件元素在布局的框架下进行摆放，对于 UI/UE（用户界面/用户体验）乃至一款 App 是否成功的重要性不言而喻。MAUI 中，界面布局包括绝对布局、绑定布局、流式布局、网格布局和堆叠布局。不同布局针对不同平台具有不同的适配性。本书关于布局的示例导航如图 4-1 所示。

图 4-1　布局的示例导航

4.1.2 绝对布局

绝对布局根据屏幕像素的绝对定位来决定控件的摆放位置。例 4-1 中的代码采用

AbsoluteLayout绝对布局XAML标记扩展,并设置了Margin(外边框)和Padding(内边框)两个属性。内部定义了两个BoxView(盒子视图)和一个Label(标签)。3个控件均采用绝对布局的方式进行定位,通过AbsoluteLayout.LayoutBounds设置坐标位置,4个参数分别表示控件起点横坐标、控件起点纵坐标、控件长度和控件宽度。BoxView为了显著展示,定义了Color(颜色)属性。Label控件定义了FontSize(字体大小)、HorizontalTextAlignment(水平对齐方式)、Text(文本显示)和VerticalTextAlignment(垂直对齐方式)。

【例4-1】绝对布局。

AbsoluteLayoutPage.xaml代码如下:

```
1    <?xml version = "1.0" encoding = "UTF-8" ?>
2    <ContentPage
3        x:Class = "MAUIDemo.Pages.Layouts.AbsoluteLayoutPage"
4        xmlns = "http://schemas.microsoft.com/dotnet/2021/maui"
5        xmlns:x = "http://schemas.microsoft.com/winfx/2009/xaml"
6        Title = "绝对布局">
7        <AbsoluteLayout Margin = "10" Padding = "10">
8            <BoxView AbsoluteLayout.LayoutBounds = "0, 20, 300, 20" Color = "Navy" />
9            <BoxView AbsoluteLayout.LayoutBounds = "20, 0, 20, 300" Color = "Navy" />
10           <Label
11               AbsoluteLayout.LayoutBounds = "40, 40"
12               FontSize = "30"
13               HorizontalTextAlignment = "Center"
14               Text = "绝对布局"
15               VerticalTextAlignment = "Center" />
16       </AbsoluteLayout>
17   </ContentPage>
```

绝对布局示例的运行效果如图4-2所示。

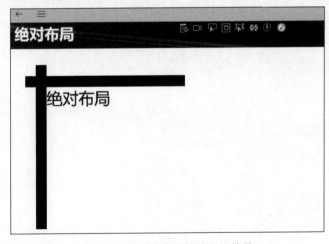

图4-2 绝对布局示例的运行效果

4.1.3 绑定布局

绑定布局是通过数据绑定机制以绑定数据模板的方式显示内容。通过

BindableLayout 类进行定义。例 4-2 中首先在上下文中定义了 CarViewModel 视图模型。其次在页面资源中定义了两个模板：一个是默认模板 defaultTemplate，内部是一个 Label 控件，绑定了 CarName(汽车名称)；另一个是 favorTemplate 模板，内部也是一个 Label 控件，绑定了 CarName。为区分两个模板，定义了 BackgroundColor(背景色)属性。页面资源中还定义了 ItemTemplateSelector(模板选择器)用于选择不同的模板。

【例 4-2】 绑定布局。

BindableLayoutPage.xaml 代码如下：

```
 1  <?xml version = "1.0" encoding = "UTF-8" ?>
 2  <ContentPage
 3      x:Class = "MAUIDemo.Pages.Layouts.BindableLayoutPage"
 4      xmlns = "http://schemas.microsoft.com/dotnet/2021/maui"
 5      xmlns:x = "http://schemas.microsoft.com/winfx/2009/xaml"
 6      xmlns:templates = "clr-namespace:MAUIDemo.Templates"
 7      xmlns:viewmodels = "clr-namespace:MAUIDemo.ViewModels"
 8      Title = "绑定布局">
 9      <ContentPage.BindingContext>
10          <viewmodels:CarViewModel />
11      </ContentPage.BindingContext>
12      <ContentPage.Resources>
13          <DataTemplate x:Key = "defaultTemplate">
14              <Label BackgroundColor = "Beige" Text = "{Binding CarName}" />
15          </DataTemplate>
16          <DataTemplate x:Key = "favorTemplate">
17              <Label BackgroundColor = "Chartreuse" Text = "{Binding CarName}" />
18          </DataTemplate>
19          <templates:ItemTemplateSelector
20              x:Key = "itemTemplateSelector"
21              DefaultTemplate = "{StaticResource defaultTemplate}"
22              FavorTemplate = "{StaticResource favorTemplate}" />
23      </ContentPage.Resources>
24      <VerticalStackLayout>
25          <Button
26              Command = "{Binding OnClear}"
27              HeightRequest = "40"
28              HorizontalOptions = "Center"
29              Text = "清空库存"
30              WidthRequest = "300" />
31          <Button
32              Command = "{Binding OnLoad}"
33              HeightRequest = "40"
34              HorizontalOptions = "Center"
35              Text = "加载汽车"
36              WidthRequest = "300" />
37          <VerticalStackLayout
38              BindableLayout.EmptyView = "No Car"
39              BindableLayout.ItemTemplateSelector = "{StaticResource itemTemplateSelector}"
40              BindableLayout.ItemsSource = "{Binding CarList}"
41              HorizontalOptions = "Center" />
42      </VerticalStackLayout>
43  </ContentPage>
```

本示例涉及的其他相关代码请读者参阅代码 ItemTemplateSelector.cs、代码 Car.cs

和 CarViewModel.cs。绑定布局示例的运行效果如图 4-3 所示。

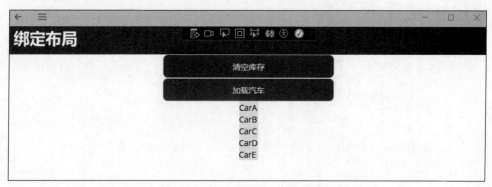

图 4-3　绑定布局示例的运行效果

4.1.4　流式布局

流式布局也称为弹性布局、响应式布局,是为盒状模型提供最大限度的灵活性,可以智能地根据用户行为以及设备环境动态调整相对应的布局。流式布局可以实现布局自适应,代码具备可读性和可维护性,采用流式布局封装的组件具备一定的抽象性和可移植性。流式布局由 FlexLayout 类进行定义。

FlexLayout 类涉及的主要属性如下。

AlignItems。FlexAlignItems 类型。项目对齐,Stretch 子级伸展,Center 子级居中,Start 子级开头对齐,End 子级结尾对齐。

AlignSelf。FlexAlignSelf 类型。默认值为 Auto,重写子级对齐方式。

Basis。FlexBasis 类型。子级初始大小。

Direction。FlexDirection 类型。定义子级的方向和主轴。

Grow。浮点型。默认值为 0.0,表示增大倍数。

JustifyContent。FlexJustify 类型。定义调整内容属性。Start 子级开头对齐,Center 子级居中,End 子级结尾对齐,SpaceBetween 子级均匀分布且首尾子级顶格,SpaceAround 子级均匀分布且首尾子级具有半空间,SpaceEvenly 子级均匀分布且周围空间相同。

Order。整型。默认值为 0,设置子级排列顺序。

Shrink。浮点型。默认值为 1.0,表示收缩倍数。

【例 4-3】　流式布局。

FlexLayoutPage.xaml 代码如下:

```
1    <?xml version = "1.0" encoding = "UTF - 8" ?>
2    < ContentPage
3        x:Class = "MAUIDemo.Pages.Layouts.FlexLayoutPage"
4        xmlns = "http://schemas.microsoft.com/dotnet/2021/maui"
5        xmlns:x = "http://schemas.microsoft.com/winfx/2009/xaml"
6        Title = "流式布局">
7        < FlexLayout
```

```
8            AlignItems = "Center"
9            Direction = "Column"
10           FlexLayout.Grow = "2"
11           FlexLayout.Shrink = "2"
12           JustifyContent = "SpaceEvenly">
13           < Label
14               BackgroundColor = "Orchid"
15               FlexLayout.AlignSelf = "Start"
16               FlexLayout.Basis = "Auto"
17               FontSize = "70"
18               Text = "标签 1" />
19           < Image HeightRequest = "200" Source = "dotnet_bot.png" />
20           < BoxView
21               FlexLayout.Basis = "20"
22               FlexLayout.Order = " - 1"
23               Color = "Red" />
24           < Label
25               BackgroundColor = "YellowGreen"
26               FlexLayout.AlignSelf = "End"
27               FlexLayout.Basis = "Auto"
28               FontSize = "70"
29               Text = "标签 2" />
30      </FlexLayout >
31  </ContentPage >
```

上述示例中定义了流式布局,为使效果醒目,特意为控件标注了颜色。流式布局示例的运行效果如图 4-4 所示。

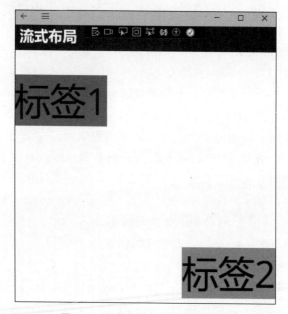

图 4-4　流式布局示例的运行效果

4.1.5　网格布局

网格布局以表格形式排列,特别适合规则的结构化布局情形。使用 Grid 类进行定义,Grid类涉及的主要属性如下。

Column。整型。默认值为0,用于指示位于网格布局中的列索引。

ColumnDefinitions。ColumnDefinitionCollection类型。用于定义表格列信息。星号(*)表示针对剩余宽度自适应列宽度,星号前面的数字表示自适应倍数。

ColumnSpacing。双精度浮点型。用于定义列单元格之间的距离。

ColumnSpan。整型。定义跨越列单元格的个数,主要用于列单元格合并。

Row。整型。默认值为0,用于指示位于网格布局中的行索引。

RowDefinitions。RowDefinitionCollection类型。用于定义表格行信息。(星号)*表示针对剩余宽度自适应行高度,星号前面的数字表示自适应倍数。

RowSpacing。双精度浮点型。用于定义行单元格之间的距离。

RowSpan。整型。定义跨越行单元格的个数,主要用于行单元格合并。

【例4-4】 网格布局。

GridLayoutPage.xaml代码如下:

```
1   <?xml version = "1.0" encoding = "UTF - 8" ?>
2   <ContentPage
3       x:Class = "MAUIDemo.Pages.Layouts.GridLayoutPage"
4       xmlns = "http://schemas.microsoft.com/dotnet/2021/maui"
5       xmlns:x = "http://schemas.microsoft.com/winfx/2009/xaml"
6       Title = "网格布局">
7       <ContentPage.Resources>
8           <Style TargetType = "Label">
9               <Setter Property = "HorizontalOptions" Value = "Center" />
10              <Setter Property = "VerticalOptions" Value = "Center" />
11              <Setter Property = "HorizontalTextAlignment" Value = "Center" />
12              <Setter Property = "VerticalTextAlignment" Value = "Center" />
13          </Style>
14      </ContentPage.Resources>
15      <Grid ColumnSpacing = "2" RowSpacing = "2">
16          <Grid.RowDefinitions>
17              <RowDefinition Height = "2 * " />
18              <RowDefinition Height = " * " />
19              <RowDefinition Height = "30" />
20          </Grid.RowDefinitions>
21          <Grid.ColumnDefinitions>
22              <ColumnDefinition />
23              <ColumnDefinition />
24          </Grid.ColumnDefinitions>
25          <BoxView Color = "LightGreen" />
26          <Label Text = "0 行 0 列" />
27          <BoxView Grid.Column = "1" Color = "Yellow" />
28          <Label Grid.Column = "1" Text = "0 行 1 列" />
29          <BoxView Grid.Row = "1" Color = "Teal" />
30          <Label Grid.Row = "1" Text = "1 行 0 列" />
31          <BoxView
32              Grid.Row = "1"
33              Grid.Column = "1"
34              Color = "DarkOrchid" />
35          <Label
36              Grid.Row = "1"
```

```
37                Grid.Column = "1"
38                Text = "1 行 1 列" />
39          < BoxView
40                Grid.Row = "2"
41                Grid.ColumnSpan = "2"
42                Color = "Fuchsia" />
43          < Label
44                Grid.Row = "2"
45                Grid.ColumnSpan = "2"
46                Text = "2 行" />
47       </Grid>
48  </ContentPage >
```

网格布局示例的运行效果如图 4-5 所示。

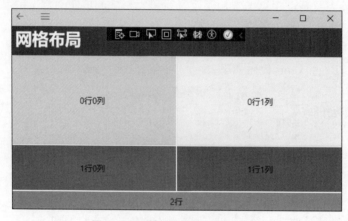

图 4-5 网格布局示例的运行效果

4.1.6 堆叠布局

堆叠布局以堆叠形式进行排列，主要包括 HorizontalStackLayout（水平堆叠）和 VerticalStackLayout（垂直堆叠）两种形式。

【例 4-5】 堆叠布局。

StackLayoutPage.xaml 代码如下：

```
1   <?xml version = "1.0" encoding = "UTF - 8" ?>
2   < ContentPage
3       x:Class = "MAUIDemo.Pages.Layouts.StackLayoutPage"
4       xmlns = "http://schemas.microsoft.com/dotnet/2021/maui"
5       xmlns:x = "http://schemas.microsoft.com/winfx/2009/xaml"
6       Title = "堆叠布局">
7       < VerticalStackLayout >
8           < Button Style = "{StaticResource NormButton}" Text = "垂直堆叠按钮 1" />
9           < Button Style = "{StaticResource NormButton}" Text = "垂直堆叠按钮 2" />
10          < HorizontalStackLayout HorizontalOptions = "Center">
11              < Label
12                  BackgroundColor = "LawnGreen"
13                  Text = "水平堆叠标签 1"
14                  WidthRequest = "150" />
15              < Label
```

```
16                    BackgroundColor = "Yellow"
17                    Text = "水平堆叠标签 2"
18                    WidthRequest = "150" />
19        </HorizontalStackLayout>
20    </VerticalStackLayout>
21 </ContentPage>
```

堆叠布局示例的运行效果如图 4-6 所示。

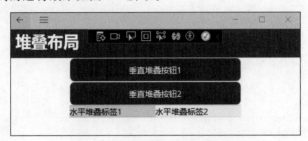

图 4-6　堆叠布局示例的运行效果

4.2　MAUI 动画处理

4.2.1　动画概述

　　动画效果是提升用户感知和用户体验的有效方法。一方面，节省大量时间的同时，给受众提供丰富的信息元素；另一方面，能使受众关注度更高，引人入胜，是一种创新的表达方式。灵活有效地运用动画演示能使应用程序的表达起到事半功倍的效果。主要包括基本动画、缓动动画和自定义动画。本节示例涉及的动画操作如图 4-7 所示。

图 4-7　动画操作

4.2.2 基本动画

基本动画主要包括图像的淡入淡出和图形图像的正交变换。图形图像的正交变换又包括图形图像的平移、缩放和旋转。

【例 4-6】 基本动画。

```
1   private async void OnFade(object sender, EventArgs e)
2   {
3       await image.FadeTo(0);
4       await Task.Delay((int)delay);
5       await image.FadeTo(1);
6   }
7   private async void OnTranslation(object sender, EventArgs e)
8   {
9       double distance = (DeviceDisplay.MainDisplayInfo.Width - image.X) / DeviceDisplay.MainDisplayInfo.Density;
10      await Task.WhenAll(
11          image.TranslateTo(distance, 0, delay, easing: easing),
12          image.ScaleTo(0.5, delay, easing: easing)
13      );
14      image.TranslationX = distance * -1;
15      await Task.WhenAll(
16          image.TranslateTo(0, 0, delay, easing: easing),
17          image.ScaleTo(1, delay, easing: easing)
18      );
19      image.TranslationX = 0;
20      image.Scale = 1;
21  }
22  private async void OnScale(object sender, EventArgs e)
23  {
24      await image.ScaleTo(0, easing: easing);
25      await Task.Delay((int)delay);
26      await image.ScaleTo(1, easing: easing);
27  }
28  private async void OnRotate(object sender, EventArgs e)
29  {
30      await Task.WhenAny<bool>(
31          image.RotateTo(360, 500, easing: easing),
32          image.TranslateTo(0, -50, 250, easing: easing)
33      );
34      await image.TranslateTo(0, 0, 250, easing: easing);
35      image.Rotation = 0;
36  }
```

上述代码涉及的 4 个方法均为异步方法,需要添加 async 关键字。和事件函数一样,均包括两个参数:第一个参数是事件的发送者,第二个参数是事件参数。具体逻辑实现介绍如下(缓动函数请读者参阅 4.2.3 节的内容)。

OnFade()。实现图形图像的淡入淡出,内部调用 FadeTo() 方法到指定的 opacity 目标透明度。

OnTranslation()。实现图形图像的平移变换。内部调用 TranslateTo() 方法,第一个参数是平移变换目的位置的横坐标,第二个参数是平移变换目的位置的纵坐标,第三个参数是平移变换的时长,第四个参数是缓动函数。

OnScale()。实现图形图像的缩放变换。内部调用 ScaleTo()方法,第一个参数是缩放至指定目标,第二个参数是缓动函数。

OnRotate()。实现图形图像的旋转变换。内部调用 RotateTo()方法,第一个参数是旋转角度,第二个参数是旋转时长,第三个参数是缓动函数。

上述代码涉及多线程并发操作的异步函数如下。

Task.Delay()。创建一个任务并开启延时。

Task.WhenAll()。所有提供的任务完成时,创建将完成的任务。

Task.WhenAny()。任何提供的任务完成时,创建将完成的任务。

4.2.3 缓动动画

缓动动画利用缓动函数实现。缓动函数指使用数学函数描述运动物理过程,包括线性或非线性函数。Easing 缓动枚举变量定义了各种缓动函数的状态,包括 Linear(线性变换)、SinIn(平滑加速动画)、SinOut(平滑减速动画)、SinInOut(平滑加速减速)、CubicIn(缓慢加速)、CubicOut(缓慢减速)、CubicInOut(缓慢加速减速)、BounceIn(动画开始时弹性恢复动画)、BounceOut(动画末尾时弹性恢复动画)、SpringIn(迅速加速至末尾)、SpringOut(至末尾迅速减速)。

【**例 4-7**】 缓动动画。

```
1   public void OnSelectedIndexChanged(object sender, EventArgs e)
2   {
3       Picker picker = (Picker)sender;
4       if(picker.SelectedIndex != -1)
5       {
6           string item = (string)picker.ItemsSource[picker.SelectedIndex];
7           switch(item)
8           {
9               case "Linear":
10                  {
11                      easing = Easing.Linear;
12                      break;
13                  }
14              case "SinOut":
15                  {
16                      easing = Easing.SinOut;
17                      break;
18                  }
19              case "SinIn":
20                  {
21                      easing = Easing.SinIn;
22                      break;
23                  }
24              case "SinInOut":
25                  {
26                      easing = Easing.SinInOut;
27                      break;
28                  }
29              case "CubicIn":
```

```
30              {
31                  easing = Easing.CubicIn;
32                  break;
33              }
34          case "CubicOut":
35              {
36                  easing = Easing.CubicOut;
37                  break;
38              }
39          case "CubicInOut":
40              {
41                  easing = Easing.CubicInOut;
42                  break;
43              }
44          case "BounceOut":
45              {
46                  easing = Easing.BounceOut;
47                  break;
48              }
49          case "BounceIn":
50              {
51                  easing = Easing.BounceIn;
52                  break;
53              }
54          case "SpringIn":
55              {
56                  easing = Easing.SpringIn;
57                  break;
58              }
59          case "SpringOut":
60              {
61                  easing = Easing.SpringOut;
62                  break;
63              }
64          default:
65              {
66                  easing = Easing.Linear;
67                  break;
68              }
69      }
70  }
71 }
```

通过选择器的 OnSelectedIndexChanged()事件实现缓动函数参数的设置。

4.2.4 自定义动画

自定义动画是通过动画函数的排列组合，实现更复杂的个性化动画效果。

【例 4-8】 自定义动画。

```
1 private async void OnDefine(object sender, EventArgs e)
2 {
```

```
3    await Task.WhenAll(
4        image.ColorTo(Colors.White, Colors.YellowGreen, color => image.BackgroundColor = color, delay, easing),
5        image.ColorTo(Colors.YellowGreen, Colors.White, color => image.BackgroundColor = color, delay, easing),
6        this.ColorTo(Color.FromRgb(255, 255, 255), Color.FromRgb(0, 0, 0), color => BackgroundColor = color, delay, easing),
7        this.ColorTo(Color.FromRgb(0, 0, 0), Color.FromRgb(255, 255, 255), color => BackgroundColor = color, delay, easing)
8    );
9  }
```

上述示例中使用 Task.WhenAll()方法实现多个动画任务。ColorTo()方法实现颜色的变化,第一个参数是初始颜色对象,第二个参数是终止颜色对象,第三个参数是变化的回调函数,第四个参数是动画经历的时间,第五个参数是缓动函数。

4.3 MAUI 样式处理

4.3.1 MAUI 画笔

1. 画笔概述

.NET MAUI 使用画笔机制实现绘制过程。画笔功能通过 Brush 类实现,Brush 类是一个抽象类,用于输出绘制区域。纯色填充画笔、线性渐变画笔、径向渐变画笔均继承自 Brush 类。本节涉及的画笔操作的示例效果如图 4-8 所示。

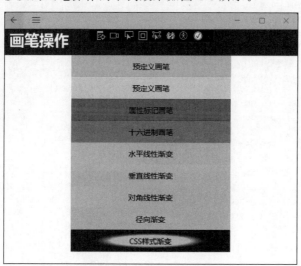

图 4-8 画笔操作的示例效果

2. 纯色填充画笔

纯色填充画笔是将像素以均匀方式进行区域填充的画笔。

【例 4-9】 纯色填充画笔。

```
1  <Label Background="LightGreen" Text="预定义画笔"/>
2  <Label Background="{x:Static Brush.PaleGoldenrod}" Text="预定义画笔"/>
```

```
3    < Label Text = "属性标记画笔">
4        < Label.Background >
5            < SolidColorBrush Color = "DarkGreen" />
6        </Label.Background >
7    </Label >
8    < Label Background = "#FE8978" Text = "十六进制画笔" />
```

如上示例中以 4 种方式实现纯色填充画笔。

（1）直接定义 Background 背景色属性。

（2）Background 背景色属性以 x:Static 标记扩展方式定义，属性值设置为 Brush.PaleGoldenrod 常量。

（3）SolidColorBrush 纯色填充画笔定义属性 Color 指明填充颜色。

（4）以十六进制颜色定义纯色填充画笔。

3. 线性渐变画笔

线性渐变画笔是将像素以线性变化方式进行区域填充的画笔。渐变效果包括水平线性渐变、垂直线性渐变、对角线性渐变。

【例 4-10】 线性渐变画笔。

```
1    < Label Text = "水平线性渐变">
2        < Label.Background >
3            < LinearGradientBrush EndPoint = "1,0">
4                < GradientStop Offset = "0.1" Color = "Gold" />
5                < GradientStop Offset = "1.0" Color = "LightGreen" />
6            </LinearGradientBrush >
7        </Label.Background >
8    </Label >
9    < Label Text = "垂直线性渐变">
10       < Label.Background >
11           < LinearGradientBrush EndPoint = "0,1">
12               < GradientStop Offset = "0.1" Color = "Gold" />
13               < GradientStop Offset = "1.0" Color = "LightGreen" />
14           </LinearGradientBrush >
15       </Label.Background >
16   </Label >
17   < Label Text = "对角线性渐变">
18       < Label.Background >
19           < LinearGradientBrush >
20               < GradientStop Offset = "0.1" Color = "Gold" />
21               < GradientStop Offset = "1.0" Color = "LightGreen" />
22           </LinearGradientBrush >
23       </Label.Background >
24   </Label >
```

三种渐变方式需要 LinearGradientBrush 线性梯度画笔标记扩展实现，StartPoint 属性指定变化起点，EndPoint 属性指定变化终点。(0,0)表示要绘制的区域的左上角，(1,1)表示要绘制的区域的右下角。StartPoint 属性默认值是(0,0)，所以 EndPoint 属性设定为(1,0)，从(0,0)至(1,0)表示水平线性渐变。StartPoint 属性默认值是(0,0)，所以 EndPoint 属性设定为(0,1)，从(0,0)至(0,1)表示垂直线性渐变。GradientStop 梯度停止点表示颜色变化的单个状态，需要定义两个梯度停止点分别表示初始状态和终止状态，Offset 指的是偏移量属性。

4. 径向渐变画笔

径向渐变画笔是将像素以线性变化方式进行径向区域填充的画笔。

【例 4-11】 径向渐变画笔。

```
1    <Label Text = "径向渐变">
2        <Label.Background>
3            <RadialGradientBrush>
4                <GradientStop Offset = "0.1" Color = "Gold" />
5                <GradientStop Offset = "1.0" Color = "LightGreen" />
6            </RadialGradientBrush>
7        </Label.Background>
8    </Label>
```

4.3.2 MAUI 样式

1. 样式概述

样式是 App 中各布局或组件、控件的外观展现形式，直接呈现在用户面前，给予视觉冲击，影响用户体验的视觉效果的总称。本节内容包括显式样式、隐式样式、派生样式、全局样式、继承样式、动态样式、类别样式、加载样式、阴影样式。下面通过图 4-9 先给读者一个感性认识，整体把控本节内容。

图 4-9 样式设计

2. 显式样式

显式样式是基于属性直接定义的样式。

【例 4-12】 显式样式。

显式样式资源代码如下：

```
1    <ContentPage.Resources>
2        <Style x:Key = "labelStyle" TargetType = "Label">
```

```
 3            <Setter Property = "HorizontalOptions" Value = "Center" />
 4            <Setter Property = "VerticalOptions" Value = "Center" />
 5            <Setter Property = "HorizontalTextAlignment" Value = "Center" />
 6            <Setter Property = "VerticalTextAlignment" Value = "Center" />
 7            <Setter Property = "FontSize" Value = "15" />
 8            <Setter Property = "WidthRequest" Value = "300" />
 9            <Setter Property = "HeightRequest" Value = "40" />
10            <Setter Property = "BackgroundColor" Value = "Orange" />
11        </Style>
12   </ContentPage.Resources>
```

使用样式先定义资源，上述代码使用ContentPage.Resources标记扩展定义页面资源。资源名称关键字为labelStyle。TargetType指向Label控件。每个Setter标签设置标签属性，Property属性指定属性名，Value属性指定属性值。上述代码设置了本页面标签的通用属性：HorizontalOptions（水平对齐）、VerticalOptions（垂直对齐）、HorizontalTextAlignment（文本水平对齐方式）、VerticalTextAlignment（文本垂直对齐方式）、FontSize（字体大小）、WidthRequest（控件宽度）、HeightRequest（控件高度）、BackgroundColor（背景色）。

显式样式界面代码如下：

```
 1   <Label Style = "{StaticResource labelStyle}" Text = "显式样式" />
```

显式样式即通过Style属性直接引用上述定义的样式资源。

3. 隐式样式

与显式样式相对应，隐式样式不是显式声明的，是通过继承父组件样式来作为自己的默认样式。

【例4-13】 隐式样式。

隐式样式界面代码如下：

```
 1   <Entry Text = "隐式样式" />
```

上述Entry输入条目控件直接继承父组件的默认样式，没有通过Style属性定义。

4. 派生样式

派生样式定义时通过将Style标签的ApplyToDerivedTypes属性设置为True，属于TargetType属性对应目标类型子类的元素均会使用这里定义的样式。

【例4-14】 派生样式。

派生样式资源代码如下：

```
 1   <ContentPage.Resources>
 2       <Style
 3            x:Key = "viewStyle"
 4            ApplyToDerivedTypes = "True"
 5            TargetType = "View">
 6            <Setter Property = "WidthRequest" Value = "300" />
 7            <Setter Property = "HeightRequest" Value = "40" />
 8            <Setter Property = "BackgroundColor" Value = "Lime" />
 9       </Style>
10   </ContentPage.Resources>
```

本例中 TargetType 指定为 View 类，Button（按钮）类继承了 View 类，满足派生条件，引用时键名为 viewStyle 的派生样式就会生效。引用派生样式和引用其他资源一样，通过 StaticResource 指定。

派生样式界面代码如下：

```
1    <Button
2        x:Name = "button1"
3        Style = "{StaticResource viewStyle}"
4        Text = "派生样式" />
```

5. 全局样式

全局样式是在 App.xaml 中资源定义的样式，其作用域遍及整个应用程序。

【例 4-15】 全局样式。

全局样式资源代码如下：

```
1     <Application.Resources>
2         <ResourceDictionary>
3             <Style x:Key = "NormButton" TargetType = "Button">
4                 <Setter Property = "WidthRequest" Value = "300" />
5                 <Setter Property = "HeightRequest" Value = "40" />
6                 <Setter Property = "HorizontalOptions" Value = "Center" />
7                 <Setter Property = "VerticalOptions" Value = "Center" />
8             </Style>
9     </Application.Resources>
10        </ResourceDictionary>
```

采用资源字典方式定义全局样式资源。资源字典方式定义是在 App.xaml 中的 Application.Resources 标记扩展下定义 ResourceDictionary（资源字典）。ResourceDictionary 内部定义了关键字为 NormButton、目标类型为 Button 控件的样式。

全局样式界面代码如下：

```
1    <Button
2        x:Name = "button2"
3        Style = "{StaticResource NormButton}"
4        Text = "全局样式" />
```

样式表方式定义是使用 StyleSheet。同层叠样式表使用方式一样，可以外链方式，如下面示例中指明了 StyleSheet 样式表的 Source 样式源属性。也可以在 CDATA 关键字内部直接定义。^contentpage 表示可直接使用样式表中的任何 ContentPage 元素。

样式表方式定义全局样式资源代码如下：

```
1     <ContentPage.Resources>
2         <StyleSheet Source = "/Resources/Styles/StylePage.css" />
3         <StyleSheet>
4             <![CDATA[
5                 ^contentpage {
6                     background-color: silver;
7                 }
8             ]]>
9         </StyleSheet>
10    </ContentPage.Resources>
```

6. 继承样式

继承样式通过 Style 标签的 BasedOn 属性指定基本样式类型,以实现样式资源的复用。

【例 4-16】 继承样式。

继承样式资源代码如下:

```
1    <ContentPage.Resources>
2      <Style
3        x:Key = "extendStyle"
4        BasedOn = "{StaticResource baseStyle}"
5        TargetType = "Button">
6        <Setter Property = "BackgroundColor" Value = "Plum" />
7        <Setter Property = "FontSize" Value = "10" />
8        <Setter Property = "CornerRadius" Value = "5" />
9        <Setter Property = "BorderWidth" Value = "5" />
10     </Style>
11   </ContentPage.Resources>
```

上述资源定义了 extendStyle,引用了 baseStyle。

继承样式界面代码如下:

```
1    <Button
2      x:Name = "button3"
3      Style = "{StaticResource extendStyle}"
4      Text = "继承样式" />
```

引用继承样式和引用其他资源一样,通过 StaticResource 指定。

7. 动态样式

动态样式是通过 C# 代码动态更新样式的。

【例 4-17】 动态样式。

动态样式界面代码如下:

```
1    <Button
2      x:Name = "button4"
3      Command = "{Binding OnChangeStyle}"
4      Style = "{DynamicResource buttonStyle}"
5      Text = "动态样式" />
```

上述代码通过 DynamicResource(动态资源)属性将样式资源声明为动态类型。按钮单击事件回调函数是 OnChangeStyle()。

动态样式逻辑代码如下:

```
1    public ICommand OnChangeStyle
2    {
3      get;
4      set;
5    }
6    OnChangeStyle = new Command(() =>
7    {
8      Resources["buttonStyle"] = Resources["dynamicButtonStyle"];
9    });
```

页面维护着 Resources 列表,OnChangeStyle()方法通过索引方式动态对资源列表进行信息更新。

8. 类别样式

类别样式是通过 Style 标签的 Class 属性指定的。

【例 4-18】 类别样式。

类别样式资源代码如下：

```
1   <ContentPage.Resources>
2       <Style
3           BaseResourceKey = "buttonStyle"
4           Class = "buttonStyleClass"
5           TargetType = "Button">
6           <Setter Property = "BackgroundColor" Value = "#EECF0C" />
7   </ContentPage.Resources>
```

上述代码定义了 TargetType 为 Button 的类别样式，将 BackgroundColor（背景色）属性设置为#EECF0C。

类别样式界面代码如下：

```
1   <Button
2       x:Name = "button5"
3       StyleClass = "buttonStyleClass"
4       Text = "类别样式" />
```

应用类别样式只需将控件的 StyleClass 属性指定为 Style 标签的 Class 属性对应的值。

9. 加载样式

加载样式是通过 C#代码实现样式的动态加载。与动态样式的区别是动态样式是专注于更新资源，加载样式专注于对样式的动态加载。

【例 4-19】 加载样式。

加载样式界面代码如下：

```
1   <Button
2       x:Name = "button6"
3       Command = "{Binding OnLoadStyle}"
4       Style = "{StaticResource NormButton}"
5       Text = "加载样式" />
```

上述代码中的按钮单击事件指定为 OnLoadStyle。

加载样式逻辑代码如下：

```
1   public ICommand OnLoadStyle
2   {
3       get;
4       set;
5   }
6   OnLoadStyle = new Command(() =>
7   {
8       using StringReader reader = new("#button6 { background-color: green; }");
9       Resources.Add(StyleSheet.FromReader(reader));
10  });
```

OnLoadStyle()方法将样式资源封装至 StringReader 对象中，通过调用内部的

Resources(资源)列表的 Add()方法添加样式以实现样式的动态加载。

10. 阴影样式

阴影样式实现控件周边类似阴影的层次化效果。

【例 4-20】 阴影样式。

```
1    <Button
2        x:Name = "button7"
3        Style = "{StaticResource NormButton}"
4        Text = "阴影样式">
5        <Button.Shadow>
6            <Shadow
7                Brush = "Black"
8                Opacity = "0.75"
9                Radius = "50"
10               Offset = "30,30" />
11       </Button.Shadow>
12   </Button>
```

Button 控件通过 Button.Shadow 标记扩展定义按钮控件的阴影样式。内部使用 Shadow 标签定义阴影。Shadow 标签的常用属性如下。

Brush。Brush 类型,画笔。指定画笔使用的颜色。

Opacity。浮点型,不透明度。取值范围为[0,1],其中 0 为完全透明,1 为完全不透明。默认值为 1,即完全不透明。

Radius。浮点型,阴影半径。

Offset。Point 类型,阴影偏移量。用于指明阴影的光源位置坐标。

4.3.3 MAUI 效果

1. 主题效果

主题是一系列样式的集合,具有统一的 UI/UE 风格,俗称皮肤。更换主题是应用程序的常用操作。本节切换主题示例的前后效果分别如图 4-10 和图 4-11 所示。

图 4-10 切换主题前

用户选择不同的主题后,界面整体会呈现出不同的效果。

【例 4-21】 主题效果。

ThemePage.xaml 代码如下:

第4章　雄关漫道真如铁　而今迈步从头越——MAUI用户界面

图 4-11　切换主题后

```
1   <?xml version = "1.0" encoding = "UTF - 8" ?>
2   <ContentPage
3       x:Class = "MAUIDemo.Pages.ThemePage"
4       xmlns = "http://schemas.microsoft.com/dotnet/2021/maui"
5       xmlns:x = "http://schemas.microsoft.com/winfx/2009/xaml"
6       xmlns:controls = "clr - namespace:MAUISDK.Controls;assembly = MAUISDK"
7       xmlns:core = "clr - namespace:MAUISDK.Core;assembly = MAUISDK"
8       Title = "主题设计"
9       BackgroundColor = "{DynamicResource ThemePageBackgroundColor}">
10      <ContentPage.Resources>
11          <ResourceDictionary Source = "../Themes/DayTheme.xaml" />
12      </ContentPage.Resources>
13      <VerticalStackLayout>
14          <controls:DataPicker
15              Title = "主题选择"
16              DataType = "{x:Type core:Theme}"
17              FontSize = "Medium"
18              HorizontalOptions = "Center"
19              HorizontalTextAlignment = "Center"
20              SelectedIndexChanged = "SelectionChanged"
21              WidthRequest = "300" />
22      </VerticalStackLayout>
23  </ContentPage>
```

主题页面使用了 DataPicker 数据选择控件。数据类型通过 DataType 属性指定，对应类型 x:Type 指明的 Theme(主题)类。主题切换选择索引改变事件 SelectedIndexChanged 对应的回调函数是 SelectionChanged()。

ThemePage.xaml.cs 代码如下：

```
1   using MAUIDemo.Themes;
2   using MAUISDK.Core;
3
4   namespace MAUIDemo.Pages;
5
6   public partial class ThemePage : ContentPage
7   {
8       public ThemePage()
9       {
10          InitializeComponent();
11      }
```

```csharp
12      private void SelectionChanged(object sender, EventArgs e)
13      {
14          Picker picker = sender as Picker;
15          Theme theme = (Theme)picker.SelectedItem;
16          ICollection<ResourceDictionary> dictionaries = Application.Current.Resources.MergedDictionaries;
17          if (dictionaries != null)
18          {
19              dictionaries.Clear();
20              switch (theme)
21              {
22                  case Theme.Night:
23                      dictionaries.Add(new NightTheme());
24                      break;
25                  case Theme.Day:
26                  default:
27                      dictionaries.Add(new DayTheme());
28                      break;
29              }
30          }
31      }
32  }
```

主题页面的 SelectionChanged() 方法根据 sender 参数使用 as 语句转换为 Picker 数据选择器对象,从而进一步获取用户选择的主题项目。将用户选择的主题项目追加至当前应用程序的资源合并字典中,每次追加时进行了清空操作,确保当前应用程序的资源合并字典仅保留一个主题。

Theme.cs 代码如下:

```csharp
1  namespace MAUISDK.Core
2  {
3      public enum Theme
4      {
5          Day,
6          Night
7      }
8  }
```

主题枚举类定义了白天和夜晚两个枚举值,用于区分不同的主题。

DayTheme.xaml 代码如下:

```xml
1  <?xml version="1.0" encoding="UTF-8"?>
2  <ResourceDictionary
3      x:Class="MAUIDemo.Themes.DayTheme"
4      xmlns="http://schemas.microsoft.com/dotnet/2021/maui"
5      xmlns:x="http://schemas.microsoft.com/winfx/2009/xaml">
6      <Color x:Key="ThemePageBackgroundColor">WhiteSmoke</Color>
7  </ResourceDictionary>
```

DayTheme.xaml.cs 代码如下:

```csharp
1  namespace MAUIDemo.Themes;
2
3  public partial class DayTheme : ResourceDictionary
4  {
```

```
5    public DayTheme()
6    {
7        InitializeComponent();
8    }
9 }
```

需要专门为白天主题进行定义,对应的类需要继承 ResourceDictionary(资源字典)类。

NightTheme.xaml 代码如下:

```
1  <?xml version = "1.0" encoding = "UTF-8" ?>
2  <ResourceDictionary
3      x:Class = "MAUIDemo.Themes.NightTheme"
4      xmlns = "http://schemas.microsoft.com/dotnet/2021/maui"
5      xmlns:x = "http://schemas.microsoft.com/winfx/2009/xaml">
6      <Color x:Key = "ThemePageBackgroundColor">Green</Color>
7  </ResourceDictionary>
```

NightTheme.xaml.cs 代码如下:

```
1  namespace MAUIDemo.Themes;
2
3  public partial class NightTheme : ResourceDictionary
4  {
5      public NightTheme()
6      {
7          InitializeComponent();
8      }
9  }
```

同理,夜晚主题做同样的工作。如果还有其他主题,需要为每一个主题进行定义。

DataPicker.cs 代码如下:

```
1  namespace MAUISDK.Controls
2  {
3      public class DataPicker : Picker
4      {
5          public static readonly BindableProperty DataTypeProperty =
6              BindableProperty.Create(nameof(DataType), typeof(Type), typeof(DataPicker),
7                  propertyChanged: (bindable, oldValue, newValue) =>
8                  {
9                      DataPicker picker = (DataPicker)bindable;
10                     if (oldValue != null)
11                     {
12                         picker.ItemsSource = null;
13                     }
14                     if (newValue != null)
15                     {
16                         picker.ItemsSource = Enum.GetValues((Type)newValue);
17                     }
18                 });
19         public Type DataType
20         {
21             set => SetValue(DataTypeProperty, value);
22             get => (Type)GetValue(DataTypeProperty);
```

```
23            }
24        }
25 }
```

以上是例 4-21 使用的数据选择器控件,继承自 Picker 选择器父类。内部使用静态只读的可绑定属性 DataTypeProperty 数据类型属性作为成员变量。该成员变量封装了之前定义的枚举变量。自定义的数据选择器控件实现了枚举类型到数据选项的转换,读者可以基于此思路构建自己的数据选择器。

2. 字体效果

.NET MAUI 可以定义各种字体,实现字体样式的个性化。字体操作的运行效果如图 4-12 所示。

图 4-12 字体操作的运行效果

例 4-22 中的代码使用以下 6 种方式进行字体效果展示。

(1) 通过 FontFamily 属性指定字体。

(2) 通过 FontFamily 属性别名指定字体。

(3) 通过 FontAttributes 字体属性设置字体样式,其中 Bold 表示加粗,Italic 表示斜体。

(4) FontAutoScalingEnabled 字体自动缩放属性设置为 False 表示禁用字体缩放功能。

(5) 通过 Label.FontFamily XAML 标记扩展配合 OnPlatform 设置针对不同平台的字体。

(6) 通过 FontImageSource XAML 标记扩展的 Glyph 属性设置图形化字体。

【例 4-22】 字体效果。

FontPage.xaml.cs 代码如下:

```
1  <?xml version = "1.0" encoding = "UTF-8" ?>
2  <ContentPage
3      x:Class = "MAUIDemo.Pages.FontPage"
4      xmlns = "http://schemas.microsoft.com/dotnet/2021/maui"
5      xmlns:x = "http://schemas.microsoft.com/winfx/2009/xaml"
6      Title = "字体操作">
7      <ContentPage.Resources>
8          <Style TargetType = "Button">
9              <Setter Property = "WidthRequest" Value = "300" />
```

```
10          <Setter Property="HeightRequest" Value="40" />
11          <Setter Property="HorizontalOptions" Value="Center" />
12        </Style>
13        <Style TargetType="Label">
14          <Setter Property="HorizontalOptions" Value="Center" />
15          <Setter Property="WidthRequest" Value="300" />
16          <Setter Property="HeightRequest" Value="40" />
17          <Setter Property="HorizontalTextAlignment" Value="Center" />
18          <Setter Property="VerticalTextAlignment" Value="Center" />
19        </Style>
20    </ContentPage.Resources>
21    <VerticalStackLayout>
22        <Label
23            FontFamily="OpenSans-Regular"
24            FontSize="15"
25            Text="字体类型" />
26        <Label
27            FontFamily="OpenSansRegular"
28            FontSize="15"
29            Text="字体别名" />
30        <Label
31            FontAttributes="Bold, Italic"
32            FontFamily="OpenSansRegular"
33            FontSize="15"
34            Text="字体属性" />
35        <Label
36            FontAutoScalingEnabled="False"
37            FontFamily="OpenSansRegular"
38            FontSize="15"
39            Text="禁用缩放" />
40        <Label FontSize="{OnPlatform WinUI=15, Android=10}" Text="平台属性">
41            <Label.FontFamily>
42                <OnPlatform x:TypeArguments="x:String">
43                    <OnPlatform="Android" Value="OpenSansRegular" />
44                    <OnPlatform="WinUI" Value="OpenSansRegular" />
45                </OnPlatform>
46            </Label.FontFamily>
47        </Label>
48        <Image
49            BackgroundColor="Silver"
50            HeightRequest="40"
51            WidthRequest="40">
52            <Image.Source>
53                <FontImageSource
54                    FontFamily="{OnPlatform WinUI=OpenSans-Regular,
55                                            Android=OpenSans-Regular.ttf#}"
56                    Glyph="&#xf30c;"
57                    Size="15" />
58            </Image.Source>
59        </Image>
60    </VerticalStackLayout>
61 </ContentPage>
```

3. 视觉效果

.NET MAUI 封装 VisualStateManager 类以实现视觉效果的展示。视觉状态的运行效果如图 4-13 所示。

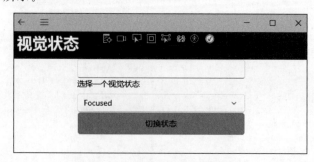

图 4-13　视觉状态的运行效果

VisualStateManager（视觉状态管理器）类配合的标记扩展如下。

VisualStateGroups。可视化状态组群。可视化状态组群包含一个或多个可视化状态组。

VisualStateGroup。可视化状态组。可视化状态组包含一个或多个可视化状态。

VisualState。可视化状态。

【例 4-23】　视觉状态。

VisualStatePage.xaml.cs 代码如下：

```
 1  <?xml version = "1.0" encoding = "UTF - 8" ?>
 2  < ContentPage
 3      x:Class = "MAUIDemo.Pages.VisualStatePage"
 4      xmlns = "http://schemas.microsoft.com/dotnet/2021/maui"
 5      xmlns:x = "http://schemas.microsoft.com/winfx/2009/xaml"
 6      Title = "视觉状态">
 7      < ContentPage.Resources >
 8          < Style TargetType = "Entry">
 9              < Setter Property = "HorizontalOptions" Value = "Center" />
10              < Setter Property = "VerticalOptions" Value = "Center" />
11              < Setter Property = "WidthRequest" Value = "300" />
12          </Style >
13          < Style TargetType = "Button">
14              < Setter Property = "HorizontalOptions" Value = "Center" />
15              < Setter Property = "VerticalOptions" Value = "Center" />
16              < Setter Property = "BackgroundColor" Value = "#512BD4" />
17          </Style >
18          < Style TargetType = "Picker">
19              < Setter Property = "HorizontalOptions" Value = "Center" />
20              < Setter Property = "WidthRequest" Value = "300" />
21          </Style >
22      </ContentPage.Resources >
23      < VerticalStackLayout >
24          < Entry x:Name = "entry" FontSize = "15">
25              < VisualStateManager.VisualStateGroups >
26                  < VisualStateGroup x:Name = "EntryStates">
27                      < VisualState x:Name = "Normal">
28                          < VisualState.Setters >
29                              < Setter Property = "BackgroundColor" Value = "LightGreen" />
30                          </VisualState.Setters >
31                      </VisualState >
```

```
32              <VisualState x:Name = "Focused">
33                  <VisualState.Setters>
34                      <Setter Property = "BackgroundColor" Value = "Blue" />
35                  </VisualState.Setters>
36              </VisualState>
37              <VisualState x:Name = "Disabled">
38                  <VisualState.Setters>
39                      <Setter Property = "BackgroundColor" Value = "Yellow" />
40                  </VisualState.Setters>
41              </VisualState>
42              <VisualState x:Name = "PointerOver">
43                  <VisualState.Setters>
44                      <Setter Property = "BackgroundColor" Value = "Orange" />
45                  </VisualState.Setters>
46              </VisualState>
47          </VisualStateGroup>
48      </VisualStateManager.VisualStateGroups>
49  </Entry>
50  <Picker x:Name = "picker" Title = "选择一个视觉状态">
51      <Picker.ItemsSource>
52          <x:Array Type = "{x:Type x:String}">
53              <x:String>Normal</x:String>
54              <x:String>Focused</x:String>
55              <x:String>Disabled</x:String>
56              <x:String>PointerOver</x:String>
57          </x:Array>
58      </Picker.ItemsSource>
59  </Picker>
60  <Button
61      x:Name = "button"
62      Command = "{Binding OnSwitch}"
63      CommandParameter = "{Binding Source = {x:Reference picker}, Path = SelectedItem}"
64      Style = "{StaticResource NormButton}"
65      Text = "切换状态" />
66  </VerticalStackLayout>
67  </ContentPage>
```

上述代码配置了 VisualStateManager 类之间的层级关系。内部定义了 Normal(正常)状态、Focused(选中)状态、Disabled(禁用)状态、PointerOver(指针悬停)状态。为方便演示,每种状态使用 BackgroundColor 属性进行区分。接着定义了 Picker 选择器控件,内部数据包含了 4 种状态对应的字符串显示。最后定义 Button 控件绑定了 Picker 选择器控件的 SelectedItem 选项。

VisualStatePage.cs 代码如下:

```
1   using System.Windows.Input;
2
3   namespace MAUIDemo.Pages;
4
5   public partial class VisualStatePage : ContentPage
6   {
7       public ICommand OnSwitch
8       {
9           get;
```

```
10            set;
11       }
12       public VisualStatePage()
13       {
14            InitializeComponent();
15            OnSwitch = new Command((args) =>
16            {
17                string state = args.ToString();
18                VisualStateManager.GoToState(entry, state);
19            });
20            BindingContext = this;
21       }
22  }
```

切换视觉效果的关键代码是 VisualStateManager（视觉状态选择器）的 GoToState() 方法，第一个参数是包含各种视觉状态的控件，第二个参数是选中的状态。

4.4 MAUI 图形图像

4.4.1 图像操作

1. 图像概述

图像操作是应用程序的基本操作。图像操作包括图像加载、图像裁剪、图像保存。本节示例中图像的各种操作效果如图 4-14 所示。

图像加载　　　　　　图像裁剪　　　　　　图像保存

图 4-14　图像的各种操作效果

进行图像操作需要定义相应的操作资源。

【例 4-24】图像操作资源定义。

```
1  <ContentPage.Resources>
2      <drawables:LoadImageDrawable x:Key="loadImageDrawable" />
3      <drawables:DownsizeImageDrawable x:Key="downsizeImageDrawable" />
4      <drawables:SaveImageDrawable x:Key="saveImageDrawable" />
5  </ContentPage.Resources>
```

2. 图像加载

图像加载是在不同平台上完成图像资源到内存的加载过程。为保证代码的通用性，在 MAUISDK 项目中定义相关的通用类库以便实现代码最大限度地复用。这里定义 ImageDrawable 类继承 IDrawable 接口。定义虚方法 Draw() 完成图像加载的通用操作。

子类重写该虚方法时,只需先调用父类的该方法完成图像加载的通用操作。Draw()方法的第1个参数是ICanvas画布接口,用于绘制应用程序界面;第2个参数是矩形绘制区域,用于描述应用程序绘制的界面范围。

【例4-25】 图像加载。

ImageDrawable.cs 代码如下:

```
1   #if IOS || ANDROID || MACCATALYST
2   using Microsoft.Maui.Graphics.Platform;
3   #elif WINDOWS
4   using Microsoft.Maui.Graphics.Win2D;
5   #endif
6   using System.Reflection;
7   using Microsoft.Maui.Graphics.Platform;
8   using IImage = Microsoft.Maui.Graphics.IImage;
9
10  namespace MAUISDK.Drawables
11  {
12      public class ImageDrawable : IDrawable
13      {
14          protected IImage Img
15          {
16              get;
17              set;
18          }
19          public virtual void Draw(ICanvas canvas, RectF dirtyRect)
20          {
21              Assembly assembly = GetType().GetTypeInfo().Assembly;
22              using Stream stream = assembly.GetManifestResourceStream("MAUISDK.Resources.Images.dotnet_bot.png");
23  #if IOS || ANDROID || MACCATALYST
24              Img = PlatformImage.FromStream(stream);
25  #elif WINDOWS
26              Img = new W2DImageLoadingService().FromStream(stream);
27  #else
28              Img = PlatformImage.FromStream(stream);
29  #endif
30          }
31      }
32  }
```

上述代码首先使用条件编译,根据不同的平台,引入不同的图形图像处理类库。如果是iOS、Android、macOS平台则引入Microsoft.Maui.Graphics.Platform;如果是Windows平台则引入Microsoft.Maui.Graphics.Win2D。使用C# 6.0的静态引用特性引入了Microsoft.Maui.Graphics.IImage,并定义别名IImage。ImageDrawable类内部维护IImage的对象。Draw()方法通过使用流处理完成指定图像的加载,针对不同平台调用不同的图像加载方法。这里还需要注意的是针对待加载图像的设置,需要将待加载图像的生成操作属性设置为嵌入的资源。

3. 图像绘制

图像绘制指将加载后的图像对象绘制在画布上。

【例4-26】 图像绘制。

图像绘制资源代码如下:

```
1  <VerticalStackLayout>
2    <Label Text="图像绘制" />
3    <GraphicsView Drawable="{StaticResource loadImageDrawable}" />
4  </VerticalStackLayout>
```

通过指定 GraphicsView(图像视窗)控件的 Drawable 属性与 C# 代码逻辑进行关联,StaticResource 引用了例 4-24 代码中定义的图像绘制资源。

LoadImageDrawable.cs 代码如下:

```
1  namespace MAUISDK.Drawables
2  {
3      public class LoadImageDrawable : ImageDrawable
4      {
5          public override void Draw(ICanvas canvas, RectF dirtyRect)
6          {
7              base.Draw(canvas, dirtyRect);
8              if (Img != null)
9              {
10                 canvas.DrawImage(Img, 15, 15, Img.Width, Img.Height);
11             }
12         }
13     }
14 }
```

LoadImageDrawable 绘制图像类继承了例 4-25 代码中定义的 ImageDrawable 类。重写的 Draw()方法首先调用父类的 Draw()方法完成图像资源的加载,然后调用 canvas(画布)对象的 DrawImage()方法完成图像资源的绘制。

4. 图像裁剪

图像裁剪指将加载至内存中的图像资源进行裁剪操作,以符合用户期望的大小。

【例 4-27】 图像裁剪。

图像裁剪资源代码如下:

```
1  <VerticalStackLayout>
2    <Label Text="图像裁剪" />
3    <GraphicsView Drawable="{StaticResource downsizeImageDrawable}" />
4  </VerticalStackLayout>
```

通过指定 GraphicsView 控件的 Drawable 属性与 C# 代码逻辑进行关联,StaticResource 引用了例 4-24 代码中定义的图像裁剪资源。

DownsizeImageDrawable.cs 代码如下:

```
1  using MAUISDK.Core;
2  using IImage = Microsoft.Maui.Graphics.IImage;
3
4  namespace MAUISDK.Drawables
5  {
6      public class DownsizeImageDrawable : ImageDrawable
7      {
8          public override void Draw(ICanvas canvas, RectF dirtyRect)
9          {
10             base.Draw(canvas, dirtyRect);
11             if (Img != null)
```

```
12          {
13              IImage Img2 = Img.Downsize(GlobalValues.ImageDownSize, true);
14              canvas.DrawImage(Img2, GlobalValues.ImageDrawSize, GlobalValues.
    ImageDrawSize, Img2.Width, Img2.Height);
15          }
16       }
17    }
18  }
```

DownsizeImageDrawable(裁剪图像)类继承了例 4-25 代码中定义的 ImageDrawable 类。重写的 Draw()方法首先调用父类的 Draw()方法完成图像资源的加载,然后调用图片对象的 Downsize()方法实现裁剪动作,最后调用 canvas 对象的 DrawImage()方法完成裁剪后图像资源的绘制。

5. 图像保存

图像保存指将加载至内存中的图像资源处理后进行保存操作。

【例 4-28】 图像保存。

```
1  <VerticalStackLayout>
2      <Label Text = "图像保存" />
3      <GraphicsView Drawable = "{StaticResource saveImageDrawable}" />
4  </VerticalStackLayout>
```

通过指定 GraphicsView 控件的 Drawable 属性与 C♯代码逻辑进行关联,StaticResource 引用了例 4-24 代码中定义的图像保存资源。

SaveImageDrawable.cs 代码如下:

```
1   using MAUISDK.Core;
2   using IImage = Microsoft.Maui.Graphics.IImage;
3
4   namespace MAUISDK.Drawables
5   {
6       public class SaveImageDrawable : ImageDrawable
7       {
8           public override void Draw(ICanvas canvas, RectF dirtyRect)
9           {
10              base.Draw(canvas, dirtyRect);
11              if (Img != null)
12              {
13                  IImage Img2 = Img.Downsize(GlobalValues.ImageDownSize, true);
14                  using (MemoryStream memory = new())
15                      Img2.Save(memory);
16                  canvas.DrawImage(Img2, GlobalValues.ImageDrawSize, GlobalValues.
    ImageDrawSize, Img2.Width, Img2.Height);
17              }
18          }
19      }
20  }
```

SaveImageDrawable(保存图像)类继承了例 4-25 代码中定义的 ImageDrawable 类。重写的 Draw()方法首先调用父类的 Draw()方法完成图像资源的加载,然后调用图像对象的 Downsize()方法实现裁剪动作,最后调用图像对象的 Save()方法完成裁剪后图像资源的保存。

4.4.2 绘制操作

1. 绘制路径

.NET MAUI 绘制路径可以通过基于 XAML 定义的方式实现。绘制路径的示例效果如图 4-15 所示。

为演示方便,将所有绘制路径过程全集中在一个页面中,外部使用 ScrollView 可滚动视窗。

【例 4-29】 绘制路径。

PathPage.xaml 代码如下:

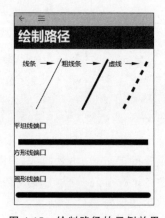

图 4-15 绘制路径的示例效果

```
 1   <?xml version = "1.0" encoding = "UTF - 8" ?>
 2   <ContentPage
 3       x:Class = "MAUIDemo.Pages.PathPage"
 4       xmlns = "http://schemas.microsoft.com/dotnet/2021/maui"
 5       xmlns:x = "http://schemas.microsoft.com/winfx/2009/xaml"
 6       Title = "绘制路径">
 7       <VerticalStackLayout>
 8           <HorizontalStackLayout Margin = "20">
 9               <Label Text = "线条" />
10               <Line
11                   Stroke = "Black"
12                   X1 = "55"
13                   X2 = "0"
14                   Y1 = "0"
15                   Y2 = "105" />
16               <Label Text = "粗线条" />
17               <Line
18                   Stroke = "Black"
19                   StrokeThickness = "4"
20                   X1 = "55"
21                   X2 = "0"
22                   Y1 = "0"
23                   Y2 = "105" />
24               <Label Text = "虚线" />
25               <Line
26                   Stroke = "Black"
27                   StrokeDashArray = "2,2"
28                   StrokeDashOffset = "7"
29                   StrokeThickness = "5"
30                   X1 = "55"
31                   X2 = "0"
32                   Y1 = "0"
33                   Y2 = "105" />
34           </HorizontalStackLayout>
35           <Label Text = "平坦线端口" />
36           <Line
37               Stroke = "Black"
38               StrokeLineCap = "Flat"
39               StrokeThickness = "11"
```

```
40              X1 = "10"
41              X2 = "290"
42              Y1 = "25"
43              Y2 = "25" />
44          <Label Text = "方形线端口" />
45          <Line
46              Stroke = "Black"
47              StrokeLineCap = "Square"
48              StrokeThickness = "11"
49              X1 = "10"
50              X2 = "290"
51              Y1 = "24"
52              Y2 = "24" />
53          <Label Text = "圆形线端口" />
54          <Line
55              Stroke = "Black"
56              StrokeLineCap = "Round"
57              StrokeThickness = "11"
58              X1 = "10"
59              X2 = "290"
60              Y1 = "25"
61              Y2 = "25" />
62      </VerticalStackLayout>
63  </ContentPage>
```

上述定义的 6 个 Line 标签绘制路径说明如下。

第 1 个 Line 标签定义 Stroke 属性声明线条的颜色,定义(X1,Y1)起点坐标和(X2,Y2)终点坐标。

第 2 个 Line 标签在第 1 个示例的基础上,定义 StrokeThickness 属性声明线条的宽度。

第 3 个 Line 标签在第 2 个示例的基础上,定义 StrokeDashArray 属性,属于 DoubleCollection 双值类型,代表形状轮廓的短线和间隙模式。StrokeDashOffset 属性声明散点间距。

第 4 个 Line 标签在第 2 个示例的基础上,定义 StrokeLineCap 属性,属于 PenLineCap 类型,代表直线或线段端点处的形状。属性值为 Flat 代表端点处为扁平状。

第 5 个 Line 标签与第 4 个示例类似,属性值为 Square 代表端点处为方形状。

第 6 个 Line 标签与第 4 个示例类似,属性值为 Round 代表端点处为圆形状。

2. 绘制图形

.NET MAUI 绘制图形可以通过基于 XAML 定义的方式实现。绘制图形的示例效果如图 4-16 所示。

为演示方便,将所有绘制图形过程集中在一个页面中。

【例 4-30】 绘制图形。

ShapePage.xaml 代码如下:

```
1   <?xml version = "1.0" encoding = "UTF-8" ?>
2   <ContentPage
3       x:Class = "MAUIDemo.Pages.ShapePage"
4       xmlns = "http://schemas.microsoft.com/dotnet/2021/maui"
```

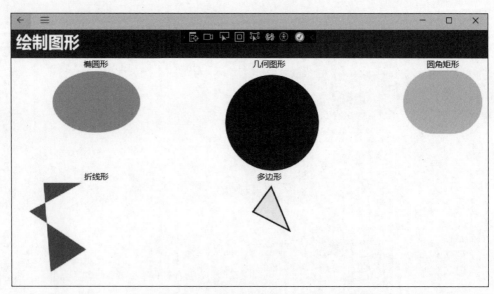

图 4-16 绘制图形的示例效果

```
5        xmlns:x = "http://schemas.microsoft.com/winfx/2009/xaml"
6        Title = "绘制图形">
7        <ContentPage.Resources>
8            <Style TargetType = "Label">
9                <Setter Property = "HorizontalOptions" Value = "Center" />
10               <Setter Property = "VerticalOptions" Value = "Center" />
11               <Setter Property = "HorizontalTextAlignment" Value = "Center" />
12               <Setter Property = "VerticalTextAlignment" Value = "Center" />
13               <Setter Property = "WidthRequest" Value = "300" />
14           </Style>
15       </ContentPage.Resources>
16       <VerticalStackLayout>
17           <HorizontalStackLayout>
18               <VerticalStackLayout>
19                   <Label Text = "椭圆形" />
20                   <Ellipse
21                       Fill = "Orange"
22                       HeightRequest = "110"
23                       HorizontalOptions = "Center"
24                       StrokeThickness = "6"
25                       WidthRequest = "160" />
26               </VerticalStackLayout>
27               <VerticalStackLayout>
28                   <Label Text = "几何图形" />
29                   <Path
30                       Fill = "Blue"
31                       HorizontalOptions = "Center"
32                       Stroke = "Black">
33                       <Path.Data>
34                           <EllipseGeometry
35                               Center = "90,90"
36                               RadiusX = "80"
37                               RadiusY = "80" />
```

```
38                    </Path.Data>
39                </Path>
40            </VerticalStackLayout>
41            <VerticalStackLayout>
42                <Label Text = "圆角矩形" />
43                <Rectangle
44                    Fill = "LightGreen"
45                    HeightRequest = "110"
46                    HorizontalOptions = "Center"
47                    RadiusX = "60"
48                    RadiusY = "20"
49                    StrokeThickness = "3"
50                    WidthRequest = "140" />
51            </VerticalStackLayout>
52        </HorizontalStackLayout>
53        <HorizontalStackLayout>
54            <VerticalStackLayout>
55                <Label Text = "折线形" />
56                <Polyline
57                    Fill = "Red"
58                    FillRule = "Nonzero"
59                    Points = "30 48, 130 112, 67 150, 55 0, 122 0"
60                    StrokeThickness = "4" />
61            </VerticalStackLayout>
62            <VerticalStackLayout>
63                <Label Text = "多边形" />
64                <Polygon
65                    Fill = "Yellow"
66                    HorizontalOptions = "Center"
67                    Points = "40,10 70,80 10,50"
68                    Stroke = "Black"
69                    StrokeThickness = "4" />
70            </VerticalStackLayout>
71        </HorizontalStackLayout>
72    </VerticalStackLayout>
73 </ContentPage>
```

上述绘制的 5 个图形说明如下。

（1）椭圆形：Ellipse 标记扩展定义。Fill 属性代表内部填充颜色，StrokeThickness 属性代表边缘线条的粗细程度。

（2）几何图形：Path 标记扩展定义。Path.Data 属性代表路径数据，EllipseGeometry 标记扩展代表椭圆形状，Center 属性是椭圆中心，RadiusX 属性是椭圆的长半轴，RadiusY 属性是椭圆的短半轴。

（3）圆角矩形：Rectangle 标记扩展定义。Fill 属性代表内部填充颜色，StrokeThickness 属性代表边缘线条的粗细程度，RadiusX 属性为圆角横坐标半径，RadiusY 属性为圆角纵坐标半径。

（4）折线图：Polyline 标记扩展定义。Fill 属性代表内部填充颜色，StrokeThickness 属性代表边缘线条的粗细程度，FillRule 属性属于 WindingMode 缠绕模式类型，请读者参阅缠绕模式的相关内容，Points 属性为横纵坐标点列，使用逗号隔开，各个点组成折线。

(5) 多边形：Polygon 标记扩展定义。Fill 属性代表内部填充颜色，Stroke 属性代表边缘颜色，StrokeThickness 属性代表边缘线条的粗细程度，Points 属性同上述定义类似，只不过这里的最后一个数 50 和开始的 40 共同组成一个坐标对。

3. 绘制纯色

.NET MAUI 绘制纯色通过 GraphicsView 控件的 Drawable 属性指定对应的绘制资源。下述代码中的绘制资源是页面资源中定义的 solidPaintDrawable。

【例 4-31】 绘制纯色。

绘制纯色资源代码如下：

```
1    <VerticalStackLayout>
2        <Label Text = "绘制纯色" />
3        <GraphicsView Drawable = "{StaticResource solidPaintDrawable}" />
4    </VerticalStackLayout>
```

绘制资源类需要继承 IDrawable 接口实现 Draw() 方法。

SolidPaintDrawable.cs 代码如下：

```
1    namespace MAUIDemo.Drawables
2    {
3        public class SolidPaintDrawable : IDrawable
4        {
5            public void Draw(ICanvas canvas, RectF dirtyRect)
6            {
7                SolidPaint solidPaint = new()
8                {
9                    Color = Colors.Blue
10               };
11               RectF solidRectangle = new(0, 0, 80, 80);
12               canvas.SetFillPaint(solidPaint, solidRectangle);
13               canvas.SetShadow(new SizeF(10, 10), 10, Colors.Orange);
14               canvas.FillRoundedRectangle(solidRectangle, 10);
15           }
16       }
17   }
```

Draw() 方法中定义了 SolidPaint 对象作为画布的颜色，RectF 对象指明画布区域。SetShadow() 方法设置阴影，FillRoundedRectangle() 方法填充区域。绘制纯色示例的运行效果如图 4-17 所示。

4. 绘制图案

.NET MAUI 绘制图案结合了绘制路径、绘制图形、绘制纯色的综合绘制过程。

图 4-17　绘制纯色示例的运行效果

【例 4-32】 绘制图案。

绘制图案资源代码如下：

```
1    <VerticalStackLayout>
2        <Label Text = "绘制图案" />
3        <GraphicsView Drawable = "{StaticResource patternPaintDrawable}" />
4    </VerticalStackLayout>
```

实现方法类似也是将绘制资源设置为 GraphicsView 控件的 Drawable 属性。PatternPaintDrawable.cs 代码如下：

```
1   namespace MAUIDemo.Drawables
2   {
3       public class PatternPaintDrawable : IDrawable
4       {
5           public void Draw(ICanvas canvas, RectF dirtyRect)
6           {
7               IPattern pattern;
8               using (PictureCanvas picture = new(0, 0, 16, 16))
9               {
10                  picture.StrokeColor = Colors.MediumPurple;
11                  picture.DrawLine(0, 0, 16, 16);
12                  picture.DrawLine(0, 16, 16, 0);
13                  pattern = new PicturePattern(picture.Picture, 16, 16);
14              }
15              PatternPaint patternPaint = new()
16              {
17                  Pattern = pattern
18              };
19              canvas.SetFillPaint(patternPaint, RectF.Zero);
20              canvas.FillRectangle(0, 0, 160, 160);
21          }
22      }
23  }
```

上述代码通过调用 PictureCanvas（图案画布）的 DrawLine()方法实现路径绘制，定义 PicturePattern（图像模式）对象作为画布对象 SetFillPaint()方法的参数，这样实现了图案的绘制。读者可以以此为例，在此基础上结合丰富的想象力绘制出各种各样精美绝伦的图案，绘制图案示例的运行效果如图 4-18 所示。

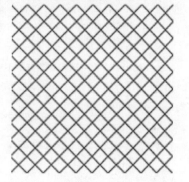

图 4-18　绘制图案示例的运行效果

5. 绘制渐变

绘制渐变包括绘制线性渐变和绘制径向渐变。

【例 4-33】　绘制线性渐变。

绘制线性渐变资源代码如下：

```
1   <ContentPage.Resources>
2       <exdrawables:LinearGradientPaintDrawable x:Key = "linearGradientPaintDrawable" />
3   <ContentPage.Resources>
4   <VerticalStackLayout>
5       <Label Text = "绘制线性渐变" />
6       <GraphicsView Drawable = "{StaticResource linearGradientPaintDrawable}" />
7   </VerticalStackLayout>
```

LinearGradientPaintDrawable.cs 代码如下：

```
1   namespace MAUIDemo.Drawables
2   {
3       public class LinearGradientPaintDrawable : IDrawable
```

```
4    {
5        public void Draw(ICanvas canvas, RectF dirtyRect)
6        {
7            LinearGradientPaint linearGradientPaint = new()
8            {
9                StartColor = Colors.WhiteSmoke,
10               EndColor = Colors.Green,
11               EndPoint = new Point(1, 0)
12           };
13           RectF linearRectangle = new(10, 10, 150, 150);
14           canvas.SetFillPaint(linearGradientPaint, linearRectangle);
15           canvas.SetShadow(new SizeF(10, 10), 10, Colors.Grey);
16           canvas.FillRoundedRectangle(linearRectangle, 10);
17       }
18   }
19 }
```

绘制线性渐变定义 linearGradientPaintDrawable 绘制资源对象。将 LinearGradientPaint 线性梯度绘制对象作为画布对象 SetFillPaint() 方法的参数以实现线性渐变效果。

【例 4-34】 绘制径向渐变。

绘制径向渐变资源代码如下：

```
1 <ContentPage.Resources>
2     <exdrawables:RadialGradientPaintDrawable x:Key = "radialGradientPaintDrawable" />
3 <ContentPage.Resources>
4 <VerticalStackLayout>
5     <Label Text = "绘制径向渐变" />
6     <GraphicsView Drawable = "{StaticResource radialGradientPaintDrawable}" />
7 </VerticalStackLayout>
```

RadialGradientPaintDrawable.cs 代码如下：

```
1  namespace MAUIDemo.Drawables
2  {
3      public class RadialGradientPaintDrawable : IDrawable
4      {
5          public void Draw(ICanvas canvas, RectF dirtyRect)
6          {
7              RadialGradientPaint radialGradientPaint = new()
8              {
9                  StartColor = Colors.WhiteSmoke,
10                 EndColor = Colors.Green,
11             };
12             RectF recf = new(10, 10, 200, 100);
13             canvas.SetFillPaint(radialGradientPaint, recf);
14             canvas.SetShadow(new SizeF(10, 10), 10, Colors.Grey);
15             canvas.FillRoundedRectangle(recf, 10);
16         }
17     }
18 }
```

绘制径向渐变定义 radialGradientPaintDrawable 绘制资源对象。将 RadialGradientPaint 径向梯度绘制对象作为画布对象 SetFillPaint() 方法的参数以实现径向渐变效果。绘制线性渐变和径向渐变的效果如图 4-19 所示。

图 4-19　绘制线性渐变和径向渐变的效果

6. 混合模式

画布上先后绘制不同的图像包含不同的叠加组合方式。针对 ICanvas 画布接口配置不同的 BlendMode 属性使图像对象产生不同的显示效果。BlendMode 属性定义了源图像(新增图像,后绘制的图像)和目标图像(现有图像,先绘制的图像)之间的叠加组合关系。这种组合关系称为混合模式,混合模式仅可在 iOS 和 macOS 平台上适用。

BlendMode 是一个枚举,共包含 28 个成员代表不同的混合模式,分为可分离、不可分离、Porter-Duff 三类。

【例 4-35】 混合模式。

BlendMode 枚举代码如下:

```
1  namespace Microsoft.Maui.Graphics
2  {
3      public enum BlendMode
4      {
5          Normal,
6          Multiply,
7          Screen,
8          Overlay,
9          Darken,
10         Lighten,
11         ColorDodge,
12         ColorBurn,
13         SoftLight,
14         HardLight,
15         Difference,
16         Exclusion,
17         Hue,
18         Saturation,
19         Color,
20         Luminosity,
21         Clear,
22         Copy,
23         SourceIn,
24         SourceOut,
25         SourceAtop,
26         DestinationOver,
27         DestinationIn,
28         DestinationOut,
```

```
29              DestinationAtop,
30              Xor,
31              PlusDarker,
32              PlusLighter
33          }
34      }
```

默认的混合模式是 Normal,在源图像和目标图像的重叠部分中,源图像会覆盖目标图像。如果是 DestinationOver,在源图像和目标图像的重叠部分中,目标图像会覆盖源图像。混合模式 BlendDrawable.cs 代码如下:

```
1   namespace MAUIDemo.Drawables
2   {
3       public class BlendDrawable : IDrawable
4       {
5           public void Draw(ICanvas canvas, RectF dirtyRect)
6           {
7               PointF center = new(dirtyRect.Center.X, dirtyRect.Center.Y);
8               float radius = Math.Min(dirtyRect.Width, dirtyRect.Height) / 3;
9               float distance = 0.8f * radius;
10              PointF centerA = new(distance * (float)Math.Cos(1 * Math.PI / 6) + center.X,
11                  distance * (float)Math.Sin(1 * Math.PI / 6) + center.Y);
12              PointF centerB = new(distance * (float)Math.Cos(5 * Math.PI / 6) + center.X,
13                  distance * (float)Math.Sin(5 * Math.PI / 6) + center.Y);
14              canvas.BlendMode = BlendMode.Normal;
15              canvas.FillColor = Colors.LightGreen;
16              canvas.FillCircle(centerA, radius);
17              canvas.FillColor = Colors.Yellow;
18              canvas.FillCircle(centerB, radius);
19          }
20      }
21  }
```

混合模式的运行效果如图 4-20 所示。

图 4-20 混合模式的运行效果

不可分离混合模式包含以下三个概念。

Hue。色调值。代表颜色的主波长,取值范围是[0,360]。

Saturation。饱和度值。代表颜色的纯度,取值范围是[0,100]。

Luminosity。亮度值。代表颜色的明亮程度,取值范围是[0,100],其中 0 代表黑色,

100 代表白色。

其余模式读者可自行进行实验。

7. 缠绕模式

PayhF 路径绘制的封闭区域着色模式包括两种，用枚举类型 WindingMode（缠绕模式）表示。WindingMode 包括 NonZero（非零）模式和 EvenOdd（奇偶数）模式，其中 NonZero 模式表示涉及封闭路径中所有子区域全部着色，EvenOdd 模式表示涉及封闭路径中所有子区域间隔着色。

【例 4-36】 缠绕模式。

```
1   public static void DrawWithWindingMode(ICanvas canvas, WindingMode mode)
2   {
3       PathF path = new();
4       path.MoveTo(100, 180);
5       path.LineTo(100, 100);
6       path.LineTo(220, 100);
7       path.LineTo(220, 180);
8       path.LineTo(100, 180);
9       path.LineTo(130, 100);
10      path.LineTo(160, 180);
11      path.LineTo(190, 100);
12      path.LineTo(220, 180);
13      path.Close();
14      canvas.StrokeSize = 5;
15      canvas.StrokeColor = Colors.Black;
16      canvas.FillColor = Colors.Red;
17      canvas.FillPath(path, mode);
18      canvas.DrawPath(path);
19  }
```

上述代码中 DrawWithWindingMode()方法中的第二个参数是缠绕模式的设置。使用缠绕模式需要注意必须是闭合的路径，PathF 对象绘制图形后必须调用 Close()方法。FillPath()方法的第二个参数指定缠绕模式。缠绕模式示例的运行效果如图 4-21 所示。

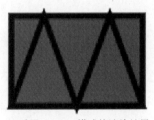
(a) 采用NonZero模式的渲染效果

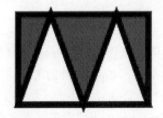
(b) 采用EvenOdd模式的渲染效果

图 4-21 缠绕模式示例的运行效果

4.4.3 变换操作

1. 变换概述

变换操作主要指图形图像的仿射变换。仿射变换是将一个向量空间进行一次线性变换然后进行一次平移变换,使其变换成为另一个向量空间。仿射变换包括缩放变换和正交变换。正交变换可简单理解为刚体对象的移动和旋转,正交变换是仿射变换的子集,包括平移变换、旋转变换。各种变换操作的示例如图 4-22 所示。

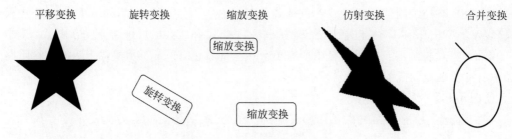

图 4-22　各种变换操作的示例

变换操作定义了 5 种变换资源,分别是 TransformDrawable(平移变换)、RotateDrawable(旋转变换)、ScaleDrawable(缩放变换)、AffineDrawable(仿射变换)、CombineDrawable(合并变换)。

【例 4-37】　变换操作。

变换操作资源代码如下:

```
1    <ContentPage.Resources>
2        <exdrawables:TransformDrawable x:Key="transformDrawable" />
3        <exdrawables:RotateDrawable x:Key="rotateDrawable" />
4        <exdrawables:ScaleDrawable x:Key="scaleDrawable" />
5        <exdrawables:AffineDrawable x:Key="affineDrawable" />
6        <exdrawables:CombineDrawable x:Key="combineDrawable" />
7    </ContentPage.Resources>
```

2. 平移变换

设置 GraphicsView 控件的 Drawable 属性为之前定义的 TransformDrawable 对象。

【例 4-38】　平移变换。

平移变换界面代码如下:

```
1    <VerticalStackLayout>
2        <Label Text="平移变换" />
3        <GraphicsView Drawable="{StaticResource transformDrawable}" />
4    </VerticalStackLayout>
```

设置 GraphicsView 控件的 Drawable 属性为之前定义的 TransformDrawable 对象。平移变换主要借助以下两个方法实现。

MoveTo()。移动当前画笔至指定点。

LineTo()。将画笔从当前指定点移动到另一点绘制线条。

DrawableUtils.cs 代码如下:

```
1    namespace MAUISDK.Utils
2    {
3        /// <summary>
4        /// 绘图操作类
5        /// </summary>
```

```
6       public class DrawableUtils
7       {
8           /// <summary>
9           /// 绘制 N 角形
10          /// </summary>
11          /// <param name = "num">角数</param>
12          /// <returns>N 角形路径</returns>
13          public static PathF DrawPath(int num)
14          {
15              PathF path = new();
16              for (int i = 0; i < num; i++)
17              {
18                  double angle = (num - 1) * i * Math.PI / num;
19                  PointF point = new(100 * (float)Math.Sin(angle), -100 * (float)Math.Cos(angle));
20                  if (i == 0)
21                      path.MoveTo(point);
22                  else
23                      path.LineTo(point);
24              }//for
25              return path;
26          }
27      }
28  }
```

TransformDrawable.cs 代码如下:

```
1   using MAUISDK.Utils;
2
3   namespace MAUIDemo.Drawables
4   {
5       public class TransformDrawable : IDrawable
6       {
7           public void Draw(ICanvas canvas, RectF dirtyRect)
8           {
9               PathF path = DrawableUtils.DrawPath(5);
10              canvas.FillColor = Colors.Red;
11              canvas.Translate(120, 120);
12              canvas.FillPath(path);
13          }
14      }
15  }
```

3. 旋转变换

设置 GraphicsView 控件的 Drawable 属性为之前定义的 RotateDrawable 对象。

【例 4-39】 旋转变换。

旋转变换界面代码如下:

```
1   <VerticalStackLayout>
2       <Label Text = "旋转变换" />
3       <GraphicsView Drawable = "{StaticResource rotateDrawable}" />
4   </VerticalStackLayout>
```

旋转变换主要借助以下方法实现。

Rotate()。旋转指定角度。

RotateDrawable.cs 代码如下:

```
1   namespace MAUIDemo.Drawables
2   {
3       public class RotateDrawable : IDrawable
4       {
5           public void Draw(ICanvas canvas, RectF dirtyRect)
6           {
7               canvas.FontColor = Colors.Violet;
8               canvas.FontSize = 20;
9               canvas.Rotate(30);
10              canvas.DrawRoundedRectangle(150, 50, 130, 50, 5);
11              canvas.DrawString("旋转变换", 150, 50, 130, 50,
12  HorizontalAlignment.Center, VerticalAlignment.Center);
13          }
14      }
15  }
```

4. 缩放变换

设置 GraphicsView 控件的 Drawable 属性为之前定义的 ScaleDrawable 对象。

【例 4-40】 缩放变换。

缩放变换界面代码如下:

```
1   <VerticalStackLayout>
2       <Label Text = "缩放变换" />
3       <GraphicsView Drawable = "{StaticResource scaleDrawable}" />
4   </VerticalStackLayout>
```

缩放变换主要借助以下方法实现。

Scale()。指定缩放比例。

ScaleDrawable.cs 代码如下:

```
1   namespace MAUIDemo.Drawables
2   {
3       public class ScaleDrawable : IDrawable
4       {
5           public void Draw(ICanvas canvas, RectF dirtyRect)
6           {
7               canvas.FontColor = Colors.Purple;
8               canvas.FontSize = 10;
9               canvas.DrawRoundedRectangle(45, 45, 65, 25, 5);
10              canvas.DrawString("缩放变换", 45, 45, 65, 25,
11  HorizontalAlignment.Center, VerticalAlignment.Center);
12              canvas.Scale(2, 2);
13              canvas.DrawRoundedRectangle(45, 90, 65, 25, 5);
14              canvas.DrawString("缩放变换", 45, 90, 65, 25,
15  HorizontalAlignment.Center, VerticalAlignment.Center);
16          }
17      }
18  }
```

5. 仿射变换

设置 GraphicsView 控件的 Drawable 属性为之前定义的 AffineDrawable 对象。

【例 4-41】 仿射变换。

仿射变换界面代码如下：

```
1  <VerticalStackLayout>
2      <Label Text="仿射变换"/>
3      <GraphicsView Drawable="{StaticResource affineDrawable}"/>
4  </VerticalStackLayout>
```

仿射变换主要借助以下方法实现。

ConcatenateTransform()。指定 Matrix3x2，即 3×2 矩阵进行仿射变换。

AffineDrawable.cs 代码如下：

```
1  using MAUISDK.Utils;
2  using System.Numerics;
3
4  namespace MAUIDemo.Drawables
5  {
6      public class AffineDrawable : IDrawable
7      {
8          public void Draw(ICanvas canvas, RectF dirtyRect)
9          {
10             PathF path = DrawableUtils.DrawPath(5);
11             Matrix3x2 transform = new(1.25f, 1, 0, 1, 135, 135);
12             canvas.ConcatenateTransform(transform);
13             canvas.FillColor = Colors.BlueViolet;
14             canvas.FillPath(path);
15         }
16     }
17 }
```

6. 合并变换

合并变换指将上述各种变换有机结合，依照特定次序绘制出绚烂的图形图像。设置 GraphicsView 控件的 Drawable 属性为之前定义的 CombineDrawable 对象。

【例 4-42】 合并变换。

合并变换界面代码如下：

```
1  <VerticalStackLayout>
2      <Label Text="合并变换"/>
3      <GraphicsView Drawable="{StaticResource combineDrawable}"/>
4  </VerticalStackLayout>
```

合并变换主要借助以下方法实现。

SaveState()。保存当前的绘制状态。

RestoreState()。恢复之前的状态并继续绘制。

CombineDrawable.cs 代码如下：

```
1  namespace MAUIDemo.Drawables
2  {
3      public class CombineDrawable : IDrawable
4      {
5          public void Draw(ICanvas canvas, RectF dirtyRect)
6          {
7              canvas.StrokeSize = 8;
8              canvas.SaveState();
9              canvas.DrawEllipse(50, 80, 100, 150);
```

```
10            canvas.RestoreState();
11            canvas.StrokeSize = 6;
12            canvas.SaveState();
13            canvas.DrawLine(50, 50, 100, 100);
14            canvas.RestoreState();
15        }
16    }
17 }
```

4.5 MAUI 模态组件

4.5.1 信息窗体

信息窗体是实现向用户提示信息的对话框。信息窗体通过 DisplayAlert()重载方法实现，常用的是包含三个参数的重载方法。第一个参数是信息窗体的标题，第二个参数是信息，第三个参数是确认信息的按钮信息。方法的返回值代表用户是否选择信息窗体。注意这个方法是异步的，调用时需要使用 await 关键字。信息窗体的重载形式如下。

【例 4-43】 信息窗体。

DisplayAlert()方法声明。

```
1  public Task DisplayAlert(string title, string message, string cancel)
2  public Task < bool > DisplayAlert(string title, string message, string accept, string
   cancel)
3  public Task DisplayAlert(string title, string message, string cancel, FlowDirection
   flowDirection)
4  public Task < bool > DisplayAlert(string title, string message, string accept, string
   cancel, FlowDirection flowDirection)
```

调用信息窗体代码如下：

```
1  OnDisplayAlert = new Command(async () =>
2  {
3      bool answer = await DisplayAlert("问题", "选择", "是", "否");
4      if (answer)
5      {
6          await DisplayAlert("显示警报", "你选择了是", "好的");
7      }
8      else
9      {
10         await DisplayAlert("显示警报", "你选择了否", "好的");
11     }
12 });
```

例 4-43 的运行效果如图 4-23 和图 4-24 所示。

图 4-23　信息提供选项　　　　　图 4-24　信息窗体展示结果

4.5.2 选择窗体

选择窗体通过向用户提供一组选项列表来供用户进行选择，通过 DisplayActionSheet()方法实现，该方法声明如例 4-44 所示。

【例 4-44】 选择窗体。

选择窗体方法声明。

```
1  public Task < string > DisplayActionSheet(string title, string cancel, string destruction,
   params string[] buttons)
```

该方法的参数说明如下。

title。选择窗体的标题。
cancel。对应的"取消"按钮显示文字信息，设置 null 表示隐藏"取消"按钮。
destruction。对应的"破坏"按钮显示文字信息，设置 null 表示隐藏"破坏"按钮。
buttons。选项列表。
返回值。用户选择的内容字符串。

调用选择窗体代码如下：

```
1  OnDisplayActionSheet = new Command(async () =>
2  {
3      string action = await DisplayActionSheet("选择列表", "取消", null, "苹果", "橘子", "香蕉");
4      await DisplayAlert("信息", action, "好的");
5  });
```

选择窗体示例的运行效果如图 4-25 所示。

图 4-25 选择窗体示例的运行效果

4.5.3 问题窗体

问题窗体是定义一个问题，进行交互式回答后，根据窗体的返回值获取回答结果。通过 DisplayPromptAsync()方法实现，该方法声明见例 4-45。

【例 4-45】 问题窗体。

问题窗体方法声明。

```
1  public Task< string > DisplayPromptAsync(string title, string message, string accept =
   "OK", string cancel = "Cancel", string placeholder = null, int maxLength = - 1,
   Keyboard keyboard = default(Keyboard), string initialValue = "")
```

该方法的参数说明如下。

title。问题窗体的标题。
message。问题窗体的内容。
accept。接受按钮文字显示，默认值为 OK。
cancel。取消按钮文字显示，默认值为 Cancel。

placeholder。默认提示信息占位符，默认值为 null。
maxLength。用户回答内容的最大长度。
keyboard。用户回答问题的默认键盘。
initialValue。预定义的用户回答内容，默认值为空。
返回值。用户回答的内容字符串。
调用问题窗体代码如下：

```
1  OnDisplayPromptAsync = new Command(async () =>
2  {
3      string result = await DisplayPromptAsync("问题", "5 乘以 4 等于多少?",
       initialValue: "20", maxLength: 2, keyboard: Keyboard.Numeric);
4      await DisplayAlert("信息", result, "好的");
5  });
```

问题窗体示例的运行效果如图 4-26 所示。
用户回答问题后弹出的信息窗体如图 4-27 所示。

图 4-26　问题窗体示例的运行效果　　图 4-27　用户回答问题后弹出的信息窗体

4.5.4　工具栏

工具栏是位于屏幕首行的信息栏，可以以静态或动态方式在工具栏上方定义菜单选项。

【例 4-46】 工具栏。

ToolbarPage.xaml 代码如下：

```
1   <?xml version = "1.0" encoding = "UTF-8" ?>
2   < ContentPage
3       x:Class = "MAUIDemo.Pages.ToolbarPage"
4       xmlns = "http://schemas.microsoft.com/dotnet/2021/maui"
5       xmlns:x = "http://schemas.microsoft.com/winfx/2009/xaml"
6       Title = "工具栏项">
7       < ContentPage.ToolbarItems >
8           < ToolbarItem
9               Clicked = "OnItemClicked"
10              IconImageSource = "dotnet_bot.png"
11              Text = "工具栏项" />
12      </ContentPage.ToolbarItems>
13      < VerticalStackLayout >
14          < Button
15              Command = "{Binding OnAddMenu}"
16              Style = "{StaticResource NormButton}"
17              Text = "动态增加" />
18      </VerticalStackLayout>
19  </ContentPage>
```

ContentPage.ToolbarItems 标记扩展定义工具栏，ToolbarItem 定义工具栏项。IconImageSource 属性对应工具栏项的图标，Text 属性对应工具栏项的文字，Clicked 对应触发工具栏项的事件。

ToolbarPage.xaml.cs 代码如下：

```
using System.Windows.Input;

namespace MAUIDemo.Pages;

public partial class ToolbarPage : ContentPage
{
    public ICommand OnAddMenu
    {
        get;
        set;
    }
    public ToolbarPage()
    {
        InitializeComponent();
        OnAddMenu = new Command(() =>
        {
            ToolbarItem Item = new()
            {
                Text = "动态增加",
                IconImageSource = ImageSource.FromFile("dotnet_bot.png")
            };
            Item.Clicked += OnItemClicked;
            ToolbarItems.Add(Item);
        });
        BindingContext = this;
    }
    private async void OnItemClicked(object sender, EventArgs e)
    {
        ToolbarItem item = (ToolbarItem)sender;
        await DisplayAlert("信息", item.Text, "确认");
    }
}
```

构造方法初始化了动态添加工具栏按钮的事件 OnAddMenu()，定义 ToolbarItem 工具栏项，并对工具栏项增加按钮回调函数 OnItemClicked()，工具栏调用 Add()将构造后的工具栏项增加至工具栏中，构造方法最后完成了界面上下文信息的绑定。为了演示方便，OnItemClicked()方法内部通过 DisplayAlert()方法弹窗显示工具栏项目的内容。工具栏示例的效果如图 4-28 所示。

图 4-28　工具栏示例的效果

4.6 MAUI 页面类型

4.6.1 内容页面

内容页面是最基本的页面类型。选择"项目"→"添加(D)"→"类(C)"选项,弹出"添加新项"向导,如图 4-29 所示。

图 4-29 "添加新项"向导

选择新建内容页面,对应.NET MAUI ContentPage(XAML)模板。

【例 4-47】 内容页面。

NewPage1.xaml 代码如下:

```
1   <?xml version = "1.0" encoding = "UTF - 8" ?>
2   < ContentPage xmlns = "http://schemas.microsoft.com/dotnet/2021/maui"
3               xmlns:x = "http://schemas.microsoft.com/winfx/2009/xaml"
4               x:Class = "MAUIDemo.Pages.NewPage1"
5               Title = "NewPage1">
6       < VerticalStackLayout >
7           < Label
8               Text = "Welcome to .NET MAUI!"
9               VerticalOptions = "Center"
10              HorizontalOptions = "Center" />
11      </VerticalStackLayout>
12  </ContentPage>
```

默认包含 maui 和 xaml 命名空间,以及 x:Class 当前类信息,Title 属性指明当前内容页面标题。页面布局是 VerticalStackLayout 垂直布局,布局中包含 Label(标签)控件。Label 控件设置了 Text(文本)显示属性为 Welcome to .NET MAUI!,VerticalOptions 垂直对齐属性和 HorizontalOptions 水平对齐属性均为 Center(居中)。

NewPage1.xaml.cs 代码如下:

```
1  namespace MAUIDemo.Pages;
2
3  public partial class NewPage1 : ContentPage
4  {
5      public NewPage1()
6      {
7          InitializeComponent();
8      }
9  }
```

对应内容页面的逻辑代码继承了 ContentPage 内容页面类。构造方法调用 InitializeComponent()对页面中的所有控件进行初始化。

4.6.2 浮出页面

浮出页面是将一个浮出控件页面和一个详细信息页面进行关联而成的,主要作为统一管理命令和用户交互行为的入口。浮出控件页面和详细信息页面的效果分别如图 4-30 和图 4-31 所示。

浮出页面通过 AppShell 完成。Shell 作为根节点,FlyoutItem 浮出项目或 MenuItem 菜单项目作为一级节点,Tab 面板或 ShellContent 作为二级节点。ShellContent 还可以作为 Tab 的三级节点。

图 4-30 浮出控件页面的效果

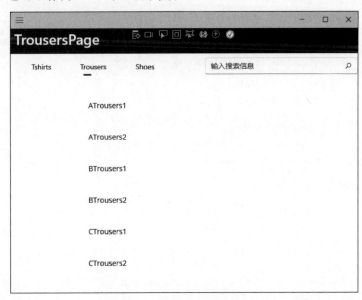

图 4-31 详细信息页面的效果

Shell.FlyoutBehavior 属性设置浮出控件的行为。

Disabled。禁用浮出选项。

Flyout。默认值。浮出选项。

Locked。锁定浮出控件。

FlyoutLayoutBehavior。设置 Shell 的布局行为。

Default。平台对应的默认行为。

Popover。详细信息页面会遮挡或部分遮挡浮出控件页面。

Split。浮出控件页面和详细信息页面作为左右布局显示。

SplitOnLandscape。设备处于横向状态时进行分屏显示。

SplitOnPortrait。设备处于纵向状态时进行分屏显示。

【例 4-48】 浮出页面。

AppShell.xaml 代码如下：

```xml
1   <?xml version = "1.0" encoding = "UTF-8" ?>
2   <Shell
3       x:Class = "MAUIDemo.AppShell"
4       xmlns = "http://schemas.microsoft.com/dotnet/2021/maui"
5       xmlns:x = "http://schemas.microsoft.com/winfx/2009/xaml"
6       xmlns:local = "clr-namespace:MAUIDemo"
7       xmlns:nav = "clr-namespace:MAUIDemo.Pages.Navigates"
8       xmlns:pages = "clr-namespace:MAUIDemo.Pages"
9       Shell.FlyoutBehavior = "Flyout">
10      <FlyoutItem Title = "Menu">
11          <Tab Title = "目录">
12              <ShellContent
13                  Title = "Triggers"
14                  ContentTemplate = "{DataTemplate pages:MenuPage}"
15                  Icon = "dotnet_bot.png" />
16          </Tab>
17      </FlyoutItem>
18      <FlyoutItem FlyoutDisplayOptions = "AsMultipleItems" Route = "Controls">
19          <ShellContent
20              Title = "Tshirts"
21              ContentTemplate = "{DataTemplate nav:TshirtPage}"
22              Icon = "dotnet_bot.png"
23              Route = "Tshirts" />
24          <ShellContent
25              Title = "Trousers"
26              ContentTemplate = "{DataTemplate nav:TrousersPage}"
27              Icon = "dotnet_bot.png"
28              Route = "Trousers" />
29          <ShellContent
30              Title = "Shoes"
31              ContentTemplate = "{DataTemplate nav:ShoesPage}"
32              Icon = "dotnet_bot.png"
33              Route = "Shoes" />
34      </FlyoutItem>
35      <MenuItem
36          Command = "{Binding OnClick}" CommandParameter = "https://docs.microsoft.com/dotnet/maui/fundamentals/shell"
37          IconImageSource = "dotnet_bot.png"
```

```
38            Text = "Help" />
39      </Shell>
```

上述代码综合使用了 Shell、FlyoutItem、MenuItem、Tab、ShellContent 之间的嵌套关系。读者可结合图 4-30 所示的浮出控件页面细细品味其中的层级结构。

主要属性如下。

FlyoutDisplayOptions。枚举类型。AsMultipleItems 代表为每个子项目创建单独弹出型按钮选项，枚举类型 AsSingleItem 代表仅在弹出型按钮显示标题，默认值为 AsSingleItem。

Route。string 类型。浮出路由数据集。

Title。string 类型。浮出项标题。

MenuItem 主要属性如下。

Command。ICommand 类型。菜单项命令。

CommandParameter。object 类型。菜单项命令对应的参数。

IconImageSource。ImageSource 类型。菜单项图标。

Text。string 类型。菜单项文字显示。

ShellContent 主要属性如下。

Title。string 类型。Shell 内容项标题。

ContentTemplate。BindableProperty 类型。详细页面对应的数据模板。

Icon。ImageSource 类型。Shell 内容项图标。

Route。string 类型。详细页面对应的路由信息。

AppShell.xaml.cs 代码如下：

```
1   using MAUIDemo.Core;
2   using MAUIDemo.Data;
3   using System.Windows.Input;
4
5   namespace MAUIDemo;
6
7   public partial class AppShell : Shell
8   {
9       public Router router;
10      public ICommand OnClick
11      {
12          get;
13          set;
14      }
15      public AppShell()
16      {
17          InitializeComponent();
18          router = new();
19          Mocker.Init();
20          router.AddRouters(Mocker.Controls);
21          OnClick = new Command<string>(async (url) => await Launcher.OpenAsync(url));
22          BindingContext = this;
23      }
24  }
```

AppShell 继承 Shell。构造方法对 Router 路由对象和 Mocker 数据模拟器进行了初始化,单击回调函数的逻辑是打开 url 对应的页面,最后进行上下文数据绑定操作。

4.6.3 导航页面

导航页面实现了页面之间的路由切换机制。MAUI 与其他界面切换技术类似,内部维护着一个堆栈结构用于保存用户浏览界面的层级逻辑。进入下一级页面将当前页面执行入栈操作,返回上一级页面将当前页面执行出栈操作,栈顶指针指向当前页面。导航页面的效果如图 4-32 所示。

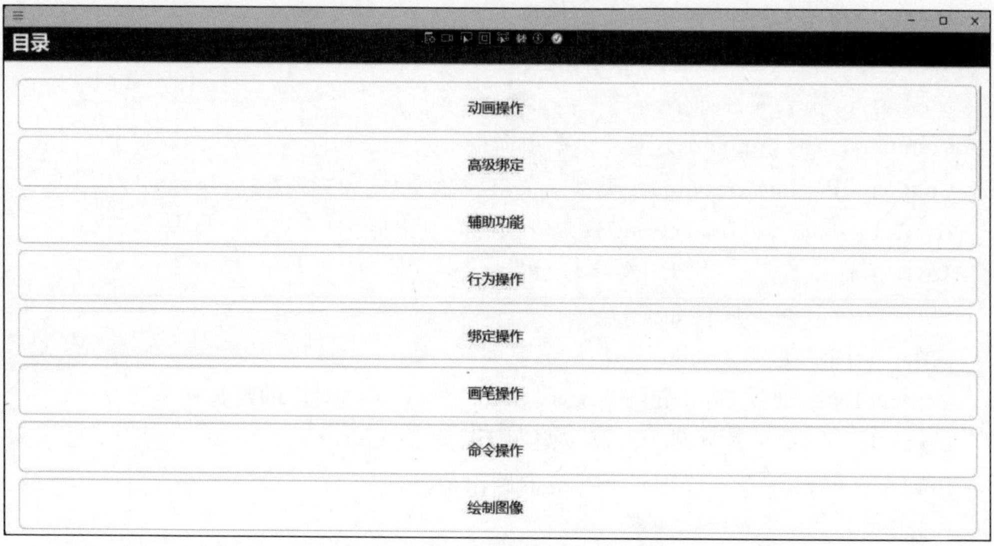

图 4-32 导航页面的效果

导航页面通过 ScrollView(滚动视图)实现。内部维护着 CollectionView(集合视图),以 Grid(表格)布局实现。导航的菜单项以表格结合框架实现。Frame.GestureRecognizers 框架配合手势机制实现轻触菜单后触发事件。采用相对绑定机制,绑定了 MenuPageModel 菜单页面视图模型,CommandParameter(绑定参数)是当前控件。框架内部嵌套的 Label 控件用于显示当前菜单文字。

【例 4-49】 导航页面。

MenuPageModel.xaml 代码如下:

```
1   <?xml version = "1.0" encoding = "UTF-8" ?>
2   <ContentPage
3       x:Class = "MAUIDemo.Pages.MenuPage"
4       xmlns = "http://schemas.microsoft.com/dotnet/2021/maui"
5       xmlns:x = "http://schemas.microsoft.com/winfx/2009/xaml"
6       xmlns:pages = "clr-namespace:MAUIDemo.Pages"
7       xmlns:viewmodels = "clr-namespace:MAUIDemo.ViewModels"
8       Title = "目录"
9       x:DataType = "viewmodels:MenuPageModel">
10      <ScrollView Margin = "10,10,10,10" Padding = "10,10,10,10">
11          <CollectionView
12              Grid.Row = "2"
```

```
13                Grid.ColumnSpan = "2"
14                HorizontalOptions = "Fill"
15                ItemsSource = "{Binding Items}"
16                SelectionMode = "None"
17                VerticalOptions = "Fill">
18                <CollectionView.ItemTemplate>
19                    <DataTemplate x:DataType = "{x:Type x:String}">
20                        <Grid Padding = "0,5">
21                            <Frame>
22                                <Frame.GestureRecognizers>
23                                    <TapGestureRecognizer Command = "{Binding Source = {RelativeSource AncestorType = {x:Type viewmodels:MenuPageModel}}, Path = TapCommand}" CommandParameter = "{Binding .}" />
24                                </Frame.GestureRecognizers>
25                                <Label
26                                    FontSize = "20"
27                                    HorizontalTextAlignment = "Center"
28                                    Text = "{Binding .}" />
29                            </Frame>
30                        </Grid>
31                    </DataTemplate>
32                </CollectionView.ItemTemplate>
33            </CollectionView>
34        </ScrollView>
35  </ContentPage>
```

导航页面的数据模型通过 MenuPageModel 菜单页面视图模型完成。内部维护着 items 可观察对象列表，保存全部菜单数据。构造方法完成了 RESTful API 服务的依赖注入，并初始化了菜单列表数据。Tap() 轻触方法通过自定义的 PageTypeBuilder（页面类型构造器）将菜单项文字参数转换为类型参数，根据类型参数采用反射机制构造页面对象。构造页面对象时根据不同页面参数的特性进行构造。如果是 WebPage 网络访问页面，将本页面 RESTful API 服务作为参数进行传递；如果是 LayoutPage 布局示例页面，将构造 LayoutPageModel 对象作为参数进行传递。其他情况直接反射构造。最后通过调用导航的 Shell.Current.Navigation.PushAsync() 方法完成页面导航。

MenuPageModel.cs 代码如下：

```
1   using CommunityToolkit.Mvvm.ComponentModel;
2   using CommunityToolkit.Mvvm.Input;
3   using MAUIDemo.Core;
4   using MAUISDK.Interfaces;
5   using MAUISDK.Models;
6   using System.Collections.ObjectModel;
7
8   namespace MAUIDemo.ViewModels
9   {
10      public partial class MenuPageModel : ObservableObject
11      {
12          [ObservableProperty]
13          public ObservableCollection<string> items;
14          private readonly IRestService<MAUILearning> restService;
15          public MenuPageModel(IRestService<MAUILearning> restService)
16          {
```

```
17          this.restService = restService;
18          Items = new ObservableCollection<string>
19          {
20              "动画操作",
21              "高级绑定",
22              // 此处省略其他代码
23              "设备操作",
24              "存储操作"
25          };
26      }
27      [RelayCommand]
28      public async Task Tap(string pageTypeName)
29      {
30          Page page;
31          Type type = PageTypeBuilder.GetPageType(pageTypeName);
32          if (type.Name.Equals("WebPage"))
33          {
34              page = (Page)Activator.CreateInstance(type, new Object[] { this.restService });
35          }
36          else if(type.Name.Equals("LayoutPage"))
37          {
38              page = (Page)Activator.CreateInstance(type, new LayoutPageModel());
39          }
40          else
41          {
42              page = (Page)Activator.CreateInstance(type);
43          }
44          await Shell.Current.Navigation.PushAsync(page);
45      }
46  }
47 }
```

PageTypeBuilder 的 GetPageType()方法将页面类型名称转换为页面类型对象。通过 Type.GetType()方法实现类名到类型的转换。

PageTypeBuilder.cs 代码如下：

```
1  namespace MAUIDemo.Core
2  {
3      public class PageTypeBuilder
4      {
5          public static Type GetPageType(string pageTypeName)
6          {
7              switch (pageTypeName)
8              {
9                  case "动画操作":
10                 {
11                     pageTypeName = "AnimationPage";
12                     break;
13                 }
14                 // 此处省略其他代码
15                 case "存储操作":
16                 {
17                     pageTypeName = "StoragePage";
18                     break;
```

```
19                }
20            default:
21                {
22                    pageTypeName = "WebPage";
23                    break;
24                }
25        }//switch
26        if (!pageTypeName.Equals("LayoutPage") && pageTypeName.Contains("Layout"))
27        {
28            pageTypeName = "MAUIDemo.Pages.Layouts." + pageTypeName;
29        }
30        else
31        {
32            pageTypeName = "MAUIDemo.Pages." + pageTypeName;
33        }
34        return Type.GetType(pageTypeName);
35    }
36  }
37 }
```

导航的路由机制通过自定义 Router 类完成，内部维护着 RouterMap 路由字典。构造方法完成 RouterMap 路由字典的初始化。AddRouters()方法完成路由的追加。通过遍历路由字符串信息，构造不同页面对应的不同类型，将页面名称和页面类型作为信息追加至 RouterMap 路由字典中。每追加一项路由条目，调用 Routing 类的 RegisterRoute()方法完成路由的注册。

Router.cs 代码如下：

```
1  namespace MAUIDemo.Core
2  {
3      public class Router
4      {
5          public Dictionary<string, Type> RouterMap
6          {
7              get;
8              private set;
9          }
10         public Router()
11         {
12             RouterMap = new();
13         }
14         public void AddRouters(List<string> list)
15         {
16             foreach (var item in list)
17             {
18                 Type type = Type.GetType("MAUIDemo.Pages.Navigates." + item);
19                 RouterMap.Add(item, type);
20                 Routing.RegisterRoute(item, type);
21             }
22         }
23     }
24 }
```

4.6.4 标签页面

标签页面又称为多页面板,是一个页面集合,每次仅显示当前激活的页面,其余页面隐藏不可见。标签页面的运行效果如图 4-33 所示。

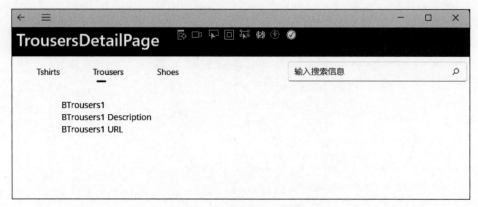

图 4-33 标签页面的运行效果

标签页面集合包含三个子页面,分别是 TshirtPage(T 恤页面)、TrousersPage(裤子页面)、ShoesPage(鞋页面)。这里仅以 ShoesPage 为例,其余代码完全类似,受篇幅所限,读者可参阅相关代码进行对照研究。

【例 4-50】 标签页面。

ShoesPage.xaml 代码如下:

```xml
<?xml version = "1.0" encoding = "UTF-8" ?>
<ContentPage
    x:Class = "MAUIDemo.Pages.Navigates.ShoesPage"
    xmlns = "http://schemas.microsoft.com/dotnet/2021/maui"
    xmlns:x = "http://schemas.microsoft.com/winfx/2009/xaml"
    xmlns:controls = "clr-namespace:MAUIDemo.Controls"
    xmlns:data = "clr-namespace:MAUIDemo.Data"
    xmlns:views = "clr-namespace:MAUIDemo.Pages.Navigates"
    Title = "ShoesPage">
    <Shell.SearchHandler>
        <controls:ClothSearchControl
            ItemTemplate = "{StaticResource SearchTemplate}"
            Placeholder = "输入搜索信息"
            SearchData = "{x:Static data:Mocker.Shoes}"
            SelectedItemType = "{x:Type views:ShoesDetailPage}"
            ShowsResults = "true" />
    </Shell.SearchHandler>
    <CollectionView
        Margin = "20"
        ItemTemplate = "{StaticResource SearchTemplate}"
        ItemsSource = "{x:Static data:Mocker.Shoes}"
        SelectionChanged = "OnSelectionChanged"
        SelectionMode = "Single" />
</ContentPage>
```

ShoesPage 上方使用 Shell.SearchHandler 标记扩展内部使用自定义的

第4章 雄关漫道真如铁 而今迈步从头越——MAUI用户界面

ClothSearchControl 搜索控件。ClothSearchControl 搜索控件绑定了 SearchTemplate 搜索控件模板。Placeholder 占位符属性设置了搜索框默认显示的内容。SearchData 搜索数据绑定了模拟数据,实际环境中这些模拟数据使用数据库加载,这里使用内存加载。SelectedItemType 选中类型绑定了内容信息页面。ShowsResults 显示结果设置为 true 表示显示搜索后的信息。内容部分使用 CollectionView 列表视图控件显示信息。ItemTemplate 绑定了 SearchTemplate 搜索控件模板。ItemsSource 项目源绑定了模拟数据,实际环境中这些模拟数据使用数据库加载,这里同样使用内存加载。SelectionChanged 指明了选中菜单条目后的事件回调函数。SelectionMode(选择模式)属性设置为 Single 表示仅支持单选。

ShoesPage.xaml.cs 代码如下:

```
1   using MAUIDemo.Models;
2
3   namespace MAUIDemo.Pages.Navigates;
4
5   public partial class ShoesPage : ContentPage
6   {
7       public ShoesPage()
8       {
9           InitializeComponent();
10      }
11      async void OnSelectionChanged(object sender, SelectionChangedEventArgs e)
12      {
13          Cloth cloth = e.CurrentSelection.FirstOrDefault() as Cloth;
14          Dictionary<string, object> dictionary = new()
15          {
16              { "Shoes", cloth }
17          };
18          await Shell.Current.GoToAsync($"ShoesDetailPage", dictionary);
19      }
20  }
```

ShoesPage 逻辑实现部分主要使用 OnSelectionChanged()方法,获取选中对象是 Cloth(衣服)对象,将选中的信息构造字典作为向子页面跳转时的参数。这样鞋的详情页面就知道是用户触发的具体哪件衣服对应的菜单选项了。

ShoesDetailPage.xaml 代码如下:

```
1   <?xml version="1.0" encoding="UTF-8"?>
2   <ContentPage
3       x:Class="MAUIDemo.Pages.Navigates.ShoesDetailPage"
4       xmlns="http://schemas.microsoft.com/dotnet/2021/maui"
5       xmlns:x="http://schemas.microsoft.com/winfx/2009/xaml"
6       Title="ShoesDetailPage">
7       <ScrollView>
8           <StackLayout Margin="20">
9               <Label
10                  HorizontalOptions="Center"
11                  Text="{Binding Shoes.Name}"
12                  WidthRequest="600" />
13              <Label
14                  HorizontalOptions="Center"
```

```
15              Text = "{Binding Shoes.Description}"
16              WidthRequest = "600" />
17          <Label
18              HorizontalOptions = "Center"
19              Text = "{Binding Shoes.ImageUrl}"
20              WidthRequest = "600" />
21      </StackLayout>
22    </ScrollView>
23 </ContentPage>
```

ShoesDetailPage 是鞋的详情页面。使用 ScrollView(滚动视窗)的目的是防止详情信息过多导致单页面无法完全显示。内部使用 StackLayout 堆栈布局，这里为了简单，仅使用 3 个标签进行数据模拟。第一个标签绑定了鞋的名称，第二个标签绑定了鞋的描述，第三个标签绑定了鞋对应的图片。

ShoesDetailPage.xaml.cs 代码如下：

```
1  using MAUIDemo.ViewModels;
2
3  namespace MAUIDemo.Pages.Navigates;
4
5  public partial class ShoesDetailPage : ContentPage
6  {
7      public ShoesDetailPage()
8      {
9          InitializeComponent();
10         BindingContext = new ShoesViewModel();
11     }
12 }
```

ShoesDetailPage 是鞋的详情页面对应的逻辑实现，只需要完成对应视图模型的数据绑定即可。将 BindingContext 设置为 ShoesViewModel(鞋视图模型)。ShoesViewModel 中的关键数据结构是 Cloth(衣服)类。无论是 T 恤、裤子还是鞋都可按照 Cloth 对待。Cloth 类中的 Name 表示衣服名称，Description 表示衣服描述，Price 表示衣服价格，ImageUrl 表示衣服图片对应的地址。重写的 ToString() 方法返回衣服名称。

Cloth.cs 代码如下：

```
1  namespace MAUIDemo.Models
2  {
3      public class Cloth
4      {
5          public string Name
6          {
7              get;
8              set;
9          }
10         public string Description
11         {
12             get;
13             set;
14         }
15         public double Price
16         {
```

```
17            get;
18            set;
19        }
20        public string ImageUrl
21        {
22            get;
23            set;
24        }
25        public override string ToString()
26        {
27            return Name;
28        }
29    }
30 }
```

TshirtViewModel、TrousersViewModel 和 ShoesViewModel 3 个视图模型均继承了 BaseViewModel。详见例 3-17 中定义的 BaseViewModel.cs。这里以 ShoesViewModel 为例,其余代码完全类似,受篇幅所限,读者可参阅相关代码进行对照研究。

ShoesViewModel.cs 代码如下:

```
1  using MAUIDemo.Models;
2
3  namespace MAUIDemo.ViewModels
4  {
5      public class ShoesViewModel : BaseViewModel
6      {
7          public Cloth Shoes
8          {
9              get;
10             private set;
11         }
12         public override void ApplyQueryAttributes ( IDictionary < string, object > query)
13         {
14             Shoes = query["Shoes"] as Cloth;
15             OnPropertyChanged("Shoes");
16         }
17     }
18 }
```

ShoesViewModel 主要需要重写 ApplyQueryAttributes()方法,该方法的参数是查询时构造的字典对象。基于字典对象中的关键字,调用 OnPropertyChanged()方法实现属性变化时对应数据信息的同步。

4.7 MAUI 页面级控件

4.7.1 滚动页控件

滚动页控件是包含滚动条的页面级控件。当页面容纳不下全部信息时,显示出上下滚动条或左右滚动条。滚动页面使用 ScrollView 控件定义。内部包裹着页面内容,页面容纳不下内部信息时,产生滚动效果。ScrollView 的主要属性如下。

Content。View 视窗类型。滚动页控件中的内容。

ContentSize。Size 类型。滚动页控件内容大小。

HorizontalScrollBarVisibility。ScrollBarVisibility 类型。水平滚动条可见性。

Orientation。ScrollOrientation 类型。用于指明滚动方向，Vertical 为垂直滚动、Horizontal 为水平滚动、Both 为水平和垂直滚动、Neither 为不滚动。

ScrollX。double 类型。滚动条水平滚动位置，默认值为 0。

ScrollY。double 类型。滚动条垂直滚动位置，默认值为 0。

VerticalScrollBarVisibility。ScrollBarVisibility 类型。垂直滚动条可见性。

【例 4-51】滚动页控件。

ScrollViewPage.xaml.cs 代码如下：

```
1   <?xml version = "1.0" encoding = "UTF-8" ?>
2   < ContentPage
3       x:Class = "MAUIDemo.Pages.Controls.ScrollViewPage"
4       xmlns = "http://schemas.microsoft.com/dotnet/2021/maui"
5       xmlns:x = "http://schemas.microsoft.com/winfx/2009/xaml"
6       Title = "滚动控件">
7       < StackLayout >
8           < Label
9               FontSize = "30"
10              HorizontalOptions = "Center"
11              Text = "信息内容" />
12          < ScrollView
13              Margin = "10"
14              Padding = "10"
15              HeightRequest = "100"
16              VerticalOptions = "FillAndExpand"
17              WidthRequest = "300">
18          < Label FontSize = "15" Text = "滚动控件-滚动控件-滚动控件-滚动控件-滚动控件&#10;
                滚动控件-滚动控件-滚动控件-滚动控件-滚动控件&#10;滚动控件-滚动控件-滚动控
                件-滚动控件-滚动控件" />
19          </ScrollView>
20      </StackLayout>
21  </ContentPage>
```

滚动页面示例的运行效果如图 4-34 所示。

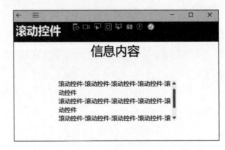

图 4-34 滚动页面示例的运行效果

4.7.2 刷新页控件

刷新页控件是具有动态伸缩功能的响应式页面级控件，随设备方向或页面大小的变化动态变更内容展示。刷新前和刷新后的效果分别如图 4-35 和图 4-36 所示。

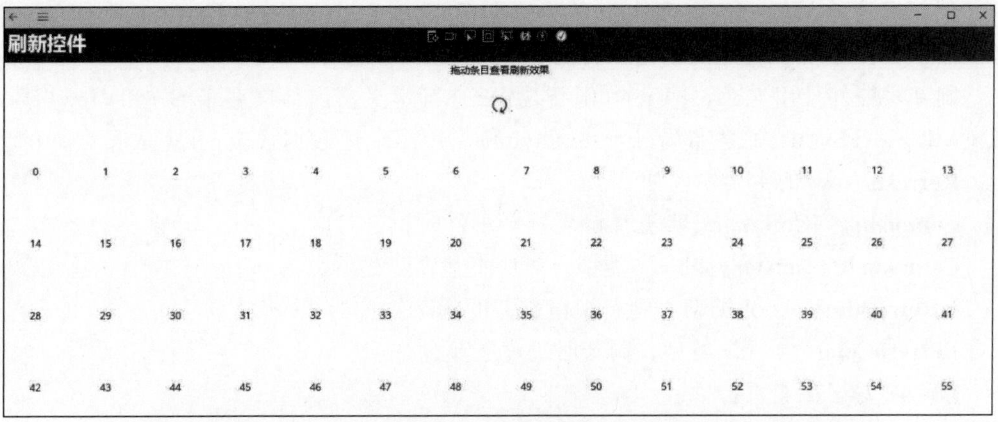

图 4-35　刷新前的效果

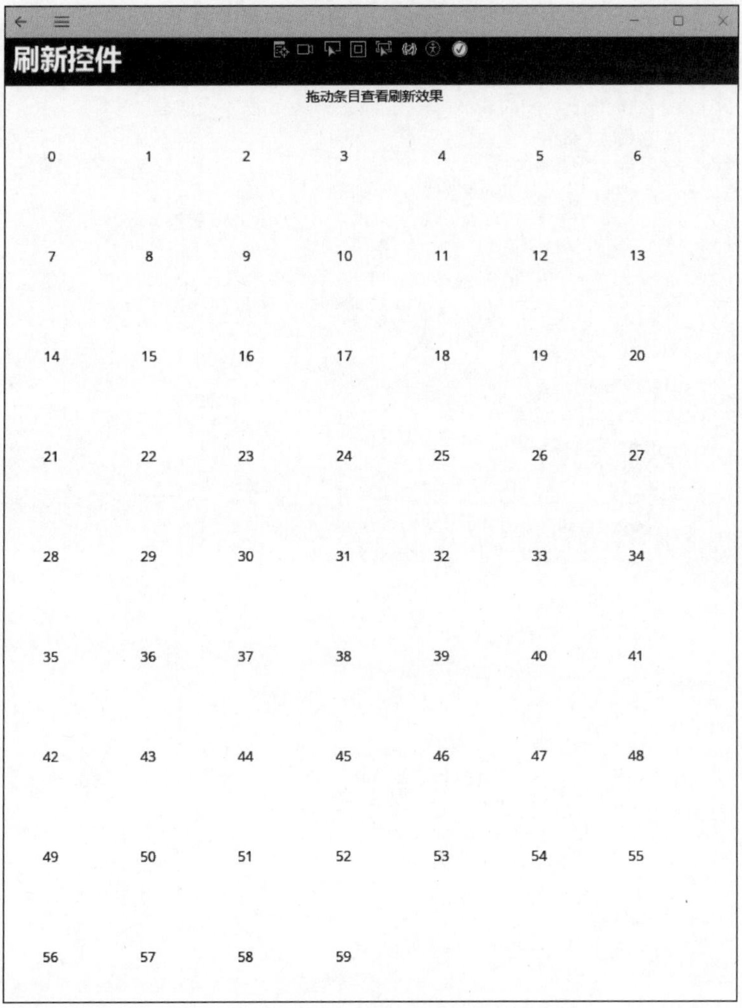

图 4-36　刷新后的效果

刷新页控件示例页面资源中定义了数据模板,是一个 Grid 布局,内部仅包含一个 Label 控件,用于显示绑定的刷新条目的 Name(名称)属性。

刷新页控件使用 RefreshView(刷新视窗)进行定义。内部嵌套了 ScrollView(滚动视窗)和 FlexLayout(弹性布局)。FlexLayout 引用了上述数据模板,并完成了数据的绑定。RefreshView 的主要属性如下。

Command。ICommand 类型。触发刷新事件时执行对应的逻辑。

CommandParameter。object 类型。对应上述命令的参数。

IsRefreshing。bool 类型。刷新视窗控件的状态。

RefreshColor。Color 类型。刷新时进度条颜色。

【例 4-52】 刷新页控件。

RefreshViewPage.xaml 代码如下:

```
1   <?xml version = "1.0" encoding = "UTF - 8" ?>
2   <ContentPage
3       x:Class = "MAUIDemo.Pages.Controls.RefreshViewPage"
4       xmlns = "http://schemas.microsoft.com/dotnet/2021/maui"
5       xmlns:x = "http://schemas.microsoft.com/winfx/2009/xaml"
6       Title = "刷新控件">
7       <ContentPage.Resources>
8           <DataTemplate x:Key = "ItemTemplate">
9               <Grid HeightRequest = "100" WidthRequest = "100">
10                  <Label
11                      HorizontalOptions = "Center"
12                      Text = "{Binding Name}"
13                      VerticalOptions = "Center" />
14              </Grid>
15          </DataTemplate>
16      </ContentPage.Resources>
17      <VerticalStackLayout>
18          <StackLayout>
19              <Label HorizontalOptions = "Center" Text = "拖动条目查看刷新效果" />
20              <RefreshView
21                  Command = "{Binding RefreshCommand}"
22                  IsRefreshing = "True"
23                  RefreshColor = "Gray">
24                  <ScrollView>
25                      <FlexLayout
26                          AlignContent = "Center"
27                          AlignItems = "Center"
28                          BindableLayout.ItemTemplate = "{StaticResource ItemTemplate}"
29                          BindableLayout.ItemsSource = "{Binding Items}"
30                          Direction = "Row"
31                          Wrap = "Wrap" />
32                  </ScrollView>
33              </RefreshView>
34          </StackLayout>
35      </VerticalStackLayout>
36  </ContentPage>
```

RefreshItem(刷新条目)结构定义如下,包含 Id(编号)和 Name(名称),其中名称用于区分刷新条目显示。

RefreshItem.cs 代码如下：

```csharp
namespace MAUIDemo.Models
{
    public class RefreshItem
    {
        public int Id
        {
            get;
            set;
        }
        public string Name
        {
            get;
            set;
        }
    }
}
```

刷新页控件构造方法初始化了 60 个 RefreshItem，并将其加入可观察列表中，最后完成可观察列表的界面绑定。刷新视窗的命令由 RefreshCommand 触发，DoRefresh 是其回调函数。回调函数内部逻辑仅包含一行代码，用于展示事件触发。

RefreshViewPage.xaml.cs 代码如下：

```csharp
using MAUIDemo.Models;
using System.Collections.ObjectModel;
using System.Windows.Input;

namespace MAUIDemo.Pages.Controls;

public partial class RefreshViewPage : ContentPage
{
    public ObservableCollection<RefreshItem> Items { get; private set; }
    public ICommand RefreshCommand => new Command(DoRefresh);
    public RefreshViewPage()
    {
        InitializeComponent();
        Items = new ObservableCollection<RefreshItem>();
        for (int i = 0; i < 60; i++)
        {
            Items.Add(new RefreshItem
            {
                Id = i,
                Name = i.ToString()
            });
        }
        BindingContext = this;
    }
    private void DoRefresh()
    {
        DisplayAlert("DoRefresh", "DoRefresh", "确认");
    }
}
```

4.8 MAUI 局部级控件

4.8.1 局部级控件概述

与页面级控件相对应,局部级控件可以在单个页面中包含多个控件,是 UI 设计的常用元素,是 UI 设计的基石。.NET MAUI 局部级控件大致可以划分为输入类控件、命令类控件、数据类控件、索引类控件、展示类控件、设置类控件以及自定义控件。各类控件的使用场景阐述如下。

输入类控件。主要用于接收用户输入信息的控件。

命令类控件。主要用于通过特定命令或事件触发相应动作逻辑的控件。

数据类控件。主要实现批量数据管理,尤其是列表类数据管理的控件。

索引类控件。主要用于指示索引信息功能相关的控件。

展示类控件。主要用于样式、效果展示功能相关的控件。

设置类控件。主要完成设置数据值相关的控件。

自定义控件。用户根据业务需求自定义的控件。主要用于实现个性化需求,是 MAUI 技术可扩展性的典型应用场景。

大部分控件的主要通用属性如下。

x:Name。string 类型。定义的对象名称,逻辑部分可以引用该名称。

BackgroundColor。Color 类型。控件的背景色。

Behaviors。IList 类型。控件涉及的行为集合。

BindingContext。object 类型。绑定上下文,包含将由属于此 BindableObject 的绑定属性作为目标的属性。

Bounds。RectF 类型。维度属性。

ClassId。string 类型。样式类编号。

HeightRequest。double 类型。高度。

HorizontalOptions。LayoutOptions 类型。水平对齐。

Id。string 类型。唯一编号。

IsEnabled。bool 类型。是否可用。

IsFocused。bool 类型。是否获取焦点。

IsLoaded。bool 类型。是否完成加载。

IsVisible。bool 类型。是否可见。

Margin。Thickness 类型。外边框。

Opacity。double 类型。透明度,取值范围为[0,1]。

Parent。IElement 类型。父组件。

Resources。ResourceDictionary 类型。控件对应的资源字典。

Shadow。IShadow 类型。阴影效果。

Style。Style 类型。样式。

StyleClass。IList 类型。样式类。

StyleId。string 类型。样式编号。

Triggers。IList 类型。控件对应的触发器。

VerticalOptions。LayoutOptions 类型。垂直对齐。

WidthRequest。double 类型。宽度。

Window。Window 类型。只读的可绑定的关联窗体对象。

X。double 类型。位置横坐标。

Y。double 类型。位置纵坐标。

大部分控件的主要通用方法如下。

Focus()。获取焦点。

GetChildElements()。获取子节点元素。

GetValue()。获取可绑定属性的值。

OnBindingContextChanged()。绑定上下文改变。

OnPropertyChanged()。属性改变后触发。

OnPropertyChanging()。属性改变时触发。

SetValue()。设置可绑定属性的值。

Unfocus()。失去焦点。

大部分控件的主要通用事件如下。

BindingContextChanged。绑定上下文改变时触发。

Focused。获取焦点后触发。

Loaded。控件加载时触发。

PropertyChanged。属性改变后触发。

PropertyChanging。属性改变时触发。

SizeChanged。控件大小改变时触发。

Unfocused。失去焦点后触发。

Unloaded。控件销毁时触发。

注意,以上仅罗列了常用的属性、方法和事件。

4.8.2 输入类控件

1. 输入框

输入框,也称为输入条目,是最基本的输入类控件,使用 Entry 进行定义。密码框是在输入框基础上进行配置得到的。例 4-53 是一个密码型输入框使用示例,首先定义了输入框的通用样式,使用 IsPassword 属性将其设置为密码型输入框。

【例 4-53】 密码型输入框。

```
1    <ContentPage.Resources>
2        <Style TargetType="Entry">
3            <Setter Property="HorizontalOptions" Value="Center" />
4            <Setter Property="HorizontalTextAlignment" Value="Center" />
5            <Setter Property="WidthRequest" Value="300" />
```

```
6          <Setter Property = "HeightRequest" Value = "40" />
7        </Style>
8    </ContentPage.Resources>
9    <VerticalStackLayout>
10       <Entry
11           x:Name = "entry"
12           Placeholder = "请输入密码"
13           IsPassword = "true"/>
14   </VerticalStackLayout>
```

输入框的主要属性如下。

FontSize。double 类型。字体大小。

HorizontalTextAlignment。TextAlignment 类型。水平文本对齐。

Placeholder。string 类型。占位符,默认显示信息。

IsPassword。bool 类型。是否为密码型输入框,true 表示是密码型输入框。

IsReadOnly。bool 类型。是否只读。

Text。string 类型。输入的文本信息。

TextColor。Color 类型。输入的文本颜色。

VerticalTextAlignment。TextAlignment 类型。垂直文本对齐。

输入框的主要事件如下。

TextChanged。输入框文本改变后触发。

2. 编辑器

编辑器是多行输入框,具有段落编辑功能的控件。使用 Editor 类定义。

【例 4-54】 编辑器。

InputControlPage.xaml 代码如下:

```
1    <ContentPage.Resources>
2        <Style TargetType = "Editor">
3            <Setter Property = "HorizontalOptions" Value = "Center" />
4            <Setter Property = "HorizontalTextAlignment" Value = "Start" />
5            <Setter Property = "WidthRequest" Value = "300" />
6            <Setter Property = "HeightRequest" Value = "40" />
7        </Style>
8    </ContentPage.Resources>
9    <VerticalStackLayout>
10       <Label Text = "属性设置" />
11       <Editor
12           x:Name = "editor"
13           CharacterSpacing = "10"
14           Completed = "OnEditorCompleted"
15           HeightRequest = "350"
16           IsReadOnly = "false"
17           IsSpellCheckEnabled = "true"
18           IsTextPredictionEnabled = "true"
19           MaxLength = "20"
20           Placeholder = "请输入内容"
21           TextChanged = "OnEditorTextChanged" />
22       <Label Text = "键盘使用" />
23       <Editor Keyboard = "Chat" />
```

```
24        <Label Text="首字母大写" />
25        <Editor>
26            <Editor.Keyboard>
27                <Keyboard x:FactoryMethod="Create">
28                    <x:Arguments>
29                        <KeyboardFlags>Suggestions,CapitalizeCharacter</KeyboardFlags>
30                    </x:Arguments>
31                </Keyboard>
32            </Editor.Keyboard>
33        </Editor>
34    </VerticalStackLayout>
```

上述代码的资源中定义了本页面编辑器的通用样式资源，如 HorizontalOptions（水平对齐选项）、HorizontalTextAlignment（水平文本对齐）选项、WidthRequest（宽度）、HeightRequest（高度）。Editor.Keyboard 标记扩展用于定义编辑器控件编辑时对应的键盘。x:FactoryMethod 属性定义了 Create 工厂构造方式构造编辑器的编辑键盘，传递的参数是枚举对象，键盘对象新增相应的功能，实现对输入内容进行相应操作，定义如下。

All。拼写检查、自动完成、首字母大写。

CapitalizeCharacter。自动大写。

CapitalizeNone。不执行自动大写。

CapitalizeSentence。自动大写每句话的首字母。

CapitalizeWord。自动大写每个单词的首字母。

None。什么也不执行。

Spellcheck。拼写检查。

Suggestions。自动完成。

编辑器的主要属性如下。

CharacterSpacing。double 类型。字母间距。

IsReadOnly。bool 类型。是否只读。

IsSpellCheckEnabled。bool 类型。是否拼写检查。

IsTextPredictionEnabled。bool 类型。是否进行文本预测。

MaxLength。int 类型。输入内容最大长度。

编辑器的主要事件如下。

TextChanged。编辑内容文本改变事件。

InputControlPage.xaml.cs 代码如下：

```
1   using System.Text;
2
3   namespace MAUIDemo.Pages.Controls;
4
5   public partial class InputControlPage : ContentPage
6   {
7       public InputControlPage()
8       {
9           InitializeComponent();
10      }
11      private async void OnEditorTextChanged(object sender, TextChangedEventArgs e)
```

```
12      {
13          string oldText = e.OldTextValue;
14          string newText = e.NewTextValue;
15          string text = editor.Text;
16          StringBuilder buffer = new();
17          buffer.AppendLine("原文本" + oldText);
18          buffer.AppendLine("新文本" + newText);
19          buffer.AppendLine("文本" + text);
20          await DisplayAlert("信息", buffer.ToString(), "确认");
21      }
22      private async void OnEditorCompleted(object sender, EventArgs e)
23      {
24          string text = ((Editor)sender).Text;
25          await DisplayAlert("信息", "OnEditorCompleted>" + text, "确认");
26      }
27  }
```

OnEditorTextChanged()方法实现了编辑内容改变逻辑。通过 TextChangedEventArgs 编辑文本内容改变事件对象的 OldTextValue 改变前的文本内容和 NewTextValue 改变后的文本内容,通过 StringBuilder 对象拼接字符串信息,调用 DisplayAlert()方法进行展示。OnEditorCompleted()方法实现编辑内容改变完成时的逻辑。通过 Text 属性获取编辑后的文本,调用 DisplayAlert()方法进行展示。

4.8.3 命令类控件

1. 按钮控件

按钮是应用中最为常见的控件。.NET MAUI 通过 Button 进行定义。例 4-55 实现了按钮单击功能,按钮控件的效果如图 4-37 所示。

例 4-55 中定义的 Button 和 Label 控件引用了应用程序定义的全局样式资源。

【例 4-55】 按钮控件。

图 4-37 按钮控件

按钮控件界面代码如下:

```
1   <Button
2       BorderWidth = "1"
3       Clicked = "OnClick"
4       FontSize = "15"
5       Style = "{StaticResource NormButton}"
6       Text = "单击事件" />
7   <Label
8       x:Name = "label1"
9       FontSize = "15"
10      Style = "{StaticResource NormLabel}"
11      Text = "0" />
```

按钮的主要属性如下。

CornerRadius。int 类型。边框圆角半径。

Text。string 类型。按钮内容文本显示。

按钮的主要事件如下。

Clicked。单击事件。

按钮控件逻辑代码如下：

```
1    private void OnClick(object sender, EventArgs e)
2    {
3        counter++;
4        label1.Text = String.Format("{0}", counter);
5    }
```

Clicked 单击事件绑定了 OnClick 事件，单击后 counter 计数器增 1，对应页面的标签文本显示单击次数。Format() 方法完成数据格式化显示。插值语法依次替换后续变量，{0}代表后续的第一个参数，即 counter 计数器，如果有多个参数，以此类推。

2. 图像按钮

图像按钮是特殊的按钮控件，.NET MAUI 通过 ImageButton 进行定义。

【例 4-56】 图像按钮。

```
1    < ImageButton
2        Clicked = "OnImageClick"
3        HorizontalOptions = "Center"
4        Source = "dotnet_bot.png"
5        VerticalOptions = "Center"
6        WidthRequest = "300" />
```

图像按钮的主要属性如下。

Source。ImageSource 类型。指明按钮上对应的图标。

图像按钮的主要事件如下。

Clicked。单击事件。

3. 单选按钮

同一组之间的单选按钮构成互斥关系，非此即彼，.NET MAUI 通过 RadioButton 进行定义。

【例 4-57】 单选按钮控件。

单选按钮控件界面代码如下：

```
1    < RadioButton
2        CheckedChanged = "OnButtonCheckChanged"
3        Content = "男"
4        GroupName = "Sex"
5        HorizontalOptions = "Center" />
6    < RadioButton
7        CheckedChanged = "OnButtonCheckChanged"
8        Content = "女"
9        GroupName = "Sex"
10       HorizontalOptions = "Center" />
```

上述代码定义了两个单选按钮，通过 GroupName 标记为同一个单选组。单选组之间的单选按钮选项是互斥的。

单选按钮控件逻辑代码如下：

```
1    private void OnButtonCheckChanged(object sender, EventArgs e)
2    {
```

```
3        RadioButton rb = sender as RadioButton;
4        label2.Text = rb.Content.ToString();
5    }
```

单选按钮逻辑部分实现了选项的获取，通过 RadioButton 对象的 Content 内容属性获取选项信息。

单选按钮的主要属性如下。

Content。object 类型。单选按钮选项对应的文本内容。

GroupName。string 类型。指明单选按钮对应的组，同一组之间的单选按钮构成互斥关系。

单选按钮的主要事件如下。

CheckedChanged。选项改变事件。

单选按钮的实现效果如图 4-38 所示。

4. 搜索控件

MAUI 内置的搜索控件可以实现大部分搜索通用的功能。.NET MAUI 通过 SearchBar 进行定义。

图 4-38　单选按钮的实现效果

【例 4-58】 搜索控件。

搜索控件界面代码如下：

```
1   < SearchBar
2       HorizontalOptions = "Center"
3       Placeholder = "输入搜索内容"
4       SearchButtonPressed = "OnSearch"
5       WidthRequest = "300" />
```

搜索控件的主要属性如下。

Placeholder。string 类型。搜索输入框中默认显示的文本内容。

Text。string 类型。搜索输入框中输入的文本内容。

搜索控件的主要事件如下。

SearchButtonPressed。搜索按钮按下时触发的事件。

搜索控件逻辑代码如下：

```
1   private void OnSearch(object sender, EventArgs e)
2   {
3       SearchBar bar = (SearchBar)sender;
4       label3.Text = "搜索内容是>" + bar.Text;
5   }
```

搜索控件逻辑部分通过 SearchBar 搜索控件的 Text 属性获取输入的搜索内容。在实际工作中，基于用户输入的搜索内容联网到后台数据库进行查询，结果返回给发起搜索请求的用户。

搜索控件的实现效果如图 4-39 所示。

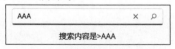

图 4-39　搜索控件的实现效果

5. 滑块控件

滑块控件可实现滑块的拖动功能,拖动的同时实现滑块对应数值的改变。.NET MAUI 通过 Slider 进行定义。

【例 4-59】 滑块控件。

```
1  < Slider
2      x:Name = "slider"
3      Maximum = "100"
4      Minimum = "0"
5      VerticalOptions = "Center"
6      WidthRequest = "150" />
7      < Label Style = "{StaticResource NormLabel}" Text = "{Binding Source = {x:Reference slider}, Path = Value, StringFormat = '滚动条的值为{0:F1}'}" />
```

上述代码中 Label 控件通过使用 x:Reference 完成对 Slider 控件 Value 属性进行数据绑定。回显内容通过 StringFormat 属性进行了格式化。

滑块控件的主要属性如下。

Maximum。double 类型。执行滑块控件拖动操作产生的最大值。

Minimum。double 类型。执行滑块控件拖动操作产生的最小值。

Value。double 类型。滑块控件拖动操作当前值。

图 4-40 滑块控件的实现效果

滑块控件的实现效果如图 4-40 所示。

4.8.4 数据类控件

1. 轮播图控件

轮播图控件常用于网站首页或者 App 首页的图片展示、广告展示和新闻头条展示等场景。.NET MAUI 通过 CarouselView 进行定义。

【例 4-60】 轮播图控件。

```
1  < ContentPage.BindingContext >
2      < viewmodels:VehicleCarouselViewModel />
3  </ContentPage.BindingContext >
4  < CarouselView IndicatorView = "indicatorView" ItemsSource = "{Binding DataCollection}">
5      < CarouselView.ItemTemplate >
6          < DataTemplate >
7              < StackLayout >
8                  < Frame
9                      Margin = "20"
10                     BorderColor = "DarkGray"
11                     CornerRadius = "5"
12                     HasShadow = "True"
13                     HeightRequest = "300"
14                     HorizontalOptions = "Center"
15                     VerticalOptions = "Center">
16                     < StackLayout >
17                         < Label
18                             FontAttributes = "Bold"
19                             FontSize = "20"
```

```
20                        HorizontalOptions = "Center"
21                        Text = "{Binding VehicleName}"
22                        VerticalOptions = "Center" />
23                    < Image
24                        Aspect = "Fill"
25                        HeightRequest = "150"
26                        HorizontalOptions = "Fill"
27                        Source = "{Binding ImageUrl}"
28                        WidthRequest = "1000" />
29                    < Label
30                        FontAttributes = "Italic"
31                        HorizontalOptions = "Center"
32                        LineBreakMode = "TailTruncation"
33                        MaxLines = "5"
34                        Text = "{Binding Description}" />
35                    </StackLayout >
36                </Frame >
37            </StackLayout >
38         </DataTemplate >
39     </CarouselView.ItemTemplate >
40 </CarouselView >
41 < IndicatorView
42     x:Name = "indicatorView"
43     Margin = "0,0,0,40"
44     HorizontalOptions = "Center"
45     IndicatorColor = "LightGray"
46     IndicatorsShape = "Square"
47     SelectedIndicatorColor = "DarkGray" />
```

轮播图控件经常与 IndicatorView 指示器控件结合使用。CarouselView 的常用属性如下。

IndicatorView。string 类型。指明对应的指示器控件名称。

ItemsSource。IEnumerable 类型。轮播图控件对应的数据源。

上述代码通过 CarouselView.ItemTemplate 标记扩展定义 DataTemplate(数据模板)。内部使用 StackLayout(堆栈布局),堆栈布局内部使用 Frame(框架)控件。Frame 框件设置了 Margin(外边框)、BorderColor(边框颜色)、CornerRadius(边框圆角半径)、HasShadow(是否有阴影)、HeightRequest(高度)、HorizontalOptions(水平对齐)、VerticalOptions(垂直对齐)。框架内从上到下依次包含用于绑定 VehicleName(汽车名称)的 Label 控件,用于绑定 ImageUrl(图像地址)的 Image 控件,用于绑定 Description(汽车描述)的 Label 控件。与 CarouselView(轮播图)控件相配套的 IndicatorView(指示器视图)控件定义了 Margin、HorizontalOptions、IndicatorColor(指示器颜色)、IndicatorsShape(指示器形状)、SelectedIndicatorColor(选中索引时指示器对应的颜色)。

CarouselViewModel.cs 代码如下:

```
1 using System.Collections.ObjectModel;
2 using System.ComponentModel;
3 using System.Runtime.CompilerServices;
4 using System.Windows.Input;
5
6 namespace MAUISDK.ViewModels
```

```csharp
7    {
8        public class CarouselViewModel<T> : INotifyPropertyChanged
9        {
10           public IList<T> ItemSource;
11           public event PropertyChangedEventHandler PropertyChanged;
12           public ObservableCollection<T> DataCollection
13           {
14               get;
15               set;
16           }
17           public IList<T> EmptyCollection
18           {
19               get;
20               set;
21           }
22           public T PreviousItem
23           {
24               get;
25               set;
26           }
27           public T CurrentT
28           {
29               get;
30               set;
31           }
32           public T CurrentItem
33           {
34               get;
35               set;
36           }
37           public int PreviousPosition
38           {
39               get;
40               set;
41           }
42           public int CurrentPosition
43           {
44               get;
45               set;
46           }
47           public int Position
48           {
49               get;
50               set;
51           }
52           public ICommand FilterCommand => new Command<string>(FilterItems);
53           public ICommand ItemChangedCommand => new Command<T>(ItemChanged);
54           public ICommand PositionChangedCommand => new Command<int>(PositionChanged);
55           public ICommand RemoveCommand => new Command<T>(RemoveT);
56           public CarouselViewModel()
57           {
58               InitCollection();
59               Skip();
60           }
61           public void Skip(int skipCount = 3)
```

```csharp
62        {
63            CurrentItem = DataCollection.Skip(skipCount).FirstOrDefault();
64            OnPropertyChanged(nameof(CurrentItem));
65            Position = skipCount;
66            OnPropertyChanged(nameof(Position));
67        }
68        public virtual void InitCollection()
69        {
70        }
71        public void FilterItems(string filter)
72        {
73            var filteredItems = ItemSource.Where(T => T.ToString().ToLower().Contains(filter.ToLower())).ToList();
74            foreach (var T in ItemSource)
75            {
76                if (!filteredItems.Contains(T))
77                {
78                    DataCollection.Remove(T);
79                }
80                else
81                {
82                    if (!DataCollection.Contains(T))
83                    {
84                        DataCollection.Add(T);
85                    }
86                }
87            }
88        }
89        public void ItemChanged(T Item)
90        {
91            PreviousItem = CurrentT;
92            CurrentT = Item;
93            OnPropertyChanged(nameof(PreviousItem));
94            OnPropertyChanged(nameof(CurrentT));
95        }
96        public void PositionChanged(int position)
97        {
98            PreviousPosition = CurrentPosition;
99            CurrentPosition = position;
100           OnPropertyChanged(nameof(PreviousPosition));
101           OnPropertyChanged(nameof(CurrentPosition));
102       }
103       public void RemoveT(T Item)
104       {
105           if (DataCollection.Contains(Item))
106           {
107               DataCollection.Remove(Item);
108           }
109       }
110       protected void OnPropertyChanged([CallerMemberName] string propertyName = null)
111       {
112           PropertyChanged?.Invoke(this, new PropertyChangedEventArgs(propertyName));
113       }
114   }
115 }
```

上述代码定义了 CarouselViewModel(轮播图控件的视图模型)。内部主要维护着 DataCollection(可观察数据集)。定义的各方法介绍如下。

Skip()。跳过指定数量的索引,参数为需要跳过的索引数。内部调用列表的 Skip() 方法,然后调用 OnPropertyChanged 属性改变触发事件同步索引值。

InitCollection()。初始化轮播图数据。这里未实现任何逻辑,读者可根据实际场景编写相关代码,一般是从网络获取相应数据。该方法定义为 virtual 虚函数,目的是在子类重写时根据业务场景具体实现相应的逻辑。

FilterItems()。行过滤项目数,对应参数是过滤条件。

ItemChanged()。切换当前索引值指定的项目。

PositionChanged()。切换当前索引值位置。

RemoveT()。删除轮播图对应的数据。

OnPropertyChanged()。属性改变事件。调用 PropertyChanged 属性改变事件的 Invoke()方法实现属性改变。

VehicleCarouselViewModel.cs 代码如下:

```
1   using MAUIDemo.Data;
2   using MAUIDemo.Models;
3   using MAUISDK.ViewModels;
4   using System.Collections.ObjectModel;
5   
6   namespace MAUIDemo.ViewModels
7   {
8       public class VehicleCarouselViewModel : CarouselViewModel<Vehicle>
9       {
10          public VehicleCarouselViewModel()
11          {
12          }
13          public override void InitCollection()
14          {
15              ItemSource = Mocker.Vehicles;
16              DataCollection = new ObservableCollection<Vehicle>(ItemSource);
17          }
18      }
19  }
```

VehicleCarouselViewModel(汽车轮播图视图模型)继承了 CarouselViewModel(轮播图视图模型),泛型参数是 Vehicle(汽车)类。重写的 InitCollection()方法实现了汽车数据的获取。使用 Mocker 模拟器中已加载的数据模拟该过程。

Vehicle.cs 代码如下:

```
1   using MAUISDK.Models;
2   
3   namespace MAUIDemo.Models
4   {
5       public class Vehicle
6       {
7           public Vehicle(string VehicleName, string Description, string ImageUrl)
8           {
9               this.VehicleName = VehicleName;
```

```
10          this.Description = Description;
11          this.ImageUrl = ImageUrl;
12      }
13      public string VehicleName
14      {
15          get;
16          set;
17      }
18      public string Description
19      {
20          get;
21          set;
22      }
23      public string ImageUrl
24      {
25          get;
26          set;
27      }
28      public override string ToString()
29      {
30          return VehicleName;
31      }
32  }
33 }
```

上述代码定义了轮播图示例对应的数据结构 Vehicle 类，包括 VehicleName（汽车名称）、Description（汽车描述）、ImageUrl（汽车图片地址），并重写了对象的 ToString() 方法，直接返回汽车名称。

轮播图控件的实现效果如图 4-41 所示。

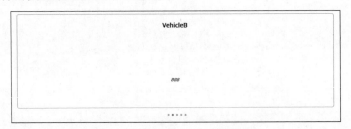

图 4-41　轮播图控件的实现效果

2. 内容视图控件

内容视图是用于展示数据内容的控件。.NET MAUI 通过 ContentView 进行定义。

【例 4-61】　内容视图控件。

```
1 <ContentView
2     Margin = "10"
3     Padding = "10"
4     BackgroundColor = "Orchid"
5     VerticalOptions = "Fill">
6     <Label Text = "内容视图-内容视图-内容视图-内容视图-内容视图&#10;
7                   内容视图-内容视图-内容视图-内容视图-内容视图&#10;
8                   内容视图-内容视图-内容视图-内容视图-内容视图" TextColor = "Black" />
9 </ContentView>
```

内容视图控件的主要属性如下。

Content。ContentView 类型。控件中的内容。

内容视图控件的实现效果如图 4-42 所示。

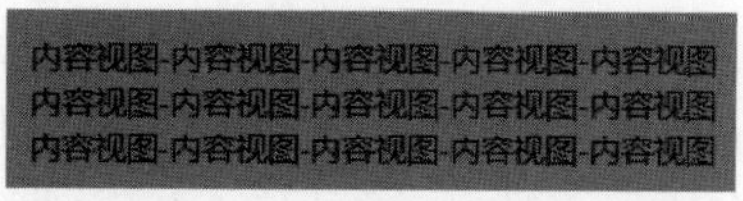

图 4-42　内容视图控件的实现效果

3. 列表视图控件

列表视图用于显示批量数据，列表视图中每个元素是相同的数据结构。.NET MAUI 通过 ListView 进行定义。

【例 4-62】列表视图控件。

列表视图控件界面代码如下：

```
1   < ListView HorizontalOptions = "Center" WidthRequest = "300">
2       < ListView.ItemsSource >
3           < x:Array Type = "{x:Type models:Good}">
4               < models:Good
5                   Name = "Name1"
6                   Description = "Description1"
7                   ImageSource = "dotnet_bot.png" />
8               < models:Good
9                   Name = "Name2"
10                  Description = "Description2"
11                  ImageSource = "dotnet_bot.png" />
12              < models:Good
13                  Name = "Name3"
14                  Description = "Description3"
15                  ImageSource = "dotnet_bot.png" />
16              < models:Good
17                  Name = "Name4"
18                  Description = "Description4"
19                  ImageSource = "dotnet_bot.png" />
20              < models:Good
21                  Name = "Name5"
22                  Description = "Description5"
23                  ImageSource = "dotnet_bot.png" />
24          </x:Array >
25      </ListView.ItemsSource >
26      < ListView.ItemTemplate >
27          < DataTemplate >
28              < ViewCell >
29                  < StackLayout Orientation = "Horizontal" Spacing = "10">
30                      < Image Source = "{Binding ImageSource}" />
31                      < StackLayout VerticalOptions = "Center">
32                          < Label Text = "{Binding Name}" />
33                          < Label Text = "{Binding Description}" />
34                      </StackLayout >
35                  </StackLayout >
36              </ViewCell >
37          </DataTemplate >
38      </ListView.ItemTemplate >
39  </ListView >
```

上述代码使用 ListView.ItemsSource 标记扩展定义了列表的数据源，x:Array 定义对象数组，Type 类型指定为 Good（商品）类型。使用 ListView.ItemTemplate 标记扩展定义了列表的 DataTemplate（数据模板）。DataTemplate 中使用 ViewCell 单元格。单元格内部先是使用水平布局左边定义了 Image 控件，右边使用堆叠布局竖向摆放两个 Label 控件，分别是 Name(商品名称)和 Description(商品描述)。

GoodsViewModel.cs 代码如下：

```
1   using MAUIDemo.Data;
2   using MAUIDemo.Models;
3
4   namespace MAUIDemo.ViewModels
5   {
6       public class GoodsViewModel
7       {
8           public IList<Good> Goods
9           {
10              get;
11              set;
12          }
13          public GoodsViewModel()
14          {
15              Goods = Mocker.LoadGoods(12);
16          }
17      }
18  }
```

GoodsViewModel(商品视图模型)中定义了 Goods 列表，构造方法通过 Mocker(模拟器)类模拟加载了商品数据。

加载商品代码如下：

```
1   public static IList<Good> LoadGoods(int count)
2   {
3       Goods = new List<Good>();
4       for (int i = 0; i < count; i++)
5       {
6           Goods.Add(new Good() { Id = i, Name = "Name" + i.ToString(), Description = "Description" + i.ToString(), ImageSource = "dotnet_bot.png" });
7       }
8       return Goods;
9   }
```

LoadGoods()方法模拟了商品数据的生成，参数表示需要模拟生成的商品对象数量。

Good.cs 代码如下：

```
1   namespace MAUIDemo.Models
2   {
3       public class Good
4       {
5           public Good()
6           {
7           }
8
9           public int Id
10          {
11              get;
12              set;
13          }
14          public string Name
```

```
15          {
16              get;
17              set;
18          }
19          public string Description
20          {
21              get;
22              set;
23          }
24          public string Producer
25          {
26              get;
27              set;
28          }
29          public double Price
30          {
31              get;
32              set;
33          }
34          public bool Inventory
35          {
36              get;
37              set;
38          } = true;
39          public bool Fresh
40          {
41              get;
42              set;
43          } = true;
44          public string ImageSource
45          {
46              get;
47              set;
48          }
49      }
50  }
```

Good 类包含 Id(商品编号)、Name(商品名称)、Description(商品描述)、Producer(商品生产者)、Price(商品价格)、Inventory(商品库存)、Fresh(是否新鲜商品)、ImageSource(商品图像数据源)。

列表视图控件的常用属性如下。

ItemsSource。IEnumerable 类型。列表视图数据源。

ItemTemplate。DataTemplate 类型。列表视图模板。

Footer。object 类型。列表视图底部内容。

FooterTemplate。DataTemplate 类型。设置列表视图底部模板。

HasUnevenRows。bool 类型。指示是否有不同的行高。

Header。object 类型。列表视图顶部内容。

HeaderTemplate。DataTemplate 类型。设置列表视图顶部模板。

HorizontalScrollBarVisibility。ScrollBarVisibility 类型。水平滚动条何时可见。

IsGroupedEnabled。bool 类型。是否分组。

IsPullToRefreshEnabled。bool 类型。是否下拉清扫后刷新。
IsRefreshing。bool 类型。是否正在刷新。
RefreshCommand。ICommand 类型。刷新时触发的命令。
RowHeight。int 类型。行高，HasUnevenRows 为 false 时才指定。
SelectedItem。object 类型。选择的项目。
SelectionMode。ListViewSelectionMode 类型。选择模式，默认为 Single 类型。
VerticalScrollBarVisibility。ScrollBarVisibility 类型。垂直滚动条何时可见。

列表视图控件的常用事件如下。

ItemSelected。选项选中时触发。
ItemTapped。选项单击时触发。
Refreshing。列表触发下拉刷新。
Scrolled。列表滚动时触发。

列表视图控件的实现效果如图 4-43 所示。

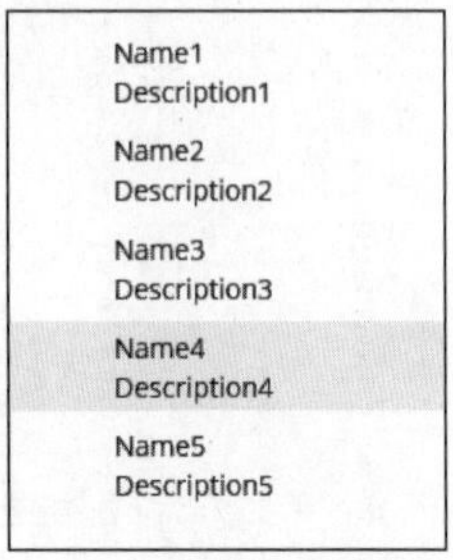

4. 集合视图控件

集合视图是比列表视图提供更为灵活且更高性能的视图机制，可以使用不同布局方式进行呈现。与列表视图的区别体现在可以支持单项或多项选择、可以进行布局、提供虚拟化机制等。.NET MAUI 通过 CollectionView 进行定义。

图 4-43 列表视图控件的实现效果

【例 4-63】 集合视图控件。

```
1   <CollectionView ItemsLayout = "VerticalGrid, 2" ItemsSource = "{Binding DataCollection}">
2       <CollectionView.ItemTemplate>
3           <DataTemplate>
4               <Grid Padding = "10">
5                   <Grid.RowDefinitions>
6                       <RowDefinition Height = "30" />
7                       <RowDefinition Height = "30" />
8                   </Grid.RowDefinitions>
9                   <Grid.ColumnDefinitions>
10                      <ColumnDefinition Width = "150" />
11                      <ColumnDefinition Width = "150" />
12                  </Grid.ColumnDefinitions>
13                  <Image
14                      Grid.RowSpan = "2"
15                      Aspect = "AspectFill"
16                      HeightRequest = "50"
17                      Source = "{Binding ImageUrl}"
18                      WidthRequest = "50" />
19                  <Label
20                      Grid.Column = "1"
21                      FontAttributes = "Bold"
22                      Text = "{Binding VehicleName}" />
23                  <Label
24                      Grid.Row = "1"
25                      Grid.Column = "1"
26                      FontAttributes = "Italic"
```

```
27                    Text = "{Binding Description}"
28                    VerticalOptions = "End" />
29            </Grid>
30        </DataTemplate>
31    </CollectionView.ItemTemplate>
32 </CollectionView>
```

上述代码通过 CollectionView.ItemTemplate 标记扩展定义了 DataTemplate。内部使用 Grid 布局,定义了 2 行 2 列的网格。Image 控件通过定义 Grid.RowSpan 属性表示占用左侧 2 行,其余两个标签各自占据 1 行,上面的标签绑定 VehicleName,下面的标签绑定 Description。

集合视图控件的实现效果如图 4-44 所示。

5. 表格视图控件

表格视图控件用于显示结构化的数据信息。.NET MAUI 通过 TableView 进行定义。

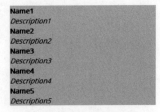

图 4-44　集合视图控件的实现效果

【例 4-64】 表格视图控件。

ViewMenuPage.xaml.cs 代码如下:

```
1  <?xml version = "1.0" encoding = "UTF-8" ?>
2  <ContentPage
3      x:Class = "MAUIDemo.Pages.ViewMenuPage"
4      xmlns = "http://schemas.microsoft.com/dotnet/2021/maui"
5      xmlns:x = "http://schemas.microsoft.com/winfx/2009/xaml"
6      xmlns:controls = "clr-namespace:MAUIDemo.Pages.Controls"
7      Title = "视图界面">
8      <ScrollView>
9          <TableView
10             HorizontalOptions = "Center"
11             Intent = "Menu"
12             WidthRequest = "300">
13             <TableRoot>
14                 <TableSection Title = "局部级控件">
15                     <TextCell
16                         Command = "{Binding OnNavigate}"
17                         CommandParameter = "{x:Type controls:InputControlPage}"
18                         Text = "输入类控件" />
19                     <TextCell
20                         Command = "{Binding OnNavigate}"
21                         CommandParameter = "{x:Type controls:SettingControlPage}"
22                         Text = "设置类控件" />
23                     <TextCell
24                         Command = "{Binding OnNavigate}"
25                         CommandParameter = "{x:Type controls:CommandControlPage}"
26                         Text = "命令类控件" />
27                     <TextCell
28                         Command = "{Binding OnNavigate}"
29                         CommandParameter = "{x:Type controls:IndexControlPage}"
30                         Text = "指示类控件" />
31                     <TextCell
32                         Command = "{Binding OnNavigate}"
33                         CommandParameter = "{x:Type controls:DisplayPage}"
34                         Text = "展示类控件" />
```

```
35                    <TextCell
36                        Command = "{Binding OnNavigate}"
37                        CommandParameter = "{x:Type controls:DataControlPage}"
38                        Text = "数据类控件" />
39                </TableSection>
40                <TableSection Title = "页面级控件">
41                    <TextCell
42                        Command = "{Binding OnNavigate}"
43                        CommandParameter = "{x:Type controls:ScrollViewPage}"
44                        Text = "滚动控件" />
45                    <TextCell
46                        Command = "{Binding OnNavigate}"
47                        CommandParameter = "{x:Type controls:RefreshViewPage}"
48                        Text = "刷新控件" />
49                </TableSection>
50            </TableRoot>
51        </TableView>
52    </ScrollView>
53 </ContentPage>
```

TableView(表格视图)控件的层级关系如下。

TableView。表格视图控件的顶级元素。

TableRoot。表格视图控件的二级元素。

TableSection。表格视图控件的分组元素。

TextCell。文本单元格。

ViewMenuPage.cs代码如下：

```
1   using System.Windows.Input;
2
3   namespace MAUIDemo.Pages;
4
5   public partial class ViewMenuPage : ContentPage
6   {
7       public ICommand OnNavigate
8       {
9           get;
10          private set;
11      }
12      public ViewMenuPage()
13      {
14          InitializeComponent();
15          OnNavigate = new Command<Type>(
16              async (Type pageType) =>
17              {
18                  Page page = (Page)Activator.CreateInstance(pageType);
19                  await Navigation.PushAsync(page);
20              });
21          BindingContext = this;
22      }
23  }
```

本示例页面的构造方法实现了单击触发表格视图单元格事件逻辑。根据单元格文本显示内容参数构造页面对象，调用Navigation类的PushAsync()方法实现页面导航操作。最后进行了页面上下文的数据绑定。

表格视图控件的实现效果如图 4-45 所示。

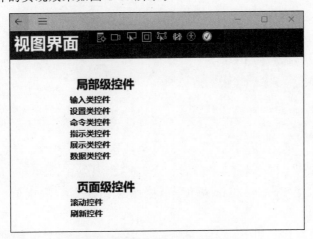

图 4-45　表格视图控件的实现效果

4.8.5　索引类控件

1. 指示器

.NET MAUI 通过 ActivityIndicator 进行定义。

【例 4-65】　指示器控件。

```
1  <ActivityIndicator
2      HeightRequest = "200"
3      IsRunning = "true"
4      WidthRequest = "200"
5      Color = "Blue" />
```

指示器控件常用属性如下。

Color。Color 类型。指示器控件颜色。

IsRunning。bool 类型。指示器是否运行。

指示器的实现效果如图 4-46 所示。

图 4-46　指示器的实现效果

2. 进度条

进度条是反映进程运行进度的控件,常应用于等待的场合,目的是提升用户感知。.NET MAUI 通过 ProgressBar 进行定义。

【例 4-66】 进度条控件。

进度条控件界面代码如下:

```
1  < ProgressBar
2      x:Name = "progressBar"
3      HeightRequest = "40"
4      HorizontalOptions = "Center"
5      Progress = "0.5"
6      ProgressColor = "Blue"
7      WidthRequest = "300" />
```

上述代码定义了 ProgressBar(进度条)控件的 Progress(进度值)和 ProgressColor(进度条控件颜色)。

进度条控件逻辑代码如下:

```
1   using System.Windows.Input;
2
3   namespace MAUIDemo.Pages.Controls;
4
5   public partial class IndexControlPage : ContentPage
6   {
7       public ICommand OnActivity
8       {
9           get;
10          set;
11      }
12      public IndexControlPage()
13      {
14          InitializeComponent();
15          OnActivity = new Command(async () =>
16          {
17              await progressBar.ProgressTo(0.8, 500, Easing.Linear);
18          });
19          BindingContext = this;
20      }
21  }
```

进度条控件的常用属性如下。

Progress。double 类型。当前进度,范围为[0,1]。

ProgressColor。Color 类型。进度条控件颜色。

进度条控件的常用方法如下。

ProgressTo()。当前值到指定值过程设置动画。

进度条的实现效果如图 4-47 所示。

图 4-47 进度条的实现效果

4.8.6 展示类控件

1. 边框

边框控件用于修饰控件外侧样式。.NET MAUI 通过 Border 进行定义。

【例 4-67】 边框控件。

```
1   < Border
2       Padding = "16,8"
3       Background = "Blue"
4       HorizontalOptions = "Center"
5       StrokeShape = "RoundRectangle 20,20,20,20"
6       StrokeThickness = "5">
7       < Border.Stroke >
8           < LinearGradientBrush EndPoint = "0,1">
9               < GradientStop Offset = "0.1" Color = "Green" />
10              < GradientStop Offset = "1.0" Color = "Yellow" />
11          </LinearGradientBrush >
12      </Border.Stroke >
13      < Label
14          FontAttributes = "Bold"
15          FontSize = "20"
16          Text = "边框"
17          TextColor = "Salmon" />
18  </Border >
```

边框控件的常用属性如下。

Content。IView 类型。边框显示的内容。

StrokeShape。IShape 类型。边框形状。

Stroke。Brush 类型。边框画笔。

StrokeThickness。double 类型。边框宽度。

StrokeLineCap。PenLineCap 类型。边框起点和终点的形状。

StrokeLineJoin。PenLineJoin 类型。边框顶点连接类型。

边框控件的实现效果如图 4-48 所示。

图 4-48 边框控件的实现效果

2. 盒视图

盒视图作为一个盒形状控件进行展示。.NET MAUI 通过 BoxView（盒视图）控件进行定义。

【例 4-68】 盒视图控件。

```
1   < BoxView
2       CornerRadius = "15"
3       HeightRequest = "100"
4       HorizontalOptions = "Center"
5       VerticalOptions = "Center"
6       WidthRequest = "300"
7       Color = "BlueViolet" />
```

盒视图控件的常用属性如下。

Color。Color 类型。盒视图颜色。

CornerRadius。CornerRadius 类型。用于定义角半径。

盒视图控件的实现效果如图 4-49 所示。

图 4-49　盒视图控件的实现效果

3. 框架

框架控件用于组织框架中包含的各个子控件，将其作为一个整体进行对待。.NET MAUI 通过 Frame 进行定义。

【例 4-69】　框架控件。

```
1    <Frame
2        Padding = "5"
3        BorderColor = "Gold"
4        CornerRadius = "15"
5        HeightRequest = "150"
6        HorizontalOptions = "Center"
7        WidthRequest = "300">
8        <StackLayout>
9            <Label
10               FontAttributes = "Bold"
11               FontSize = "20"
12               Text = "框架标题" />
13           <BoxView
14               HeightRequest = "5"
15               HorizontalOptions = "Fill"
16               Color = "Red" />
17           <Label Text = "框架信息展示" />
18       </StackLayout>
19   </Frame>
```

上述代码使用框架控件包含了两个标签和一个盒视图控件。

框架控件的常用属性如下。

BorderColor。Color 类型。边界颜色。

CornerRadius。float 类型。圆角半径。

HasShadow。bool 类型。是否有阴影。

框架控件的实现效果如图 4-50 所示。

图 4-50　框架控件的实现效果

4. 图像视窗

图像视窗是用于显示图像的控件。.NET MAUI 通过 Image 进行定义。

【例 4-70】　图像视窗控件。

图像视窗控件资源代码如下：

```
1    <ContentPage.Resources>
2        <Style TargetType="Image">
3            <Setter Property="VerticalOptions" Value="Center" />
4            <Setter Property="WidthRequest" Value="50" />
5            <Setter Property="HeightRequest" Value="50" />
6        </Style>
7    </ContentPage.Resources>
```

上述代码定义了 TargetType（目标类型）为 Image 的样式资源。设置图像的 VerticalOptions（垂直对齐方式）、WidthRequest（宽度）、HeightRequest（高度）。

图像视窗控件界面代码如下：

```
1    <HorizontalStackLayout HorizontalOptions="Center">
2        <VerticalStackLayout>
3            <Label Text="本地图像" />
4            <Image Source="dotnet_bot.png" />
5        </VerticalStackLayout>
6        <VerticalStackLayout>
7            <Label Text="远程图像" />
8            <Image Source="https://www.baidu.com/img/PCtm_d9c8750bed0b3c7d089fa7d55720d6cf.png" />
9        </VerticalStackLayout>
10       <VerticalStackLayout>
11           <Label Text="缓存图像" />
12           <Image>
13               <Image.Source>
14                   <UriImageSource CacheValidity="20:00:00:00" Uri="https://www.baidu.com/img/PCtm_d9c8750bed0b3c7d089fa7d55720d6cf.png" />
15               </Image.Source>
16           </Image>
17       </VerticalStackLayout>
18   </HorizontalStackLayout>
```

上述代码使用如下 3 种方式定义图像。

本地图像。定义 Image 标签的 Source 属性指定本地资源。

远程图像。定义 Image 标签的 Source 属性指定网络资源。

缓存图像。定义 UriImageSource 标签的 Uri 属性指定网络资源，CacheValidity 属性指定缓存有效期。

图像视窗的常用属性如下。

Aspect。Aspect 类型。图像的缩放模式。

IsLoading。bool 类型。是否加载。

IsOpaque。bool 类型。是否不透明。

Source。ImageSource 类型。图像数据源。

5．标签

标签控件是最为常用的控件之一，一般用于界面静态信息显示。.NET MAUI 通过 Label 进行定义。

【例 4-71】标签控件。

```
1    <ContentPage.Resources>
2        <Style TargetType = "Label">
3            <Setter Property = "VerticalOptions" Value = "Center" />
4            <Setter Property = "HorizontalOptions" Value = "Center" />
5            <Setter Property = "VerticalTextAlignment" Value = "Center" />
6            <Setter Property = "WidthRequest" Value = "300" />
7            <Setter Property = "HeightRequest" Value = "40" />
8        </Style>
9    </ContentPage.Resources>
10   <VerticalStackLayout>
11       <Label
12           FontAttributes = "Bold"
13           FontSize = "20"
14           Text = "边框"
15           TextColor = "Salmon" />
16   </VerticalStackLayout>
```

上述代码首先在资源部分定义了 TargetType(目标类型)为标签控件的样式。为标签样式设置了 VerticalOptions(垂直对齐)、HorizontalOptions(水平对齐)、VerticalTextAlignment(垂直文字对齐)、WidthRequest(宽度)、HeightRequest(高度)。

标签的常用属性如下。

CharacterSpacing。double 类型。字符间距。

FontAttributes。FontAttributes 类型。字体样式。

FontFamily。string 类型。字体类型。

FontSize。double 类型。字体大小。

HorizontalTextAlignment。TextAlignment 类型。水平对齐方式。

LineBreakMode。LineBreakMode 类型。无法容纳在一行时的处理方式。

MaxLines。int 类型。最大行数。

Text。string 类型。文本。

TextColor。Color 类型。文本颜色。

VerticalTextAlignment。TextAlignment 类型。垂直对齐方式。

6. 网络视窗

网络视窗控件相当于内嵌浏览器。.NET MAUI 通过 WebView 进行定义。

【例 4-72】 网络视窗控件。

```
1    <WebView
2        HeightRequest = "200"
3        HorizontalOptions = "Center"
4        Source = "http://www.baidu.com"
5        VerticalOptions = "FillAndExpand"
6        WidthRequest = "300" />
```

网络视窗控件常用的属性如下。

Cookies。CookieContainer 类型。存储 Cookies 信息。

CanGoBack。bool 类型。是否可以返回上一级。

CanGoForward。bool 类型。是否可以向前导航。

Source。WebViewSource 类型。数据源。

UserAgent。string 类型。用户代理。

4.8.7 设置类控件

1. 复选框

复选框是可以进行多项选择的控件，同组数据之间不必有互斥关系约束。.NET MAUI 通过 CheckBox 进行定义。

【例 4-73】 复选框控件。

```
1   <CheckBox
2       x:Name = "checkbox"
3       HorizontalOptions = "Center"
4       VerticalOptions = "CenterAndExpand" />
5   <Label Style = "{StaticResource NormLabel}" Text = "False">
6       <Label.Triggers>
7           <DataTrigger
8               Binding = "{Binding Source = {x:Reference checkbox},
9   Path = IsChecked}"
10              TargetType = "Label"
11              Value = "True">
12              <Setter Property = "Text" Value = "True" />
13          </DataTrigger>
14      </Label.Triggers>
15  </Label>
```

上述代码通过 Label 控件的 Label.Triggers 标记扩展实现数据触发器机制。DataTrigger(数据触发器)绑定了 CheckBox(复选框)控件的 IsChecked(是否选中)属性，触发器定义的 TargetType(目标对象)是 Label 控件。选中的话，将 Text 属性显示为 True 字样。

复选框的主要属性如下。

IsChecked。bool 类型。是否选中。

Color。Color 类型。复选框的颜色。

复选框的实现效果如图 4-51 所示。

图 4-51 复选框的
实现效果

2. 选择器

选择器用于数据选择，可以理解为下拉列表。.NET MAUI 通过 Picker 进行定义。

【例 4-74】 选择器控件。

选择器控件界面代码如下：

```
1   <Picker
2       Title = "选择器"
3       HorizontalOptions = "Center"
4       SelectedIndexChanged = "OnSelectedIndexChanged"
5       VerticalOptions = "Fill"
6       WidthRequest = "300">
7       <Picker.Items>
8           <x:String>AAA</x:String>
9           <x:String>BBB</x:String>
10          <x:String>CCC</x:String>
```

```
11              <x:String>DDD</x:String>
12              <x:String>EEE</x:String>
13              <x:String>FFF</x:String>
14              <x:String>GGG</x:String>
15          </Picker.Items>
16      </Picker>
17      <Label
18          x:Name = "label1"
19          Style = "{StaticResource NormLabel}"
20          Text = "选择器未选择" />
```

上述代码通过 Picker.Items 标记扩展定义了选择器的数据列表信息。数据列表的条目项是 x:String 类型。指定了 SelectedIndexChanged(选项改变事件)。

选择器逻辑部分代码如下：

```
1   private void OnSelectedIndexChanged(object sender, EventArgs e)
2   {
3       Picker picker = (Picker)sender;
4       if (picker.SelectedIndex == -1)
5       {
6           label1.Text = "选择器未选择";
7       }
8       else
9       {
10          label1.Text = picker.Items[picker.SelectedIndex];
11      }
12  }
```

SelectedIndexChanged 触发时，调用 OnSelectedIndexChanged() 方法实现选择项目获取后并显示在 Label 控件上。

选择器的主要属性如下。

FontFamily。string 类型。字体类型。

FontSize。double 类型。字体大小。

ItemsSource。IList 类型。数据源。

SelectedIndex。int 类型。选项索引，默认值为 -1。

SelectedItem。object 类型。所选项目。

TextColor。Color 类型。文本颜色。

Title。string 类型。标题。

TitleColor。Color 类型。标题颜色。

选择器的主要事件如下。

SelectedIndexChanged。选项改变时触发。

选择器的实现效果如图 4-52 所示。

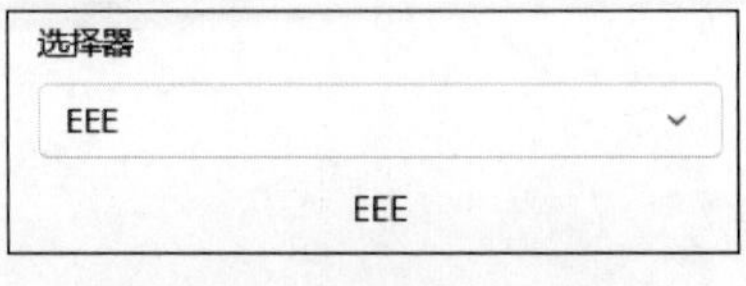

图 4-52 选择器的实现效果

3. 日期选择器

日期选择器用于选择日期。.NET MAUI 通过 DatePicker 进行定义。

【例 4-75】 日期选择器控件。

```
1  < DatePicker
2      Format = "D"
3      HorizontalOptions = "Center"
4      VerticalOptions = "Center"
5      WidthRequest = "150" />
```

日期选择器的主要属性如下。

Date。DateTime 类型。用于指示所选择的日期，默认值是 DateTime.Today 代表当天。

MaximumDate。DateTime 类型。用于指示所选择日期的最大值，2100 年的 12 月 31 日。

MinimumDate。DateTime 类型。用于指示所选择日期的最小值，1900 年的 1 月 1 日。

TextColor。Color 类型。所选日期的颜色。

日期选择器的实现效果如图 4-53 所示。

4. 时间选择器

时间选择器用于选择当天时间，AM 代表上午，PM 代表下午。.NET MAUI 通过 TimePicker 进行定义。

图 4-53　日期选择器的实现效果

【例 4-76】 时间选择器控件。

```
1  < VerticalStackLayout >
2      < TimePicker
3          x:Name = "timePicker"
4          HorizontalOptions = "Center"
5          VerticalOptions = "Center" />
6      < Label Text = "{Binding Source = {x:Reference timePicker}, Path = Time.TotalSeconds,
   StringFormat = '{0}总秒数'}" />
7      < Label Text = "{Binding Source = {x:Static globe:CultureInfo.CurrentCulture}, Path =
   DateTimeFormat.DayNames[0], StringFormat = '每周的第一天是{0}'}" />
8  </VerticalStackLayout >
```

上述代码中 Label 控件通过使用 x:Reference 完成对 TimePicker（时间选择器）TotalSeconds 属性和 DateTimeFormat.DayNames[0]属性进行数据绑定。回显内容通过 StringFormat 属性进行了格式化。

时间选择器的主要属性如下。

Time。TimeSpan 类型。用于指示自午夜以来的持续时间。

TextColor。Color 类型。所选时间的颜色。

时间选择器的实现效果如图 4-54 所示。

5. 步进器

步进器是实现按钮控制数值增减的理想控件，常用于购物车等场景。.NET MAUI

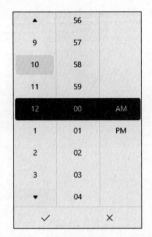

图 4-54 时间选择器的实现效果

通过 Stepper 进行定义。

【例 4-77】 步进器控件。

```
1    <Stepper
2        x:Name = "stepper"
3        HorizontalOptions = "Center"
4        Increment = "1"
5        Maximum = "100"
6        Minimum = "0"
7        VerticalOptions = "Center" />
8    <Label Style = "{StaticResource NormLabel}" Text = "{Binding Source = {x:Reference stepper}, Path = Value, StringFormat = '步进器的值为{0}'}" />
```

上述代码中 Label 控件通过使用 x:Reference 完成对 Stepper(步进器)Value 属性进行数据绑定。回显内容通过 StringFormat 属性进行了格式化。

步进器的主要属性如下。

Maximum。double 类型。步进器的最大值。

Minimum。double 类型。步进器的最小值。

Increment。double 类型。步进器的增量值。

Value。double 类型。步进器的当前值。

步进器的实现效果如图 4-55 所示。

图 4-55 步进器的实现效果

6. 开关控件

开关控件是实现二值逻辑的典型控件。.NET MAUI 通过 Switch 进行定义。

【例 4-78】 开关控件。

开关控件界面代码如下：

```
1    <HorizontalStackLayout HorizontalOptions = "Center">
2        <Switch x:Name = "switch" />
3        <Label>
4            <Label.Text>
5                <Binding Path = "IsToggled" Source = "{x:Reference switch}">
6                    <Binding.Converter>
```

```
7                <converters:BoolToObjectConverter
8                    x:TypeArguments = "x:String"
9                    FalseObject = "关闭"
10                   TrueObject = "开启" />
11             </Binding.Converter>
12         </Binding>
13     </Label.Text>
14 </Label>
15 </HorizontalStackLayout>
```

上述代码中 Label 控件的 Label.Text 标记扩展绑定了 Switch（开关）控件的 IsToggled 属性。Binding.Converter 标记扩展引用了 BoolToObjectConverter（布尔转对象的转换器）。x：TypeArguments 定义了转换后的类型是字符串，FalseObject 定义了 Switch 控件关闭时显示字符串信息，TrueObject 定义了 Switch 控件开启时显示字符串信息。BoolToObjectConverter 对应的代码如下，与其他转换器一样，需要继承 IValueConverter 类并实现 Convert() 和 ConvertBack() 方法。

开关控件逻辑部分代码如下：

```
1  using System.Globalization;
2
3  namespace MAUIDemo.Converters
4  {
5      public class BoolToObjectConverter<T> : IValueConverter
6      {
7          public T TrueObject
8          {
9              get;
10             set;
11         }
12         public T FalseObject
13         {
14             get;
15             set;
16         }
17         public object Convert(object value, Type targetType, object parameter, CultureInfo culture)
18         {
19             return (bool)value ? TrueObject : FalseObject;
20         }
21         public object ConvertBack(object value, Type targetType, object parameter, CultureInfo culture)
22         {
23             return ((T)value).Equals(TrueObject);
24         }
25     }
26 }
```

开关控件的主要属性如下。

IsToggled。bool 类型。是否开启。

开关控件的实现效果如图 4-56 所示。

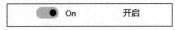

图 4-56　开关控件的实现效果

4.8.8 自定义控件

自定义控件,顾名思义就是用户根据业务需求自行定义的控件。可以使用 XAML 控件组合方式或使用 C#代码方式自定义控件。

1. 使用 XAML 控件组合方式自定义控件

通过 CollectionView、Grid、Frame 控件进行组合构成的控件。

【例 4-79】 使用 XAML 控件组合方式自定义控件。

MenuPage.xaml 代码如下:

```
1   <?xml version = "1.0" encoding = "UTF-8" ?>
2   < ContentPage
3       x:Class = "MAUIDemo.Pages.MenuPage"
4       xmlns = "http://schemas.microsoft.com/dotnet/2021/maui"
5       xmlns:x = "http://schemas.microsoft.com/winfx/2009/xaml"
6       xmlns:pages = "clr-namespace:MAUIDemo.Pages"
7       xmlns:viewmodels = "clr-namespace:MAUIDemo.ViewModels"
8       Title = "目录"
9       x:DataType = "viewmodels:MenuPageModel">
10      < ScrollView Margin = "10,10,10,10" Padding = "10,10,10,10">
11          < CollectionView
12              Grid.Row = "2"
13              Grid.ColumnSpan = "2"
14              HorizontalOptions = "Fill"
15              ItemsSource = "{Binding Items}"
16              SelectionMode = "None"
17              VerticalOptions = "Fill">
18              < CollectionView.ItemTemplate >
19                  < DataTemplate x:DataType = "{x:Type x:String}">
20                      < Grid Padding = "0,5">
21                          < Frame >
22                              < Frame.GestureRecognizers >
23                                  < TapGestureRecognizer Command = "{Binding Source = {RelativeSource AncestorType = {x:Type viewmodels:MenuPageModel}}, Path = TapCommand}" CommandParameter = "{Binding .}" />
24                              </Frame.GestureRecognizers >
25                              < Label
26                                  FontSize = "20"
27                                  HorizontalTextAlignment = "Center"
28                                  Text = "{Binding .}" />
29                          </Frame >
30                      </Grid >
31                  </DataTemplate >
32              </CollectionView.ItemTemplate >
33          </CollectionView >
34      </ScrollView >
35  </ContentPage >
```

上述代码中 CollectionView(集合视图)控件定义了 ItemsSource(数据源)和 SelectionMode(选择模式)。使用 CollectionView.ItemTemplate 标记扩展定义了 DataTemplate。DataTemplate 内部使用 Grid 布局,内部嵌套使用 Frame 控件。这里引入了 Frame.GestureRecognizers(框架控件的手势机制)。使用相对绑定 MenuPageModel

（菜单页面模型）的 TapCommand（触摸命令），绑定参数是当前控件。Label 控件绑定了当前文本显示信息，数据类型由 x:DataType="{x:Type x:String}"指定。为防止数据在当前页面无法展示完全，这里使用了 ScrollView（滚动视窗）页面级控件进行外围包裹。

MenuPage.xaml.cs 代码如下：

```
1    using MAUIDemo.ViewModels;
2    namespace MAUIDemo.Pages;
3
4    public partial class MenuPage : ContentPage
5    {
6        public MenuPage(MenuPageModel mv)
7        {
8            InitializeComponent();
9            BindingContext = mv;
10       }
11   }
```

通过依赖注入方式实现 MenuPageModel（菜单页面模型）的依赖注入。

MAUIDemo.csproj 代码如下：

```
1    <ItemGroup>
2      <PackageReference Include = "CommunityToolkit.Mvvm" Version = "8.2.2" />
3    </ItemGroup>
```

上述代码在项目文件中引用了相关组件。

表格视图控件的实现效果如图 4-57 所示。

图 4-57　表格视图控件的实现效果

2. 使用 C#代码方式自定义控件

使用代码的方式定义一款大多数 App 都常用的搜索控件。定义基类 SearchControl

搜索控件，派生自 Microsoft.Maui.Controls.SearchHandler。内部维护着 SearchData（搜索数据）列表、SelectedItemType（选中数据类型）。自定义控件内部实现的两个方法如下。

OnQueryChanged()。首先调用父类的 OnQueryChanged()方法。接着进行判断，如果搜索新内容为空，即不进行搜索，则自定义搜索控件 ItemsSource（数据源）属性设置为空；如果搜索新内容不为空，将输入内容统一调用 ToLower()方法转换为小写后从 SearchData 数据列表中进行过滤并查找。

OnItemSelected()。此方法属于业务逻辑。当用户选择相应的选项时，获取相应的目标路由。调用 Shell.Current.GoToAsync()实现页面路由跳转。

【例4-80】 使用C#代码方式自定义控件。

SearchControl.cs 代码如下：

```
 1  namespace MAUIDemo.Controls
 2  {
 3      public class SearchControl<T> : SearchHandler
 4      {
 5          public IList<T> SearchData
 6          {
 7              get;
 8              set;
 9          }
10          public Type SelectedItemType
11          {
12              get;
13              set;
14          }
15          protected override void OnQueryChanged(string oldValue, string newValue)
16          {
17              base.OnQueryChanged(oldValue, newValue);
18              if (String.IsNullOrWhiteSpace(newValue))
19              {
20                  ItemsSource = null;
21              }
22              else
23              {
24                  ItemsSource = SearchData.Where(T =>
25  T.ToString().ToLower().Contains(newValue.ToLower())).ToList<T>();
26              }
27          }
28          protected override async void OnItemSelected(object item)
29          {
30              base.OnItemSelected(item);
31              string target = (Shell.Current as AppShell).router
32                                  .RouterMap.FirstOrDefault(route => route
33                                  .Value.Equals(SelectedItemType)).Key;
34              if (!String.IsNullOrEmpty(target))
35              {
36                  Dictionary<string, object> dictionary = new()
37                  {
38                      { target.Replace("DetailPage",""), item }
39                  };
```

```
40                    await Shell.Current.GoToAsync( $ "{target}", dictionary);
41                }
42            }
43        }
44 }
```

ClothSearchControl 搜索衣服控件继承了前面定义的 SearchControl 类,泛型参数是 Cloth 类。

ClothSearchControl.cs 代码如下:

```
1  using MAUIDemo.Models;
2
3  namespace MAUIDemo.Controls
4  {
5      public class ClothSearchControl : SearchControl<Cloth>
6      {
7      }
8  }
```

自定义搜索控件的实现效果如图 4-58 所示。

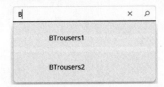

图 4-58　自定义搜索控件的实现效果

第 5 章

视频讲解

书山有路勤为径　学海无涯苦作舟
——MAUI数据访问

5.1　本地数据库

5.1.1　环境搭建

第 2 章中讲述了 Sqlite 数据库,作为一款轻量级的关系数据库,其资源占用小,对资源有限的智能手机来说,Sqlite 数据库特别适合嵌入式开发的场景。

搭建 Sqlite 数据库环境非常简单,安装 Sqlite 相关的软件包即可。NuGet 作为 Visual Studio 的扩展,是一款开源的包管理开发工具,使用该工具可以非常方便地将第三方的组件库整合至项目中,类似于 Maven 和 Npm 等工具。

第一种安装程序包的方法是采用命令行的方式进行。在 Visual Studio 中选择"工具"→"NuGet 包管理器(N)"→"程序包管理控制台(O)"选项后,打开 PowerShell 控制台执行安装命令安装相关库。

【例 5-1】　使用 PowerShell 安装软件包。

```
1    Install-Package sqlite-net-pcl
2    Install-Package SQLitePCLRaw.bundle_green
```

第二种安装程序包的方法是采用图形化界面的方式进行。在 Visual Studio 中选择"工具"→"NuGet 包管理器(N)"→"管理解决方案的 NuGet 程序包(N)"选项,打开 NuGet 管理向导后,选择相应的项目,搜索需要安装的软件包安装即可。管理解决方案的 NuGet 程序包如图 5-1 所示。

第三种安装程序包的方法是采用修改工程配置文件的方式进行。双击项目打开 MAUIDemo.csproj 配置文件,找到相应的配置节点并追加如下配置。建议安装最新稳定版本。

【例 5-2】　工程方式配置 Sqlite。

第5章 书山有路勤为径 学海无涯苦作舟——MAUI数据访问

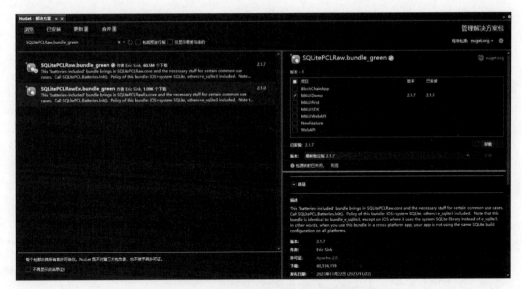

图 5-1 管理解决方案的 NuGet 程序包

MAUIDemo.csproj 代码如下：

```
1  <ItemGroup>
2    <PackageReference Include = "sqlite-net-pcl" Version = "1.8.116" />
3    <PackageReference Include = "SQLitePCLRaw.bundle_green" Version = "2.1.7" />
4  </ItemGroup>
```

5.1.2 功能封装

Sqlite 数据库支持多种编程语言，本节采用 C♯ 进行相关功能的封装。软件工程的核心思想之一是封装，封装的目的是便于后期各种工程复用。对于任何包含主键的表，需要定义基本模型。

【例 5-3】 Sqlite 数据库功能封装。

BaseModel.cs 代码如下：

```
1   using SQLite;
2
3   namespace MAUISDK.Models
4   {
5       public class BaseModel
6       {
7           [PrimaryKey, AutoIncrement]
8           public long Id
9           {
10              get;
11              set;
12          }
13      }
14  }
```

上述基本模型仅有一个字段，Id 代表数据库索引，所以添加注解 PrimaryKey 表示主键，注解 AutoIncrement 表示自动增长，这样无须用户手工维护主键索引。基本模型能够满足大部分建表需求。定义业务对象时,只需要继承基本模型即可。

MAUILearning.cs 代码如下:

```
1  namespace MAUISDK.Models
2  {
3      public class MAUILearning : BaseModel
4      {
5          public string ?Learning
6          {
7              get;
8              set;
9          }
10     }
11 }
```

MAUILearning 类作为 Sqlite 数据库操作示例模型,继承 BaseModel,为简化起见,仅定义一个 Learning 字段。

IMAUIRepository.cs 代码如下:

```
1  using MAUISDK.Models;
2
3  namespace MAUISDK.Interfaces
4  {
5      public interface IMAUIRepository<T> where T : BaseModel
6      {
7          bool Exist(long Id);
8          T Find(long Id);
9          void Insert(T Item);
10         void Update(T Item);
11         void Remove(long Id);
12     }
13 }
```

在接口文件夹中定义 IMAUIRepository 接口,仓储接口定义了增、删、查、改 4 个基本操作,同时定义了 Exist() 方法判断搜索对象是否存在。为保证封装的通用性,这里采用泛型机制,添加 where T : BaseModel 约束表明泛型对象需要继承 BaseModel 类。

MAUIRepository.cs 代码如下:

```
1  using MAUISDK.Interfaces;
2  using MAUISDK.Models;
3
4  namespace MAUISDK.Services
5  {
6      public class MAUIRepository<T> : IMAUIRepository<T> where T : BaseModel
7      {
8          public List<T> ItemList;
9          public MAUIRepository()
10         {
11             ItemList = new();
12         }
13         public void Remove(long Id)
14         {
15             ItemList.Remove(Find(Id));
16         }
17         public bool Exist(long Id)
```

```
18        {
19            return ItemList.Any(item => item.Id == Id);
20        }
21        public T Find(long Id)
22        {
23            return ItemList.FirstOrDefault(item => item.Id == Id)!;
24        }
25        public void Insert(T Item)
26        {
27            ItemList.Add(Item);
28        }
29        public void Update(T Item)
30        {
31            int index = ItemList.IndexOf(Find(Item.Id));
32            ItemList.RemoveAt(index);
33            ItemList.Insert(index, Item);
34        }
35    }
36 }
```

上述代码实现了 IMAUIRepository 接口,对 Lambda 表达式还不熟悉的读者可以参阅本书 1.4 节中的相关内容。仓储中的核心数据结构是 ItemList 列表,用于维护一系列对象。

BaseViewModel.cs 代码如下:

```
1  using System.ComponentModel;
2  using System.Runtime.CompilerServices;
3
4  namespace MAUIDemo.ViewModels
5  {
6      public class BaseViewModel : IQueryAttributable, INotifyPropertyChanged
7      {
8          public event PropertyChangedEventHandler PropertyChanged;
9   public virtual void ApplyQueryAttributes(IDictionary<string, object> query)
10         {
11         }
12         protected virtual void OnPropertyChanged([CallerMemberName] string propertyName = null)
13         {
14  PropertyChanged?.Invoke(this, new PropertyChangedEventArgs(propertyName));
15         }
16     }
17 }
```

与基本模型相对应,上述代码中定义了基本视图模型 BaseViewModel。BaseViewModel 继承了 IQueryAttributable 和 INotifyPropertyChanged 接口,目的是监听数据动态变化,及时通知视图层。实现了接口的 OnPropertyChanged()方法,定义事件委托 PropertyChangedEventHandler 调用 Invoke()方法触发属性变更动作。

MAUILearningDAO.cs 代码如下:

```
1  using MAUISDK.Core;
2  using MAUISDK.Models;
3  using SQLite;
```

```csharp
 4
 5  namespace MAUIDemo.Core
 6  {
 7      public class MAUILearningDAO
 8      {
 9          private SQLiteAsyncConnection Database;
10          public MAUILearningDAO()
11          {
12          }
13          public async Task LogAsync()
14          {
15              await Database.EnableWriteAheadLoggingAsync();
16          }
17          public async Task Init()
18          {
19              if (Database is not null)
20                  return;
21              Database = new(GlobalValues.LocalDatabasePath, GlobalValues.Flags);
22              _ = await Database.CreateTableAsync<MAUILearning>();
23          }
24          public async Task<List<MAUILearning>> GetItemsAsync()
25          {
26              await Init();
27              return await Database.Table<MAUILearning>().ToListAsync();
28          }
29          public async Task<MAUILearning> GetItemAsync(int Id)
30          {
31              await Init();
32              return await Database.Table<MAUILearning>().Where(i => i.Id == Id).FirstOrDefaultAsync();
33          }
34          public async Task<int> SaveItemAsync(MAUILearning model)
35          {
36              await Init();
37              return await Database.InsertAsync(model);
38          }
39          public async Task<int> DeleteItemAsync(object primaryKey)
40          {
41              await Init();
42              return await Database.DeleteAsync(primaryKey);
43          }
44      }
45  }
```

DAO(Data Access Objects,数据访问对象)属于面向对象中的一种设计模式,该设计模式将底层的数据访问逻辑与上层的业务逻辑进行分离。数据访问逻辑专注于数据访问相关的操作,业务逻辑专注于业务执行流程。MAUILearningDAO 是针对 MAUILearning 类对应的数据表进行操作。内部引入 SQLiteAsyncConnection Sqlite 数据库异步连接对象,Init()方法完成初始化。GlobalValues.LocalDatabasePath 是自定义 MAUIDemo.db3 文件的路径。MAUIDemo.db3 文件是用于存储数据的 Sqlite 数据库文件,数据库相关的所有操作均会影响此文件内容。Gitee 的.gitignore 文件可添加 *.db3 配置,屏蔽上传 Sqlite 数据文件。与本地文件相对应的是本地数据库缓存路径,本地数据库缓存路径是Sqlite数据库操作默认缓存文件的位置,针对不同的操作系统有一定的差异性。笔者的本地数据库缓存路径是C:\Users\Administrator\AppData\Local\Packages\ *** \LocalState。

MAUILearningViewModel.cs代码如下:

```
1    using MAUIDemo.Core;
2    using MAUISDK.Models;
3    using System.Collections.ObjectModel;
4    using System.Windows.Input;
5    
6    namespace MAUIDemo.ViewModels
7    {
8        public class MAUILearningViewModel : BaseViewModel
9        {
10           private MAUILearningDAO dao;
11           public ObservableCollection<MAUILearning> MAUILearnings
12           {
13               get;
14               set;
15           }
16           public ICommand OnSaveAsync
17           {
18               set;
19               get;
20           }
21           public ICommand OnDeleteAsync
22           {
23               set;
24               get;
25           }
26           public ICommand OnFlushAsync
27           {
28               set;
29               get;
30           }
31           public MAUILearningViewModel()
32           {
33               MAUILearnings = new();
34               dao = new();
35               OnSaveAsync = new Command(async (text) =>
36               {
37                   if (text != null && !String.IsNullOrWhiteSpace(text.ToString()))
38                   {
39                       MAUILearning Item = new()
40                       {
41                           Learning = text.ToString()
42                       };
43                       await dao.SaveItemAsync(Item);
44                   }
45                   OnFlushAsync.Execute(null);
46               });
47               OnDeleteAsync = new Command(async (text) =>
48               {
49                   if (text != null)
50                   {
```

```
51                    int del = -1;
52                    for (int i = 0; i < MAUILearnings.Count; i++)
53                    {
54                        if (MAUILearnings[i].Id.Equals(long.Parse(text.ToString())))
55                        {
56                            del = i;
57                            break;
58                        }
59                    }//for
60                    if (del != -1)
61                    {
62                        await dao.DeleteItemAsync(MAUILearnings[del]);
63                    }
64                }
65                OnFlushAsync.Execute(null);
66            });
67            OnFlushAsync = new Command(async () =>
68            {
69                var items = await dao.GetItemsAsync();
70                MainThread.BeginInvokeOnMainThread(() =>
71                {
72                    MAUILearnings.Clear();
73                    foreach (var item in items)
74                    {
75                        MAUILearnings.Add(item);
76                    }
77                });
78                OnPropertyChanged("MAUILearnings");
79            });
80        }
81    }
82 }
```

MAUILearningViewModel 类继承 BaseViewModel 类。内部的核心成员 MAUILearningDAO 用于实际数据库操作。MAUILearnings 列表是 ObservableCollection 可观察的列表,底层使用观察者设计模式。观察者设计模式也称为发布-订阅模式,多个对象间存在一对多的依赖关系,当一个对象的状态发生改变时,所有依赖它的对象都将得到通知并且会被自动更新。观察者设计模式是一种数据更新的触发机制,可以降低目标与观察者之间的耦合关系。MAUI 视图模型中大量使用观察者设计模式,以保证数据的双向绑定。

MAUILearningViewModel 类相关方法如下。

OnSaveAsync()。用于新增数据对象。当界面输入数据不为空时,构造 MAUILearning 对象,调用 DAO 层封装的 SaveItemAsync() 方法完成新增数据对象逻辑。最后调用 OnFlushAsync() 方法实现界面层数据刷新。

OnDeleteAsync()。用于删除数据对象。依次遍历观察者列表中的所有内容,如果满足删除条件,调用 DAO 层封装的 DeleteItemAsync() 方法完成删除数据对象逻辑。最后调用 OnFlushAsync() 方法实现界面层数据刷新。

OnFlushAsync()。用于刷新数据对象,同步界面层数据显示。首先调用 GetItemsAsync() 方法获取当前数据库中的全部对象,因为这里涉及多线程间互操作界面更新问题。多线程间互操作修改线程数据会导致线程不安全,MAUI 提供了解决此问题的一种思路,采用主线程方式调用 MainThread.BeginInvokeOnMainThread()方法。该方法的参数是一个委托,委托内部完成 MAUILearnings 可观察数据对象的更新操作,最后调用父类的 OnPropertyChanged()方法完成属性更新的通知操作。

MAUILearningConfig.cs 代码如下:

```
1   using MAUISDK.Models;
2   using Microsoft.EntityFrameworkCore;
3   using Microsoft.EntityFrameworkCore.Metadata.Builders;
4
5   namespace MAUISDK.Configs
6   {
7       public class MAUILearningConfig : IEntityTypeConfiguration<MAUILearning>
8       {
9           public void Configure(EntityTypeBuilder<MAUILearning> builder)
10          {
11              builder.Property(e => e.Learning).IsRequired();
12          }
13      }
14  }
```

上述 MAUILearningConfig 配置类完成数据表的自动生成,Configure()方法完成数据表的自动创建过程。内部根据需求配置表中的各个字段,如 IsRequired()表示该字段必须设置,不能为空。至此,完成了数据库相关的功能封装。

5.1.3 应用调用

应用调用逻辑在 SQLitePage 页面演示。

【例 5-4】 Sqlite 应用调用。

SQLitePage.xaml 代码如下:

```
1   <?xml version = "1.0" encoding = "UTF-8" ?>
2   <ContentPage
3       x:Class = "MAUIDemo.Pages.SQLitePage"
4       xmlns = "http://schemas.microsoft.com/dotnet/2021/maui"
5       xmlns:x = "http://schemas.microsoft.com/winfx/2009/xaml"
6       xmlns:models = "clr-namespace:MAUIDemo.Models"
7       xmlns:viewmodels = "clr-namespace:MAUIDemo.ViewModels"
8       Title = "数据操作">
9       <ContentPage.BindingContext>
10          <viewmodels:MAUILearningViewModel />
11      </ContentPage.BindingContext>
12      <ContentPage.Resources>
13          <Style TargetType = "Label">
14              <Setter Property = "VerticalTextAlignment" Value = "Center" />
15              <Setter Property = "HorizontalTextAlignment" Value = "Center" />
16              <Setter Property = "HorizontalOptions" Value = "Center" />
17              <Setter Property = "WidthRequest" Value = "300" />
18              <Setter Property = "HeightRequest" Value = "40" />
19              <Setter Property = "FontAttributes" Value = "Bold" />
20              <Setter Property = "FontSize" Value = "20" />
21          </Style>
22          <Style TargetType = "Button">
23              <Setter Property = "HorizontalOptions" Value = "Center" />
```

```
24              <Setter Property = "WidthRequest" Value = "300" />
25              <Setter Property = "HeightRequest" Value = "40" />
26              <Setter Property = "BackgroundColor" Value = "#512BD4" />
27          </Style>
28          <Style TargetType = "Entry">
29              <Setter Property = "HorizontalOptions" Value = "Center" />
30              <Setter Property = "HorizontalTextAlignment" Value = "Center" />
31              <Setter Property = "WidthRequest" Value = "300" />
32              <Setter Property = "HeightRequest" Value = "40" />
33          </Style>
34          <DataTemplate x:Key = "data">
35              <HorizontalStackLayout>
36                  <Label Text = "{Binding Id}" WidthRequest = "100" />
37                  <Label Text = "{Binding Learning}" WidthRequest = "200">
38                      <Label.GestureRecognizers>
39                          <TapGestureRecognizer Tapped = "OnTapped" />
40                      </Label.GestureRecognizers>
41                  </Label>
42              </HorizontalStackLayout>
43          </DataTemplate>
44      </ContentPage.Resources>
45      <VerticalStackLayout>
46          <VerticalStackLayout
47              BindableLayout.ItemTemplate = "{StaticResource data}"
48              BindableLayout.ItemsSource = "{Binding MAUILearnings}"
49              HorizontalOptions = "Center" />
50          <Entry x:Name = "entry" Placeholder = "输入信息" />
51          <Button
52              Command = "{Binding OnSaveAsync}"
53              CommandParameter = "{Binding Source = {x:Reference entry}, Path = Text}"
54              Text = "保存" />
55          <Button
56              Command = "{Binding OnDeleteAsync}"
57              CommandParameter = "{Binding Source = {x:Reference entry}, Path = Text}"
58              Text = "删除" />
59          <Button Command = "{Binding OnFlushAsync}" Text = "刷新" />
60      </VerticalStackLayout>
61  </ContentPage>
```

SQLitePage 页面说明如下。

ContentPage.BindingContext 配置节中定义了绑定的视图模型为 MAUILearningViewModel。

ContentPage.Resources 配置节中定义了 Label、Button 和 Entry 控件的通用样式。DataTemplate 定义了数据模板,数据模板名称为 data,后面引入时使用此名称。该数据模板使用了 GestureRecognizers 手势操作。当 Tapped 触摸事件触发时,执行 OnTapped 事件逻辑。

界面部分以 VerticalStackLayout 垂直布局方式进行展示,内部嵌套 VerticalStackLayout 垂直布局用于展示数据列表,BindableLayout.ItemTemplate 绑定的数据模板 ItemTemplate 引用了前面的数据模板资源 data。BindableLayout.ItemsSource 绑定的数据源绑定了可观察列表 MAUILearnings。接着定义了输入信息输入条目控件和两个按钮控件。两个按钮控件绑定的参数引用了上方的输入条目控件,Path 属性指明了输入条目控件的 Text 属性,这样输入条目控件的 Text 属性发生变化时,作为绑定参数传递给相应的事件。

SQLitePage.xaml.cs 代码如下：

```
1  namespace MAUIDemo.Pages;
2
3  public partial class SQLitePage : ContentPage
4  {
5      public SQLitePage()
6      {
7          InitializeComponent();
8      }
9      private async void OnTapped(object sender, EventArgs e)
10     {
11         await DisplayAlert("选择", ((Label)sender).Text, "确认");
12     }
13 }
```

页面逻辑大部分通过视图模型进行控制，仅有数据模板中用于展示列表数据信息的 OnTapped() 事件方法需要上述代码进行实现。这里直接使用异步调用 DisplayAlert() 方法展示用户选中的信息，sender 传递对象强制转换为 Label 标签控件，获取其 Text 文本参数进行弹框显示。本地操作数据库的运行效果如图 5-2 所示。

图 5-2 本地操作数据库的运行效果

5.2 .NET Core Web API

5.2.1 .NET Core 最小化 API

.NET Core 最小化 API（minimal API）是从 .NET 6 开始引入的。不同于传统 Program.cs 的静态 Main() 方法，最小化 API 去除了 Main() 方法，直接采用顶级语句进行编程。这样大大简化了主流程的书写过程，配置过程全部通过顶级语句完成。读者可以使用最少的代码行数搭建出自己心仪的网站。下面进行最小化 API 演示。

在 Visual Studio 中选择"解决方案"→"添加"→"新建项目"选项，在"添加新项目"窗口中,选择项目类型为 ASP.NET Core Web API,如图 5-3 所示。

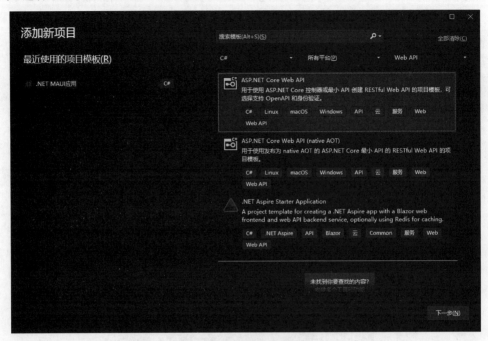

图 5-3 新建项目

单击"下一步"按钮,进入如图 5-4 所示的"配置新项目"窗口,在其中输入项目名称 WebAPI,单击"下一步"按钮。

配置其他信息,选择框架为".NET 8.0(长期支持)",根据需求配置 HTTPS 等选项,单击"创建"按钮。其他信息如图 5-5 所示。

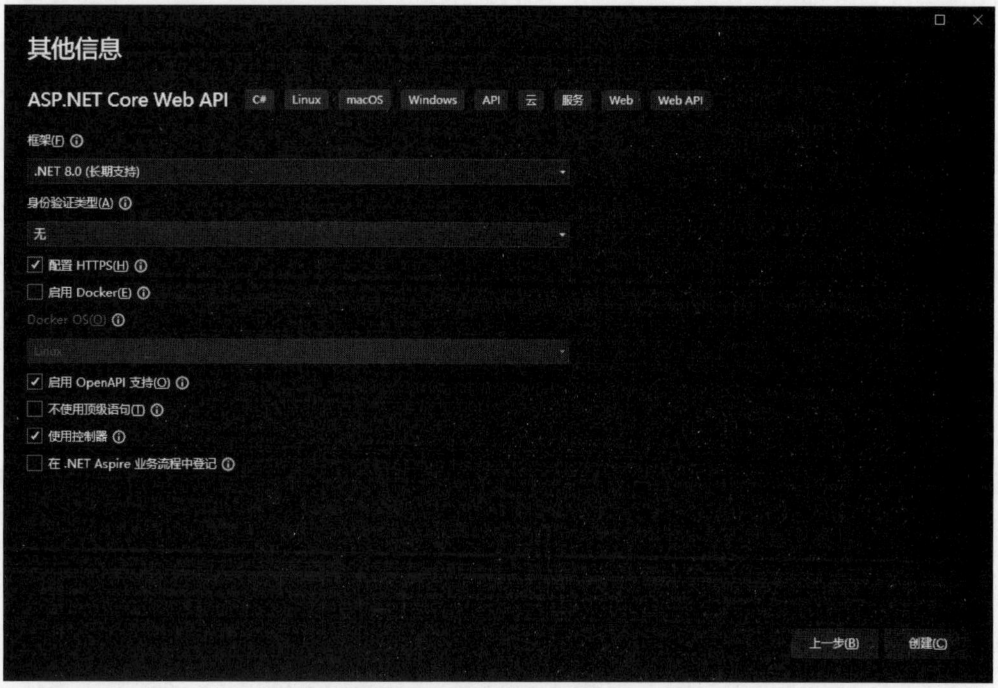

图 5-5 其他信息

创新项目后,项目默认结构如图 5-6 所示。

图 5-6 项目默认结构

运行项目,Swagger 启动界面如图 5-7 所示。

在浏览器中输入 URL,访问相应的控制器,运行效果如图 5-8 所示。

launchSettings 是启动配置文件。

【例 5-5】 最小化 ASP.NET Core Web API。

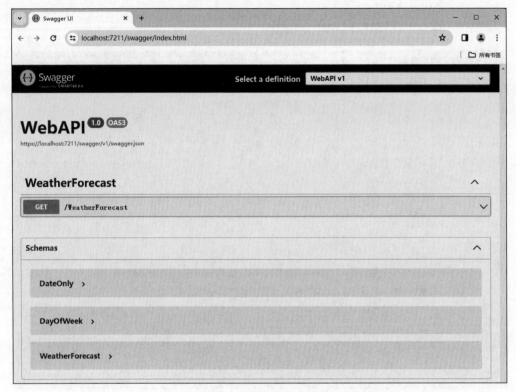

图 5-7 Swagger 启动界面

图 5-8 运行效果

launchSettings.json 代码如下：

```
 1  {
 2    "$schema": "http://json.schemastore.org/launchsettings.json",
 3    "iisSettings": {
 4      "windowsAuthentication": false,
 5      "anonymousAuthentication": true,
 6      "iisExpress": {
 7        "applicationUrl": "http://localhost:49874",
 8        "sslPort": 44386
 9      }
10    },
11    "profiles": {
```

```
12      "http": {
13        "commandName": "Project",
14        "dotnetRunMessages": true,
15        "launchBrowser": true,
16        "launchUrl": "swagger",
17        "applicationUrl": "http://localhost:5281",
18        "environmentVariables": {
19          "ASPNETCORE_ENVIRONMENT": "Development"
20        }
21      },
22      "https": {
23        "commandName": "Project",
24        "dotnetRunMessages": true,
25        "launchBrowser": true,
26        "launchUrl": "swagger",
27        "applicationUrl": "https://localhost:7211;http://localhost:5281",
28        "environmentVariables": {
29          "ASPNETCORE_ENVIRONMENT": "Development"
30        }
31      },
32      "IIS Express": {
33        "commandName": "IISExpress",
34        "launchBrowser": true,
35        "launchUrl": "swagger",
36        "environmentVariables": {
37          "ASPNETCORE_ENVIRONMENT": "Development"
38        }
39      }
40    }
41  }
```

上述代码是 JSON 结构。

iisSettings 配置节。IIS(Internet Information Services，因特网信息服务)相关的配置：windowsAuthentication(Windows 验证选项)、anonymousAuthentication(匿名验证选项)、applicationUrl(应用访问路径)、sslPort SSL(Secure Socket Layer，安全套接字层端口)。

profiles 配置节。针对不同协议进行的配置。

http 配置节。commandName(命令名称)、dotnetRunMessages(是否运行消息)、launchBrowser(是否启动浏览器)、launchUrl(启动 URL)、environmentVariables(环境变量)，环境变量的子节点是键值对。

https 配置节。与 http 类似，不同的是 applicationUrl(应用访问路径)的协议采用 https。

IIS Express 配置节。与 http 配置节和 https 配置节类似，不同的是 commandName(命令名称)为 IISExpress。

下面是 WeatherForecast(天气预报)数据结构代码。

WeatherForecast.cs 代码如下：

```
1  namespace WebAPI
2  {
```

```
3      public class WeatherForecast
4      {
5          public DateOnly Date { get; set; }
6          public int TemperatureC { get; set; }
7          public int TemperatureF => 32 + (int)(TemperatureC / 0.5556);
8          public string? Summary { get; set; }
9      }
10  }
```

WeatherForecast 类的各个字段说明如下。

Date。当前日期。从.NET 6 开始，引入两种新的数据结构 DateOnly 和 TimeOnly，将原来的日期对象划分为日期部分和时间部分。

TemperatureC。摄氏温度。

TemperatureF。华氏温度。

Summary。信息汇总。

WeatherForecastController.cs 代码如下：

```
1   using Microsoft.AspNetCore.Mvc;
2
3   namespace WebAPI.Controllers
4   {
5       [ApiController]
6       [Route("[controller]")]
7       public class WeatherForecastController : ControllerBase
8       {
9           private static readonly string[] Summaries = new[]
10          {
11              "Freezing", "Bracing", "Chilly", "Cool", "Mild", "Warm", "Balmy", "Hot", "Sweltering", "Scorching"
12          };
13          private readonly ILogger<WeatherForecastController> _logger;
14          public WeatherForecastController(ILogger<WeatherForecastController> logger)
15          {
16              _logger = logger;
17          }
18          [HttpGet(Name = "GetWeatherForecast")]
19          public IEnumerable<WeatherForecast> Get()
20          {
21              return Enumerable.Range(1, 5).Select(index => new WeatherForecast
22              {
23                  Date = DateOnly.FromDateTime(DateTime.Now.AddDays(index)),
24                  TemperatureC = Random.Shared.Next(-20, 55),
25                  Summary = Summaries[Random.Shared.Next(Summaries.Length)]
26              })
27              .ToArray();
28          }
29      }
30  }
```

针对 WeatherForecast 对象构造 WeatherForecastController 控制器。该控制器中的 Summaries 成员变量是只读的数据模板。构造方法通过依赖注入方式注入了 ILogger <WeatherForecastController>日志对象。Get()方法获取当天的天气描述数据。内部通过

Enumerable.Range(1,5)随机产生了 5 条相关数据。模拟产生 WeatherForecast 对象,将该对象的 3 个属性进行填充。填充时使用随机产生器 Random.Shared.Next()随机生成。最后调用 ToArray()方法转换为 IEnumerable 类型进行返回。WeatherForecastController 控制器使用 ApiController 注解,代表 RESTful API 方式。接口 Get()方法注解 HttpGet 的参数 name 指明了路由。访问路径需要在 https://localhost:7211/后面追加 GetWeatherForecast。

Program.cs 代码如下:

```
1   var builder = WebApplication.CreateBuilder(args);
2   // Add services to the container.
3   builder.Services.AddControllers();
4   // Learn more about configuring Swagger/OpenAPI at https://aka.ms/aspnetcore/swashbuckle
5   builder.Services.AddEndpointsApiExplorer();
6   builder.Services.AddSwaggerGen();
7   var app = builder.Build();
8   // Configure the HTTP request pipeline.
9   if (app.Environment.IsDevelopment())
10  {
11      app.UseSwagger();
12      app.UseSwaggerUI();
13  }
14  app.UseHttpsRedirection();
15  app.UseAuthorization();
16  app.MapControllers();
17  app.Run();
```

Program.cs 是最小化 API 的入口类,省略了 Main()方法,全部采用顶级语句。WebApplication.CreateBuilder()构造 builder 对象。对 builder 对象进行配置,builder 对象配置逻辑如下。

builder.Services.AddControllers()。添加控制器中间件。

builder.Services.AddEndpointsApiExplorer()。引入端点路由。

builder.Services.AddSwaggerGen()。添加 Swagger 生成器。Swagger 是一款 API 的文档管理工具。

builder.Build()。完成应用构建,返回应用对象。

app 对象配置逻辑如下。

app.Environment.IsDevelopment()。判断是否为开发模式。

app.UseSwagger()。使用 Swagger 中间件。

app.UseSwaggerUI()。使用 SwaggerUI(Swagger 图形用户界面)中间件。

app.UseHttpsRedirection()。使用 Https 重定向中间件。完成 HTTPS 协议的重定向机制。

app.UseAuthorization()。使用授权机制中间件。通过策略和授权中间件的配置来决定是否允许请求继续执行。

app.MapControllers()。开启控制器映射。

app.Run()。运行应用。

appsettings 是应用程序配置文件。Logging 配置节配置了日志相关信息。Default 默认记录日志等级 Information 信息级别。AllowedHosts 允许访问主机配置项,这里采用正则表达式表明全部允许。

appsettings.json 代码如下：

```
1  {
2    "Logging": {
3      "LogLevel": {
4        "Default": "Information",
5        "Microsoft.AspNetCore": "Warning"
6      }
7    },
8    "AllowedHosts": "*"
9  }
```

.NET 8 项目中还新增了 WebAPI.http 文件。花括号插值运算符引入 URL 变量 WebAPI_HostAddress。

WebAPI.http 代码如下：

```
1  @WebAPI_HostAddress = http://localhost:5281
2  GET {{WebAPI_HostAddress}}/weatherforecast/
3  Accept: application/json
4  ###
```

至此介绍完了.NET Core 最小化 API 项目结构。MAUI 框架与其有很多相通之处，如依赖注入、配置、中间件等机制。

5.2.2 .NET Core Web API 管道模型

.NET Core Web API 管道模型是责任链设计模式的变体。责任链设计模式（Chain of Responsibility Pattern）属于行为设计模式，多个处理者构成链式结构，允许将请求沿着处理者链进行发送。每个处理者接收请求后，均可对请求进行处理，或者处理后将其传递给链上的下个处理者。管道模型可以提升系统可维护性、可测试性，避免代码冗余，能够并发执行，而且可以方便地增加和删除管道中的处理者，动态根据需求进行配置。.NET Core 内置了多个中间件，不同中间件完成不同的需求。.NET Core Web API 中间件管道模型如图 5-9 所示。

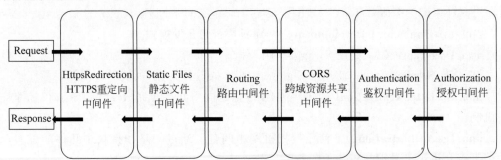

图 5-9 .NET Core WebAPI 中间件管道模型

.NET Core Web API 管道模型内置中间件如下。

app.UseAntiforgery()。使用防伪造中间件。防止恶意的第三方进行篡改。

app.UseAuthentication()。使用鉴权机制中间件。通过鉴权机制控制准入逻辑。

app.UseAuthorization()。使用授权机制中间件。通过策略和授权中间件的配置来决定是否允许请求继续执行。

app.UseCertificateForwarding()。使用证书转发中间件。寻找证书请求解码,更新HttpContext.Connection.ClientCertificate 参数。

app.UseCookiePolicy()。使用 Cookie 策略中间件。Cookie 是网站为了辨别用户身份,进行会话跟踪而存储在客户端上的数据。Cookie 策略中间件用于修改 Cookie 相关的策略。

app.UseCors()。使用跨域中间件。配置策略,允许跨域请求。

app.UseDefaultFiles()。使用默认文件中间件。开启当前路径的默认映射。

app.UseDeveloperExceptionPage()。使用开发异常页面中间件。在开发环境中,使用该中间件针对异步或同步方法抛出的异常产生用户自定义友好的 HTML 页面。

app.UseDirectoryBrowser()。使用目录访问中间件。开启当前路径目录访问功能。

app.UseEndpoints()。使用终端中间件。执行匹配的端点。与路由机制中间件相分离,增强灵活性。

app.UseExceptionHandler()。使用异常处理中间件。抛出异常后进行日志记录,并重新执行其他中间件,如果响应已经开始则不执行其他中间件。

app.UseFileServer()。使用文件服务中间件。除目录服务器外,启用所有的静态文件。

app.UseForwardedHeaders()。使用转发头中间件。用于处理转发请求字段相匹配的请求。

app.UseHealthChecks()。使用健康检查中间件。

app.UseHostFiltering()。使用主机过滤中间件。过滤不满足条件的主机。

app.UseHsts()。使用严格的传输安全头部中间件。该中间件用于开启 HTTP 严格传输安全(Strict-Transport-Security,STS)相关的功能。

app.UseHttpLogging()。使用 HTTP 日志中间件。

app.UseHttpMethodOverride()。使用 HTTP 方法重写中间件。

app.UseHttpsRedirection()。使用 HTTPS 重定向中间件。完成 HTTPS 重定向机制。

app.UseOutputCache()。使用输出缓存中间件。

app.UseMiddleware()。使用中间件。

app.UseMvc()。使用 MVC 请求中间件。使用.NET Core 模型、视图、控制器框架。

app.UseMvcWithDefaultRoute()。使用 MVC 请求中间件且为默认路由。

app.UsePathBase()。使用基路径中间件。

app.UseRateLimiter()。使用限流中间件。限流和削峰的目的是降低 QPS(Queries-Per-Second,每秒查询率),延缓用户请求,防止高并发带来的服务器压力过大导致宕机。

app.UseRequestDecompression()。使用请求压缩中间件。

app.UseRequestLocalization()。使用请求本地化中间件。

app.UseRequestTimeouts()。使用请求超时中间件。

app.UseResponseCaching()。使用响应缓存中间件。

app.UseResponseCompression()。使用响应压缩中间件。

app.UseRewriter()。使用重定向中间件。

app.UseRouter()。使用路由机制中间件。特化 IRouter 实例。

app.UseRouting()。使用路由机制中间件。特化 IApplicationBuilder 实例。

app.UseSession()。使用会话中间件。Session 是利用对象存储特定用户会话所需的属性及配置信息的对象。该方法封装了会话相关的管理。

app.UseStaticFiles()。使用静态文件中间件。通过配置静态文件中间件,产生类似 IIS 中虚拟目录的效果。

app.UseStatusCodePages()。使用状态码中间件。

app.UseStatusCodePagesWithRedirects()。使用状态码转发中间件。

app.UseStatusCodePagesWithReExecute()。使用状态码执行中间件。

app.UseSwagger()。使用 Swagger 中间件。

app.UseSwaggerUI()。使用 SwaggerUI(Swagger 图形用户界面)中间件。

app.UseW3CLogging()。使用 W3C 日志中间件。

app.UseWebSockets()。使用 WebSocket 网络通信协议。WebSocket 协议是单 TCP 连接上的全双工通信协议,仅需一次握手即可创建持久性连接,简化客户端和服务器端之间的数据交互。

app.UseWelcomePage()。使用欢迎页面中间件。

app.UseWhen()。使用条件判断中间件。

5.2.3 EFCore

EntityFrameworkCore(EFCore)是轻量级的数据访问技术,可用作对象关系映射(Object Relational Mapping,ORM)程序,类似 Java 世界中大名鼎鼎的 Hibernate 框架。EntityFrameworkCore 最方便之处在于代码优先或数据优先模式能够自动完成对应部分的生成。如代码优先(Code First)方式,用户仅需写 C♯代码,PowerShell 执行命令或应用程序启动时会自动在数据库中生成相应的数据表结构。同理,数据优先(DataBase First)方式,用户仅需写 SQL 代码,应用层自动完成 C♯相关代码同步。

1. EFCore 框架的主要优点

易切换。跨数据库能力强大,用户仅需要修改相应的配置即可完成数据库之间的切换。

易使用。EFCore 提供强大的模型设计器功能,支持复杂表之间的关联关系,以及灵活的导航属性机制。

高效率。用户无须编写复杂的 SQL 语句,强大的 ORM 机制自动完成相关操作。对于复杂的查询和修改操作需要通过 EFCore 的 ExecuteSqlCommand 完成相关操作。

延迟查。延迟查询加载和懒加载机制提升性能。

2. EFCore 框架的主要缺点

性能低。与大部分 ORM 固有的缺点一样,针对大批量的数据操作效率低,尤其是复杂查询的性能会下降。

启动慢。首次预热时启动慢,对象关系映射加载至内存后性能会提升。

NuGet 安装 EFCore 框架相关组件或者按照如下方式对项目文件进行配置。如果使用其他类型的数据库,进行相应的修改即可。

【例 5-6】 安装 EFCore 框架相关组件。

代码如下:

```
1   <ItemGroup>
2     <PackageReference Include = "Microsoft.EntityFrameworkCore.Sqlite" Version = "8.0.0" />
3     <PackageReference Include = "Microsoft.EntityFrameworkCore.Sqlite.Core" Version = "8.0.0" />
4     <PackageReference Include = "Microsoft.EntityFrameworkCore.Sqlite.NetTopologySuite" Version = "8.0.0" />
5     <PackageReference Include = "Microsoft.EntityFrameworkCore.Tools" Version = "8.0.0">
6   </ItemGroup>
```

3. EFCore 常用命令

Add-Migration。增加迁移,每次迁移前需要先执行此命令。后面的参数指定迁移的操作名称。

Update-Database。更新数据库,包括数据库中的表和字段。

Script-Migration。生成从开始到最新迁移的 SQL 语句。

5.3 网络数据库

5.3.1 核心层

实际工程中网络数据库的开发大部分需要使用 ORM 框架。核心层主要完成数据操作逻辑的封装,为上层业务应用提供相应的接口。

【例 5-7】 网络数据库核心层。

EFCoreDbContext.cs 代码如下:

```
1   using MAUISDK.Core;
2   using MAUISDK.Models;
3   using Microsoft.EntityFrameworkCore;
4   using Microsoft.Extensions.Logging;
5
6   namespace MAUISDK.Repositories
7   {
8       public class EFCoreDbContext : DbContext
9       {
10          public DbSet<MAUILearning> MAUILearning
11          {
12              get;
13              set;
14          }
15          /// <summary>
16          /// 构造方法
17          /// </summary>
```

```
18          /// <param name = "options">EFCore 选项</param>
19          public EFCoreDbContext(DbContextOptions<EFCoreDbContext> options)
20              : base(options!)
21          {
22          }
23          /// <summary>
24          /// 模型构建
25          /// </summary>
26          /// <param name = "builder">构建器</param>
27          protected override void OnModelCreating(ModelBuilder builder)
28          {
29              var cfg = builder.Entity<MAUILearning>();
30              cfg.Property(p => p.Learning).IsRequired();
31          }
32          /// <summary>
33          /// 构建
34          /// </summary>
35          /// <param name = "builder">构建器</param>
36      protected override void OnConfiguring(DbContextOptionsBuilder builder)
37          {
38              string connection = GlobalValues.ConnectionStr;
39              builder.UseSqlite(connection)
40                  .LogTo(Console.WriteLine, LogLevel.Information);
41          }
42      }
43  }
```

定义 EFCoreDbContext 是 EFCore 框架数据库上下文类，继承 DbContext 数据库上下文类。成员变量 MAUILearning 是 DbSet 类型，对应数据库中的一张表。重写 OnModelCreating()方法，构造 MAUILearning 数据表以及内部字段。重写 OnConfiguring()方法，构建数据库连接配置信息。调用构建器的 UseSqlite()方法，配置 Sqlite 数据库连接字符串信息。

IEFCoreRepository.cs 代码如下：

```
1   /// <summary>
2   /// EFCore 仓储接口
3   /// </summary>
4   /// <typeparam name = "T">数据泛型</typeparam>
5   /// <typeparam name = "Context">仓储上下文</typeparam>
6   public interface IEFCoreRepository<T, Context> : IDisposable
7       where T : class
8       where Context : DbContext
9   {
10  }
```

IEFCoreRepository 定义了仓储接口，泛型参数 T 表示数据表，泛型参数 Context 表示数据上下文。

EFCoreRepository.cs 代码结构如下：

```
1   using Microsoft.EntityFrameworkCore;
2   using System.Data;
3   using System.Linq.Expressions;
4
5   namespace MAUISDK.Repositories
```

```
6   {
7       /// <summary>
8       /// EFCore 仓储
9       /// </summary>
10      /// <typeparam name = "T">数据泛型</typeparam>
11      /// <typeparam name = "Context">仓储上下文</typeparam>
12      public class EFCoreRepository< T, Context > : IEFCoreRepository< T, Context >
13              where T : class
14              where Context : DbContext
15      {
16          #region 构造析构
17          // 此处省略相关代码
18          #endregion
19          #region 事务操作
20          // 此处省略相关代码
21          #endregion
22          #region 同步版本
23          // 此处省略相关代码
24          #endregion
25          #region 异步版本
26          // 此处省略相关代码
27          #endregion
28      }
29  }
```

EFCoreRepository EFCore 仓储继承了之前定义的 IEFCoreRepository 接口,涉及 EFCoreRepository 的代码非常多,为了从宏观上进行把握,分为四大类代码,分别用 C# 区域运算符进行划分。构造析构类方法完成 EFCore 仓储的构造析构操作,事务操作完成 EFCore 仓储的保障数据业务完整性和一致性的事务类操作,同步版本完成 EFCore 仓储涉及数据库同步类的相关操作,异步版本完成 EFCore 仓储涉及数据库异步类的相关操作。

EFCoreRepository.cs 构造析构部分代码如下:

```
1   #region 构造析构
2   private Context dbContext;
3   private readonly DbSet< T > dbSet;
4   /// <summary>
5   /// 构造方法
6   /// </summary>
7   /// <param name = "dbContext">数据库上下文</param>
8   public EFCoreRepository(Context dbContext)
9   {
10      this.dbContext = dbContext;
11      dbSet = dbContext.Set< T >();
12  }
13  /// <summary>
14  /// 释放资源
15  /// </summary>
16  public void Dispose()
17  {
18      if (dbContext != null)
19          dbContext.Dispose();
```

```
20     }
21     #endregion
```

EFCore 仓储的构造部分初始化数据表，析构部分释放数据表相关资源。

EFCoreRepository.cs 事务操作部分代码如下：

```
1    /// <summary>
2    /// 开始事务
3    /// </summary>
4    /// <param name = "isolationLevel">隔离级别</param>
5    public void BeginTransaction(IsolationLevel isolationLevel = IsolationLevel.Unspecified)
6    {
7        if (dbContext.Database.CurrentTransaction == null)
8        {
9            dbContext.Database.BeginTransaction(isolationLevel);
10       }
11   }
12   /// <summary>
13   /// 提交事务
14   /// </summary>
15   public void Commit()
16   {
17       var transaction = dbContext.Database.CurrentTransaction;
18       if (transaction != null)
19       {
20           try
21           {
22               transaction.Commit();
23           }
24           catch (Exception)
25           {
26               transaction.Rollback();
27               throw;
28           }
29       }
30   }
31   /// <summary>
32   /// 回滚事务
33   /// </summary>
34   public void Rollback()
35   {
36       if (dbContext.Database.CurrentTransaction != null)
37       {
38           dbContext.Database.CurrentTransaction.Rollback();
39       }
40   }
```

EFCore 仓储的事务操作部分封装了下述 3 个核心方法。

BeginTransaction()。开始事务。根据事务的隔离级别参数 IsolationLevel 进行配置。

Commit()。提交事务。获取当前事务对象，如果提交成功则不进行回滚；如果提交不成功则回滚后抛出异常供上层程序处理。

Rollback()。回滚事务。手动调用此方法完成当前事务的回滚操作。

第5章 书山有路勤为径 学海无涯苦作舟——MAUI数据访问

EFCore仓储的同步和异步操作包含很多方法。同步操作指所有的逻辑都执行完，才最终返回给用户，可能导致用户在线等待的时间过长，造成一种阻塞或死机的体验。异步操作是将用户请求放入消息队列后，直接返回，一个任务不需要等待另一个任务的完成就能够继续执行，这种方式不会造成任务阻塞，可以提高系统的响应速度。下面仅介绍几个常用的方法，其余的读者自行查看代码，根据需要也可以自行进行扩充和完善。

根据条件分页查询代码如下：

```
1    /// <summary>
2    /// 根据条件分页查询
3    /// </summary>
4    /// <typeparam name = "TOrder">排序约束</typeparam>
5    /// <param name = "where">过滤条件</param>
6    /// <param name = "order">排序条件</param>
7    /// <param name = "pageIndex">当前页码</param>
8    /// <param name = "pageSize">每页记录条数</param>
9    /// <param name = "count">返回总条数</param>
10   /// <param name = "isDesc">是否倒序</param>
11   /// <returns>查询结果集</returns>
12   public IEnumerable < T > Where < TOrder >(Func < T, bool > @where, Func < T, TOrder > order, int pageIndex, int pageSize, out int count, bool isDesc = false)
13   {
14       count = Count();
15       if (isDesc)
16       {
17           return dbSet.Where(@where).OrderByDescending(order).Skip((pageIndex - 1) * pageSize).Take(pageSize);
18       }
19       else
20       {
21           return dbSet.Where(@where).OrderBy(order).Skip((pageIndex - 1) * pageSize).Take(pageSize);
22       }
23   }
```

根据条件分页查询是数据库的常用操作之一。泛型参数 TOrder 是排序要求，函数委托参数 @where 是过滤条件，函数委托参数 order 是排序规则，pageIndex 为页码，pageSize 为每页大小，count 作为输出参数返回总条数，isDesc 表示是否进行降序。通过链式调用方式实现，Skip()方法跳过指定记录，Take()方法获取指定记录数，如果不足则返回剩余所有。返回的结果集是 IEnumerable 可枚举类型。

插入实体对象代码如下：

```
1    /// <summary>
2    /// 插入实体对象
3    /// </summary>
4    /// <param name = "entity">实体对象</param>
5    /// <param name = "save">是否保存</param>
6    /// <returns>实体对象</returns>
7    public async Task < T > AddAsync(T entity, bool save = true)
8    {
9        await dbSet.AddAsync(entity);
```

```
10        if (save)
11        {
12            await this.SaveChangesAsync();
13        }
14        return entity;
15    }
```

数据库的插入操作是数据库的常用操作之一。通过 save 参数判断是否需要同步至实体数据库。

删除实体对象代码如下：

```
1     /// <summary>
2     /// 删除实体对象
3     /// </summary>
4     /// <param name = "entity">实体对象</param>
5     /// <param name = "save">是否保存</param>
6     public async Task DeleteAsync(T entity, bool save = true)
7     {
8         dbSet.Remove(entity);
9         if (save)
10        {
11            await this.SaveChangesAsync();
12        }
13    }
```

数据库的删除操作是数据库的常用操作之一。通过 save 参数判断是否需要同步至实体数据库。

根据编号查询对象代码如下：

```
1     /// <summary>
2     /// 根据编号查询对象
3     /// </summary>
4     /// <typeparam name = "Ttype">字段类型</typeparam>
5     /// <param name = "id">编号</param>
6     /// <returns></returns>
7     public async Task<T> GetByIdAsync<Ttype>(Ttype id)
8     {
9         return await dbSet.FindAsync(id);
10    }
```

数据库的查询操作是数据库的常用操作之一。上述代码实现了基于主键的查询。

修改对象代码如下：

```
1     /// <summary>
2     /// 修改对象
3     /// </summary>
4     /// <param name = "entity">实体对象</param>
5     /// <param name = "save">是否保存</param>
6     public async Task UpdateAsync(T entity, bool save = true)
7     {
8         dbSet.Update(entity);
9         if (save)
10        {
11            await this.SaveChangesAsync();
12        }
13    }
```

数据库的修改操作是数据库的常用操作之一。通过 save 参数判断是否需要同步至实体数据库。

5.3.2 服务层

核心层完成了底层数据交互的逻辑封装，服务层则进行业务逻辑的封装。首先定义 RESTful API 操作风格的接口。

【例 5-8】 网络数据库服务层。

IRestService.cs 代码如下：

```
1   using MAUISDK.Models;
2
3   namespace MAUISDK.Interfaces
4   {
5       public interface IRestService<T> where T : BaseModel
6       {
7           Task<List<T>> QueryAsync();
8           Task SaveAsync(T Item, bool newData = true);
9           Task RemoveAsync(long Id);
10      }
11  }
```

IRestService 接口的泛型参数继承了 BaseModel 基本模型类，需要符合 BaseModel 基本模型类的规范。下面是其中的 3 个方法。

QueryAsync()。数据查询接口。

SaveAsync()。数据保存接口。参数 Item 是待保存的对象，参数 newData 指明是否为新增数据，用于区分新增操作还是修改操作。

RemoveAsync()。数据删除接口。参数 Id 对应数据对象的主键。

RestService.cs 代码如下：

```
1   using MAUISDK.Interfaces;
2   using MAUISDK.Models;
3   using System.Text.Json;
4   using System.Text;
5   using MAUISDK.Core;
6
7   namespace MAUISDK.Services
8   {
9       public class RestService<T> : IRestService<T> where T : BaseModel
10      {
11          private HttpClient client;
12          private JsonSerializerOptions serializerOptions;
13          private IHttpsClientHandlerService httpsClientHandlerService;
14          public List<T> ItemList;
15      public RestService(IHttpsClientHandlerService httpsClientHandlerService)
16          {
17  #if DEBUG
18              this.httpsClientHandlerService = httpsClientHandlerService;
19              HttpMessageHandler handler =
20  httpsClientHandlerService.GetPlatformMessageHandler();
21              if (handler != null)
```

```csharp
22              client = new(handler);
23          else
24              client = new();
25  #else
26          client = new HttpClient();
27  #endif
28          serializerOptions = new JsonSerializerOptions
29          {
30              PropertyNamingPolicy = JsonNamingPolicy.CamelCase,
31              WriteIndented = true
32          };
33      }
34      public async Task<List<T>> QueryAsync()
35      {
36          ItemList = [];
37          Uri uri = new(GlobalValues.RestUrl);
38          try
39          {
40              HttpResponseMessage response = await client.GetAsync(uri);
41              if (response.IsSuccessStatusCode)
42              {
43                  string content = await response.Content.ReadAsStringAsync();
44                  ItemList = JsonSerializer.Deserialize<List<T>>(content, serializerOptions)!;
45              }
46          }
47          catch
48          {
49          }
50          return ItemList;
51      }
52
53      public async Task SaveAsync(T Item, bool newData = true)
54      {
55          Uri uri = new(GlobalValues.RestUrl);
56          try
57          {
58              string json = JsonSerializer.Serialize<T>(Item, serializerOptions);
59              StringContent content = new(json, Encoding.UTF8, "application/json");
60              HttpResponseMessage response;
61              if (newData)
62              {
63                  response = await client.PostAsync(uri, content);
64              }
65              else
66              {
67                  response = await client.PutAsync(uri, content);
68              }
69          }
70          catch
71          {
72          }
73      }
74      public async Task RemoveAsync(long Id)
75      {
76          Uri uri = new(String.Format(GlobalValues.RemoveItem, Id));
```

```
77              try
78              {
79                  HttpResponseMessage response = await client.DeleteAsync(uri);
80              }
81              catch
82              {
83              }
84          }
85      }
86  }
```

RestService 继承了 IRestService 接口。构造方法完成 IHttpsClientHandlerService 对象实例的依赖注入，并构造出 HttpClient 与服务器交互的对象，同时完成了 JsonSerializerOptions JSON 序列化对象选项配置。PropertyNamingPolicy JSON 属性名称策略指定为 CamelCase（骆驼拼写法），根据单词的大小写拼写复合词的方法。骆驼拼写法又分为小骆驼拼写法和大骆驼拼写法。小骆驼拼写法是指第一个词的首字母小写，后面单词首字母大写，单词除首字母后的字母均为小写。大骆驼拼写法是指第一个词的首字母大写，后面单词首字母大写，单词除首字母后的字母均为小写。WriteIndented 参数指明了 JSON 是否采用格式缩进。

QueryAsync()。数据查询方法。通过 HttpClient 对象获取结果后，因为服务器的控制器返回的是 JSON 格式，所以需要调用 JsonSerializer 类的 Deserialize() 反序列化方法转换为对象列表。

SaveAsync()。数据保存方法。提交参数时，根据后台的[FromForm]注解，配套使用 StringContent 对象进行提交 POST 请求。

RemoveAsync()。数据删除方法。直接调用 HttpClient 对象的 DeleteAsync() 方法。

5.3.3 控制层

控制层主要由控制器实现对服务器的封装。配置了路由参数［Route("api/[controller]")］，通过控制器类型进行路由匹配。

【例 5-9】 网络数据库控制层。

MAUILearningController.cs 代码如下：

```
1   [ApiController]
2   [Route("api/[controller]")]
3   public class MAUILearningController : ControllerBase
4   {
5       private readonly IEFCoreRepository< MAUILearning, EFCoreDbContext> repository;
6       public MAUILearningController(IEFCoreRepository< MAUILearning, EFCoreDbContext> repository)
7       {
8           this.repository = repository;
9       }
10      [HttpGet]
11      public IActionResult List()
12      {
13          return Ok(repository.GetAll());
14      }
```

```
15  [HttpPost]
16  public IActionResult Create([FromBody] MAUILearning Item)
17  {
18      try
19      {
20          if (Item == null || !ModelState.IsValid)
21          {
22              return BadRequest("InValid");
23          }
24          repository.AddAsync(Item);
25      }
26      catch (Exception)
27      {
28          return BadRequest("Error");
29      }
30      return Ok(Item);
31  }
32  [HttpPut]
33  public IActionResult Update([FromBody] MAUILearning Item)
34  {
35      try
36      {
37          if (Item == null || !ModelState.IsValid)
38          {
39              return BadRequest("InValid");
40          }
41          repository.UpdateAsync(Item);
42      }
43      catch (Exception)
44      {
45          return BadRequest("Error");
46      }
47      return NoContent();
48  }
49  [HttpDelete("{Id}")]
50  public IActionResult Remove(long Id)
51  {
52      try
53      {
54          repository.DeleteAsync(Id);
55      }
56      catch (Exception)
57      {
58          return BadRequest("Error");
59      }
60      return NoContent();
61  }
62  }
```

控制器的构造方法通过依赖注入机制完成仓储对象的初始化，增、删、查、改操作均是通过调用之前仓储对象封装的方法完成。控制器主要完成异常检测功能，如果抛出异常，返回 BadRequest 类型。IActionResult 是控制器方法执行后返回的结果类型，Ok() 方法返回的结果类型是正常服务返回的类型，BadRequest() 方法返回的结果类型是异常服务返回的类型，NoContent() 方法返回的结果类型是无内容类型。

客户端界面层定义 WebPage.xaml 代码如下：

```xml
1   <?xml version = "1.0" encoding = "UTF - 8" ?>
2   <ContentPage
3       x:Class = "MAUIDemo.Pages.WebPage"
4       xmlns = "http://schemas.microsoft.com/dotnet/2021/maui"
5       xmlns:x = "http://schemas.microsoft.com/winfx/2009/xaml"
6       Title = "网络访问">
7       <ContentPage.Resources>
8           <Style TargetType = "Entry">
9               <Setter Property = "HorizontalOptions" Value = "Center" />
10              <Setter Property = "HorizontalTextAlignment" Value = "Center" />
11              <Setter Property = "WidthRequest" Value = "300" />
12              <Setter Property = "HeightRequest" Value = "40" />
13          </Style>
14          <Style TargetType = "Button">
15              <Setter Property = "HorizontalOptions" Value = "Center" />
16              <Setter Property = "WidthRequest" Value = "300" />
17              <Setter Property = "HeightRequest" Value = "40" />
18              <Setter Property = "BackgroundColor" Value = "#512BD4" />
19          </Style>
20      </ContentPage.Resources>
21      <VerticalStackLayout>
22          <Entry x:Name = "entry" Placeholder = "输入信息" />
23          <Button
24              Command = "{Binding OnSaveAsync}"
25              CommandParameter = "{Binding Source = {x:Reference entry}, Path = Text}"
26              Text = "保存" />
27          <Button
28              Command = "{Binding OnRemoveAsync}"
29              CommandParameter = "{Binding Source = {x:Reference entry}, Path = Text}"
30              Text = "删除" />
31          <Button Command = "{Binding OnFlushAsync}" Text = "刷新" />
32          <CollectionView
33              x:Name = "collectionView"
34              HorizontalOptions = "Center"
35              SelectionMode = "Single"
36              WidthRequest = "300">
37              <CollectionView.ItemTemplate>
38                  <DataTemplate>
39                      <Grid ColumnDefinitions = "Auto">
40                          <Label
41                              HorizontalOptions = "Center"
42                              HorizontalTextAlignment = "Center"
43                              Text = "{Binding Learning}"
44                              VerticalTextAlignment = "Center" />
45                      </Grid>
46                  </DataTemplate>
47              </CollectionView.ItemTemplate>
48          </CollectionView>
49      </VerticalStackLayout>
50  </ContentPage>
```

资源定义部分定义了 Entry 和 Button 控件的页面级通用样式。主体部分通过 VerticalStackLayout 垂直布局定义了输入条目、保存和删除按钮。CollectionView 控件用于展示数据信息。DataTemplate 内部使用 Grid 布局展示标签，标签绑定了数据的

Learning 属性。

WebPage.xaml.cs 代码如下：

```csharp
using MAUISDK.Interfaces;
using MAUISDK.Models;
using System.Collections.ObjectModel;
using System.Windows.Input;

namespace MAUIDemo.Pages;

public partial class WebPage : ContentPage
{
    private readonly IRestService<MAUILearning> restService;
    public ObservableCollection<MAUILearning> MAUILearnings
    {
        get;
        set;
    }
    public ICommand OnSaveAsync
    {
        get;
        set;
    }
    public ICommand OnRemoveAsync
    {
        get;
        set;
    }
    public ICommand OnFlushAsync
    {
        get;
        set;
    }
    public WebPage(IRestService<MAUILearning> restService)
    {
        this.restService = restService;
        InitializeComponent();
        OnSaveAsync = new Command(async (arg) =>
        {
            MAUILearning Item = new()
            {
                Learning = entry.Text.Trim()
            };
            await restService.SaveAsync(Item);
            await DisplayAlert("信息", "保存成功", "确认");
            OnFlushAsync.Execute(null);
        });
        OnRemoveAsync = new Command(async (arg) =>
        {
            long Id = long.Parse(arg.ToString());
            await restService.RemoveAsync(Id);
            await DisplayAlert("信息", "删除" + Id.ToString() + "成功", "确认");
            OnFlushAsync.Execute(null);
        });
        OnFlushAsync = new Command(async (arg) =>
```

第5章 书山有路勤为径 学海无涯苦作舟——MAUI数据访问

```
53              {
54                  var Items = await restService.QueryAsync();
55                  MainThread.BeginInvokeOnMainThread(() =>
56                  {
57                      MAUILearnings = new();
58                      foreach (var Item in Items)
59                      {
60                          MAUILearnings.Add(Item);
61                      }
62                  });
63                  OnPropertyChanged("MAUILearnings");
64                  collectionView.ItemsSource = MAUILearnings;
65              });
66          BindingContext = this;
67      }
68      protected override void OnAppearing()
69      {
70          base.OnAppearing();
71          OnFlushAsync.Execute(null);
72      }
73  }
```

与本地数据库界面逻辑代码实现完全类似，刷新操作也使用了 MAUI 涉及界面多线程更新数据时保障线程安全的技巧。网络操作数据库的示例效果如图 5-10 所示。

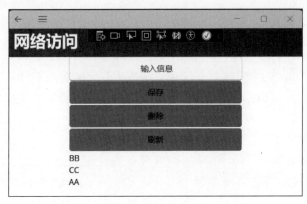

图 5-10　网络操作数据库的示例效果

本示例以极简的方式完成了 MAUI 网络数据库编程相关的全流程操作，起到演示作用。作为抛砖引玉，相信读者能够开发出比 MAUI 网络数据库示例更为复杂的业务场景。

第 6 章

视频讲解

长风破浪会有时　直挂云帆济沧海
——MAUI平台集成

6.1 平台相关

6.1.1 Windows 平台

UWP(Universal Windows Platform,通用 Windows 平台)是 Microsoft 公司开发的一款通用于各种 Windows 操作系统的平台。UWP 不仅能应用于计算机设备,还支持手机、平板电脑、Xbox、HoloLens、物联网等。早期的 Windows 不支持 UWP,这里特指 Windows 10 及以后版本。现如今放眼全球,Windows 11 已经逐步普及,Windows 12 强势来袭,今后必然对其通用性进一步提升。

UWP 应用能够在运行 Windows 的所有设备上使用通用 API。调用基于特定设备的功能,根据 UI 适配不同的分辨率和 DPI(Dots Per Inch,每英寸长度内的像素点)等。与 Apple Store 类似,Microsoft Store 作为软件统一管理和获得的源。

.NET MAUI 提供跨平台 API 访问,作为 Windows 操作系统的独家研发者,针对 Windows 平台的兼容性必然是最好的,大部分功能直接在开发主机上先行测试,再移植到手机端或其他终端测试,降低开发成本。

6.1.2 Android 平台

Android 是基于 Linux 内核开源的操作系统。在移动设备上广泛使用,如平板电脑、智能手机等。系统架构包含 4 层,由低层到高层分别是内核层、运行库层、框架层、应用层。其中内核层并不是完全意义的 GNU/Linux,大部分功能不支持,一方面是因特定于手机端功能适配,另一方面是因其是为商业化针对特定开源协议而做出的适配。运行库层包含 C/C++库,为上层组件提供服务,供上层组件调用,运行库还包括 Android 运行时,作为核心库的集合。框架层包括活动管理器、通知管理器、资源管理器、内容提供器以及各种控件。活动管理器管理应用程序生命周期,通知管理器管理状态栏中的信息,资源管理器管理本地资源(数据、图片、音频、视频、布局配置等),内容提供器提供数据库和共享数据。各种控件包括 TextView、EditText、ImageView、Button、ProgressBar、ToolBar、Notification、AlertDialog 等。应用层就是随操作系统发布时一起打包的相关程序,如短信、地图、日历、通讯录、时钟、浏览器等。

Android 较新版本新增主要特性介绍如下。

Android 9。支持 Wi-Fi 往返时延(Round-Trip Time,RTT)室内定位,支持全面屏、隐私权变更、机器学习,新增 AnimatedImageDrawable 类,增加非 SDK 接口限制,媒体增强等。

Android 10。支持 5G 网络,增加暗黑主题、手势导航、智能回复、用户隐私,设备可折叠,机器学习算法更新等。

Android 11。增强隐私保护,优化折叠设备支持,用户体验尤其是 5G 上网功能增强,增强控制功能,新增系统无缝更新机制等。

Android 12。UI 界面优化,底层性能提升,新增 AVIF 图片格式,增强物联网功能,新增视频转码功能和主题优化功能,完善隐私设置等。

Android 13。提供了很多提高开发者工作效率的工具,如新增主题和媒体播放器功能、应用通知增强、语言设置配置选项增强等。

Android 14。扩展了国际化相关设置(地区偏好、语言输入等)、优化无障碍特性、优化 Sharesheet 组件功能和 Path 类插值和查询功能,支持 OpenJDK 17 等。

6.1.3 iOS 平台

iOS 是苹果公司研发的移动端操作系统。适用于 iPhone、iPod touch 和 iPad。系统架构包含 4 层,由低层到高层分别是操作系统核心层、核心服务层、媒体层、可触摸层。其中操作系统核心层完成内存管理、文件系统、电源管理等系统级的操作,完成与硬件交互,为上层提供一些 C 语言接口。核心服务层用于访问 iOS 操作系统提供的服务。媒体层操作各种图形、图像、动画、音频、视频。可触摸层为上层应用开发提供各种框架及 UI 相关的组件等。各种控件包括 UITestView、UILabel、UIWebWiew、UIImageViews、UIAlertView、UIActionSheet、UIButton、UISwtich、UITextField、UITableView、UINavigationBar、UIProgreessView 等。

iOS 较新版本新增主要特性介绍如下。

iOS 14。新增桌面部件、悬浮播放视频、应用资源库、智能 Siri 及优化控制中心等。

iOS 15。新增通话中同播共享功能、新增专注模式、信息功能增强、通知功能增强、地图功能增强、安全性增强等。

iOS 16。优化锁屏、信息功能优化、新增电池百分比开关、智能检测门、照片功能优化等。

iOS 17。全新的 UI 设计、Siri 智能升级、隐私保护、多任务处理优化、提升拍照效果等。

iOS 18。系统改版、Siri 与 LLM(Large Language Model,大语言模型)融合、隐私保

护优化等。

iOS 19。提升用户体验,全新的健康管理功能,进一步优化深度学习算法和智能家居等。

6.1.4 macOS 平台

macOS 是苹果公司研发的台式计算机或笔记本计算机操作系统。适用于 iMac、Macbook Air、Macbook Pro、Macbook、Mac Pro 等。macOS 系统的最大特点是很少受到病毒的攻击。macOS 操作系统是基于 UNIX 内核的图形化操作系统,由苹果公司独家生产,与其硬件深度融合,普通计算机无法安装此操作系统,只能通过虚拟机安装。

6.1.5 Tizen 平台

Tizen 是基于 Linux 内核并由三星电子开发的操作系统。Tizen 操作系统适用于手机、智能电视、平板电脑、机顶盒、智能家居、车载系统等。Tizen 支持的设备具有扩展性。底层平台相关的 API 以 H5 方式公开,包括相机、通信、多媒体、网络等接口,允许构建跨平台应用程序。

6.2 硬件相关

6.2.1 硬件概述

硬件相关操作指 .NET MAUI 对不同平台偏底层的功能进行封装,统一使用 C♯ 编程语言进行调用。大部分操作定义相同的接口规范,底层实现时针对不同的平台进行适配,上层用户调用时无须考虑底层实现细节。.NET MAUI 框架屏蔽了底层实现细节,向上层提供了接口。接口相当于调用规范,只要符合规约,不同硬件、不同终端、不同操作系统通过接口机制进行互操作。.NET MAUI 偏底层的相关操作包括浏览器、地图、拍照、截屏、文本朗读、电池、手电筒、触摸操作、振动、经纬度等。

为集中展示 .NET MAUI 硬件相关操作,将相关界面层统一到了 DevicePage 页面组件中。DeviceUtils 类对偏底层的相关操作进行了封装,读者可直接使用 DeviceUtils 类或在此基础上进行二次开发。设备操作界面如图 6-1 所示。

设备页面整体采用 VerticalStackLayout 垂直布局,为保证紧凑性,垂直布局的每一行采用 HorizontalStackLayout 水平布局。每一行汇总了相关类型的操作。

【例 6-1】 硬件操作界面。

DevicePage.xaml 代码如下:

```
1    <?xml version = "1.0" encoding = "UTF - 8" ?>
2    < ContentPage
3        x:Class = "MAUIDemo.Pages.DevicePage"
4        xmlns = "http://schemas.microsoft.com/dotnet/2021/maui"
5        xmlns:x = "http://schemas.microsoft.com/winfx/2009/xaml"
6        Title = "设备操作">
7        < VerticalStackLayout >
8            < HorizontalStackLayout HorizontalOptions = "Center">
```

第6章 长风破浪会有时 直挂云帆济沧海——MAUI平台集成

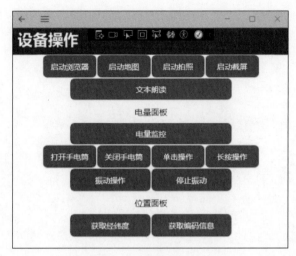

图 6-1 设备操作界面

```
9          <Button
10             Command = "{Binding OnStartBrowser}"
11             Text = "启动浏览器"
12             WidthRequest = "100" />
13         <Button
14             Command = "{Binding OnStartMap}"
15             Text = "启动地图"
16             WidthRequest = "100" />
17         <Button
18             Command = "{Binding OnTakePhoto}"
19             Text = "启动拍照"
20             WidthRequest = "100" />
21         <Button
22             Command = "{Binding OnScreenShot}"
23             Text = "启动截屏"
24             WidthRequest = "100" />
25     </HorizontalStackLayout>
26     <Button
27         Command = "{Binding OnSpeak}"
28         Style = "{StaticResource NormButton}"
29         Text = "文本朗读" />
30     <Label
31         x:Name = "BatteryLabel"
32         Style = "{StaticResource NormLabel}"
33         Text = "电量面板" />
34     <Button
35         Command = "{Binding OnBatteryMonitor}"
36         Style = "{StaticResource NormButton}"
37         Text = "电量监控" />
38     <HorizontalStackLayout HorizontalOptions = "Center">
39         <Button
40             Command = "{Binding OnTurnOnFlashlight}"
41             Text = "打开手电筒"
42             WidthRequest = "100" />
43         <Button
44             Command = "{Binding OnTurnOffFlashlight}"
```

```xml
45                    Text = "关闭手电筒"
46                    WidthRequest = "100" />
47                <Button
48                    Command = "{Binding OnPress}"
49                    Text = "单击操作"
50                    WidthRequest = "100" />
51                <Button
52                    Command = "{Binding OnLongPress}"
53                    Text = "长按操作"
54                    WidthRequest = "100" />
55            </HorizontalStackLayout>
56            <HorizontalStackLayout HorizontalOptions = "Center">
57                <Button
58                    Command = "{Binding OnVibrate}"
59                    Text = "振动操作"
60                    WidthRequest = "150" />
61                <Button
62                    Command = "{Binding OnStopVibrate}"
63                    Text = "停止振动"
64                    WidthRequest = "150" />
65            </HorizontalStackLayout>
66            <Label
67                x:Name = "PositionLabel"
68                Style = "{StaticResource NormLabel}"
69                Text = "位置面板" />
70            <HorizontalStackLayout HorizontalOptions = "Center">
71                <Button
72                    Command = "{Binding OnGetCachedLocation}"
73                    Text = "获取经纬度"
74                    WidthRequest = "150" />
75                <Button
76                    Command = "{Binding OnGetGeoData}"
77                    Text = "获取编码信息"
78                    WidthRequest = "150" />
79            </HorizontalStackLayout>
80            <Image
81                x:Name = "image1"
82                HeightRequest = "100"
83                HorizontalOptions = "Center"
84                VerticalOptions = "Center"
85                WidthRequest = "600" />
86            <Editor
87                x:Name = "editor"
88                BackgroundColor = "AntiqueWhite"
89                HeightRequest = "700"
90                HorizontalOptions = "Center"
91                HorizontalTextAlignment = "Center"
92                IsReadOnly = "True"
93                VerticalOptions = "Center"
94                WidthRequest = "500" />
95        </VerticalStackLayout>
96   </ContentPage>
```

DevicePage.xaml.cs 代码如下:

```
1   using MAUISDK.Utils;
2   using System.Windows.Input;
3   
4   namespace MAUIDemo.Pages;
5   
6   public partial class DevicePage : ContentPage
7   {
8       public ICommand OnStartBrowser
9       {
10          get;
11          set;
12      }
13      public ICommand OnStartMap
14      {
15          get;
16          set;
17      }
18      public ICommand OnTakePhoto
19      {
20          get;
21          set;
22      }
23      public ICommand OnScreenShot
24      {
25          get;
26          set;
27      }
28      public ICommand OnSpeak
29      {
30          get;
31          set;
32      }
33      public ICommand OnBatteryMonitor
34      {
35          get;
36          set;
37      }
38      public ICommand OnTurnOnFlashlight
39      {
40          get;
41          set;
42      }
43      public ICommand OnTurnOffFlashlight
44      {
45          get;
46          set;
47      }
48      public ICommand OnPress
49      {
50          get;
51          set;
52      }
53      public ICommand OnLongPress
54      {
```

```csharp
55              get;
56              set;
57          }
58          public ICommand OnVibrate
59          {
60              get;
61              set;
62          }
63          public ICommand OnStopVibrate
64          {
65              get;
66              set;
67          }
68          public ICommand OnGetCachedLocation
69          {
70              get;
71              set;
72          }
73          public ICommand OnGetGeoData
74          {
75              get;
76              set;
77          }
78          private readonly BatteryWatcher batteryWatcher;
79          public DevicePage()
80          {
81              InitializeComponent();
82              this.editor.Text = DeviceUtils.GetDeviceInfor();
83              batteryWatcher = new BatteryWatcher(BatteryLabel);
84              OnStartBrowser = new Command(() =>
85              {
86                  DeviceUtils.LoadBrowser("http://www.baidu.com");
87              });
88              OnStartMap = new Command(async () =>
89              {
90                  await DeviceUtils.LoadMap(39, 116);
91              });
92              OnTakePhoto = new Command(DeviceUtils.TakePhoto);
93              OnScreenShot = new Command(() =>
94              {
95                  DeviceUtils.ScreenShot(image1);
96              });
97              OnSpeak = new Command(() =>
98              {
99                  DeviceUtils.Speak("This is a test!文本转语音也支持中文");
100             });
101             OnBatteryMonitor = new Command(batteryWatcher.WatchBattery);
102             OnTurnOnFlashlight = new Command(() =>
103             {
104                 DeviceUtils.SetFlashlight(true);
105             });
106             OnTurnOffFlashlight = new Command(() =>
107             {
108                 DeviceUtils.SetFlashlight(false);
109             });
110             OnPress = new Command(DeviceUtils.PerformWithClick);
```

```
111          OnLongPress = new Command(DeviceUtils.PerformWithLongPress);
112          OnVibrate = new Command(() =>
113          {
114              DeviceUtils.Vibrate(5);
115          });
116          OnStopVibrate = new Command(() =>
117          {
118              DeviceUtils.Vibrate(-1);
119          });
120          OnGetCachedLocation = new Command(() =>
121          {
122              Task<Location> task = DeviceUtils.GetCachedLocation();
123              PositionLabel.Text = task.Result.ToString();
124          });
125          OnGetGeoData = new Command(() =>
126          {
127              Task<string> task = DeviceUtils.GetGeoData(1, 1);
128              PositionLabel.Text = task.Result.ToString();
129          });
130          BindingContext = this;
131      }
132  }
```

因为大多是通过按钮触发相关操作,所以使用ICommand接口。构造方法初始化全部ICommand,内部通过相关核心操作类DeviceUtils的静态方法进行调用。电池电量操作的类设计动态变化监测,使用BatteryWatcher类进行封装,初始化时传入监控面板用于前端实时显示相关电量信息。

6.2.2 设备信息

开发应用程序时免不了要获取设备相关的信息,偏硬件相关的信息统称为设备信息,偏软件相关的信息统称为应用信息。GetDeviceInfor()方法是对设备信息和应用信息使用方法的统一展示。内部主要使用DeviceInfo(设备信息)类、DeviceDisplay(设备展示)类、AppInfo(应用信息)类。

【例6-2】 获取设备信息。

```
1   /// <summary>
2   /// 获取设备信息
3   /// </summary>
4   /// <returns>设备信息</returns>
5   public static string GetDeviceInfor()
6   {
7       StringBuilder buffer = new();
8       buffer.AppendLine("[设备信息]");
9       buffer.AppendLine("设备模型>" + DeviceInfo.Current.Model);
10      buffer.AppendLine("设备厂家>" + DeviceInfo.Current.Manufacturer);
11      buffer.AppendLine("设备名称>" + DeviceInfo.Current.Name);
12      buffer.AppendLine("设备平台>" + DeviceInfo.Current.Platform);
13      buffer.AppendLine("设备方言>" + DeviceInfo.Current.Idiom);
14      buffer.AppendLine("设备版本>" + DeviceInfo.Current.VersionString);
15      string v = DeviceInfo.Current.DeviceType.Equals(DeviceType.Virtual) ? "是" : "否";
16      buffer.AppendLine("开启虚拟化" + v);
17      buffer.AppendLine("像素宽度*像素高度" +
```

```csharp
18          DeviceDisplay.Current.MainDisplayInfo.Width + " * " +
19  DeviceDisplay.Current.MainDisplayInfo.Height);
20          buffer.AppendLine("像素密度" +
21  DeviceDisplay.Current.MainDisplayInfo.Density);
22          buffer.AppendLine("显示方向" +
23  DeviceDisplay.Current.MainDisplayInfo.Orientation);
24          buffer.AppendLine("旋转角度" +
25  DeviceDisplay.Current.MainDisplayInfo.Rotation);
26          buffer.AppendLine("刷新率" +
27  DeviceDisplay.Current.MainDisplayInfo.RefreshRate);
28          buffer.AppendLine("[应用信息]");
29          buffer.AppendLine("应用程序名称>" + AppInfo.Current.Name);
30          buffer.AppendLine("应用程序构建版本>" + AppInfo.Current.BuildString);
31          buffer.AppendLine("应用程序包名>" + AppInfo.Current.PackageName);
32          buffer.AppendLine("应用程序版本>" + AppInfo.Current.VersionString);
33          string theme = AppInfo.Current.RequestedTheme switch
34          {
35              AppTheme.Dark => "深色主题",
36              AppTheme.Light => "浅色主题",
37              _ => "未知主题"
38          };
39          buffer.AppendLine("应用程序主题>" + theme);
40          string direction = AppInfo.Current.RequestedLayoutDirection.ToString();
41          buffer.AppendLine("布局方向>" + direction);
42          string cacheDir = FileSystem.Current.CacheDirectory;
43          buffer.AppendLine("缓存路径>" + cacheDir);
44          string appDir = FileSystem.Current.AppDataDirectory;
45          buffer.AppendLine("应用数据路径>" + appDir);
46          return buffer.ToString();
47  }
```

获取设备信息的运行结果如图 6-2 所示。

```
[设备信息]
设备模型>90G0CTO1WW
设备厂家>LENOVO
设备名称>20221020-210013
设备平台>WinUI
设备方言>Desktop
设备版本>10.0.22000.613
开启虚拟化否
像素宽度*像素高度1920*1080
像素密度1
显示方向Landscape
旋转角度Rotation0
刷新率60
[应用信息]
应用程序名称>MAUIDemo
应用程序构建版本>1
应用程序包名>b134a673-da6a-4947-86e3-744a12ba42bb
应用程序版本>1.0.0.1
应用程序主题>浅色主题
布局方向>LeftToRight
缓存路径>C:\Users\Administrator\AppData\Local\Packages\b134a673-
da6a-4947-86e3-744a12ba42bb_9zz4h110yvjzm\LocalCache
应用数据路径>C:\Users\Administrator\AppData\Local\Packages
\b134a673-da6a-4947-86e3-744a12ba42bb_9zz4h110yvjzm\LocalState
```

图 6-2　获取设备信息的运行结果

6.2.3 电池

嵌入式设备的低功耗特性有助于使用时间的延迟,电池电量监控成为必不可少的环节。MAUI 框架的 Battery(电池)类针对各平台的电池物理环境进行抽象。Battery 模型包括 BatteryState(充电状态)、PowerSource(充电方式)、EnergySaverStatus(节能状态)等重要参数。电量改变通过 BatteryInforChanged()事件进行描述,充电方式通过 Battery.Default.PowerSource 枚举变量进行描述,节能状态通过 EnergySaverStatusChanged()事件进行描述。

【例 6-3】 电池。

BatteryWatcher.cs 代码如下:

```
1   public class BatteryWatcher
2   {
3       private Label label;
4       public BatteryWatcher(Label label)
5       {
6           this.label = label;
7       }
8       private bool watch;
9       public string BatteryInfor
10      {
11          get;
12          set;
13      }
14      public double ChargeLevel
15      {
16          get;
17          set;
18      }
19      public bool BatteryLow
20      {
21          get;
22          set;
23      }
24      public void WatchBatteryToggle(object sender, ToggledEventArgs e) => WatchBattery();
25      public void WatchBattery()
26      {
27          if (!watch)
28          {
29              Battery.Default.BatteryInfoChanged += BatteryInforChanged;
30          }
31          else
32          {
33              Battery.Default.BatteryInfoChanged -= BatteryInforChanged;
34          }
35          watch = !watch;
36      }
37      public virtual void BatteryInforChanged(object sender, BatteryInfoChangedEventArgs e)
38      {
39          ChargeLevel = e.ChargeLevel;
40          BatteryInfor = e.State switch
```

```
41        {
42            BatteryState.Charging => "充电中",
43            BatteryState.Discharging => "断开连接",
44            BatteryState.Full => "电量满",
45            BatteryState.NotCharging => "非充电中",
46            BatteryState.NotPresent => "不可用",
47            BatteryState.Unknown => "未知状态",
48            _ => "未知状态"
49        };
50        StringBuilder buffer = new();
51        buffer.AppendLine(BatteryInfor);
52        buffer.AppendLine($"目前电量为{ChargeLevel * 100}%");
53        label.Text = buffer.ToString();
54    }
55    public void EnergySaverStatusChanged(object sender, EnergySaverStatusChangedEventArgs e)
56    {
57        BatteryLow = Battery.Default.EnergySaverStatus == EnergySaverStatus.On;
58    }
59    public static string GetPowerSource()
60    {
61        return Battery.Default.PowerSource switch
62        {
63            BatteryPowerSource.Wireless => "无线充电",
64            BatteryPowerSource.Usb => "USB充电",
65            BatteryPowerSource.AC => "直流充电",
66            BatteryPowerSource.Battery => "未充电",
67            _ => "未知状态"
68        };
69    }
70 }
```

BatteryWatcher 类有以下 4 点需要说明。

（1）构造方法需要传入电量展示面板供外部显示。

（2）WatchBatteryToggle 监控状态事件触发时，调用 WatchBattery() 方法，该方法内部使用布尔变量 watch 存储当前监控状态，根据不同的状态进行切换，添加和删除 BatteryInfoChanged 事件委托。电量状态改变的相关信息存储在 BatteryInfoChangedEventArgs 事件参数中。事件参数的 ChargeLevel 属性记录了充电水平，State 记录了充电状态。

（3）通过 EnergySaverStatusChanged 节能状态事件判断电量高低。

（4）通过 Battery.Default.PowerSource 枚举变量的情况判断充电方式是无线充电、USB 充电、直流充电、未充电还是未知状态。

6.2.4 传感器

1. 传感器概述

实变函数中将集合某种性质的度量问题抽象为测度，简单理解测度就是一种关联函数，诸如长度、面积等。现实中，长度、面积、体积、容积、质量、电量等物理量都容易直接测量。但很多物理量不易直接测量，需要通过相应的方法转换从而进行间接测量。工程中，传感器就是解决此类间接测量问题的利器。传感器是一种测量装置，能够将被测事物的非电量按照一定规律转换成与之相对应且易于精确测量的量（一般是电量）并作为

第6章 长风破浪会有时 直挂云帆济沧海——MAUI平台集成

输出。MAUI 世界中,针对不同操作系统将不同设备的物理特性进行了封装。MAUI 框架涉及的传感器包括加速计、气压计、指南针、陀螺仪、磁力计、方向仪、振动仪。传感器界面如图 6-3 所示。

图 6-3 传感器界面

建议读者在不同的模拟器或真机中运行相关代码。不同模拟器对硬件模拟支持的力度不同,最好在真机中运行。因为 MAUI 属于较新的技术,目前的版本对各种型号的真机不一定完全支持。实践是检验真理的唯一标准,涉及硬件相关操作,强烈建议读者不要纸上谈兵,实际实验是最好的学习方式。

为进一步对 MAUI 框架涉及的各种传感器进行统一封装,采用面向对象多态性的特点统一定义了 Sensors 传感器父类。加速计、气压计、指南针、陀螺仪、磁力计、方向仪、振动仪作为其子类。

【例 6-4】 传感器。

Sensors.cs 代码如下:

```
1   /// <summary>
2   /// 传感器
3   /// </summary>
```

```
4    public class Sensors
5    {
6        /// <summary>
7        /// 显示标签
8        /// </summary>
9        protected Label label;
10       /// <summary>
11       /// 构造方法
12       /// </summary>
13       /// <param name = "label">显示标签</param>
14       public Sensors(Label label)
15       {
16           this.label = label;
17           this.label.BackgroundColor = Colors.LightGreen;
18           this.label.HorizontalOptions = LayoutOptions.Center;
19           this.label.VerticalOptions = LayoutOptions.Center;
20           this.label.HorizontalTextAlignment = TextAlignment.Center;
21           this.label.VerticalTextAlignment = TextAlignment.Center;
22       }
23       /// <summary>
24       /// 切换传感器
25       /// </summary>
26       public virtual void SwitchSensors()
27       {
28       }
29       /// <summary>
30       /// 关闭传感器
31       /// </summary>
32       public virtual void StopSensors()
33       {
34       }
35   }
```

与电池电量监控操作类似，构造方法需要传入监控标签面板用于实时监控不同传感器的信息。父类定义了 SwitchSensors() 切换传感器和 StopSensors() 关闭传感器两个虚方法，子类实现这两个公共方法。充分利用面向对象多态性的精髓，不同对象根据不同的消息返回不同的响应。

2. 加速计

智能手机中加速计的应用相当普遍，从复杂的动作感应到运动监测轨迹记录等。加速计可以检测手机的运动和方向变化，实现屏幕自动旋转，微信中"摇一摇"这类典型的操作就使用了加速计。爱好运动的朋友们大多开启了手机的运动监测功能，监测手机的运动轨迹和速度，从而记录用户的运动数据和健康状况。对于爱好拍照的朋友们，开启加速计防抖功能能使照片产生不错的效果。对于爱好游戏的朋友们，开启加速计可以帮助实现精确的游戏控制，提升用户体验。

【例 6-5】 加速计传感器。

AccelerometerSensors.cs 代码如下：

```
1    /// <summary>
2    /// 加速计传感器
3    /// </summary>
```

```csharp
 4  public class AccelerometerSensors : Sensors
 5  {
 6      /// <summary>
 7      /// 构造方法
 8      /// </summary>
 9      /// <param name = "label">显示标签</param>
10      public AccelerometerSensors(Label label) : base(label)
11      {
12      }
13      /// <summary>
14      /// 切换传感器
15      /// </summary>
16      public override void SwitchSensors()
17      {
18          if (Accelerometer.Default.IsSupported)
19          {
20              if (!Accelerometer.Default.IsMonitoring)
21              {
22      Accelerometer.Default.ReadingChanged += Accelerometer_ParamsChanged;
23                  Accelerometer.Default.Start(SensorSpeed.UI);
24              }
25              else
26              {
27                  Accelerometer.Default.Stop();
28      Accelerometer.Default.ReadingChanged -= Accelerometer_ParamsChanged;
29              }
30          }
31      }
32      private void Accelerometer_ParamsChanged(object sender, AccelerometerChangedEventArgs e)
33      {
34          label.Text = e.Reading.ToString();
35      }
36      /// <summary>
37      /// 关闭传感器
38      /// </summary>
39      public override void StopSensors()
40      {
41          if (Accelerometer.Default.IsMonitoring)
42          {
43              Accelerometer.Default.Stop();
44      Accelerometer.Default.ReadingChanged -= Accelerometer_ParamsChanged;
45          }
46      }
47  }
```

MAUI加速计通过Accelerometer类实现，上述AccelerometerSensors（加速计传感器）类继承了Sensors（传感器），重写了两个虚方法，切换状态的核心是对Accelerometer.Default.ReadingChanged事件委托的增加和移除。通过AccelerometerChangedEventArgs加速计改变事件状态参数的Reading值进行监测。

3. 气压计

智能手机中气压计的主要作用是进行定位操作，包括辅助GPS进行定位、室内定位。GPS定位尤其体现在自动导航过程中，高架桥这种立体式的定位需要气压计进行辅助，通过监测气压的变化来了解海拔高度。气压计还可以用于天气预报和气象相关的服务，智能手机根据气压计当前的数值，智能判断出天气情况，而且针对当前采集到的各种气象参数还能够预测出近一段时间内的天气情况。气压计还可以对手机的运动轨迹进行追踪从而方便地对用户进行健康管理。智能手机中气压计配合其他传感器提供更加逼真的增强现实体验。

【例 6-6】 气压计传感器。

BarometerSensors.cs 代码如下：

```csharp
/// <summary>
/// 气压计传感器
/// </summary>
public class BarometerSensors : Sensors
{
    /// <summary>
    /// 构造方法
    /// </summary>
    /// <param name="label">显示标签</param>
    public BarometerSensors(Label label) : base(label)
    {
    }
    /// <summary>
    /// 切换传感器
    /// </summary>
    public override void SwitchSensors()
    {
        if (Barometer.Default.IsSupported)
        {
            if (!Barometer.Default.IsMonitoring)
            {
                Barometer.Default.ReadingChanged += Barometer_ParamsChanged;
                Barometer.Default.Start(SensorSpeed.UI);
            }
            else
            {
                Barometer.Default.Stop();
                Barometer.Default.ReadingChanged -= Barometer_ParamsChanged;
            }
        }
    }
    private void Barometer_ParamsChanged(object sender, BarometerChangedEventArgs e)
    {
        label.Text = e.Reading.ToString();
    }
    /// <summary>
    /// 关闭传感器
    /// </summary>
    public override void StopSensors()
    {
        if (Barometer.Default.IsMonitoring)
        {
            Barometer.Default.Stop();
            Barometer.Default.ReadingChanged -= Barometer_ParamsChanged;
        }
    }
}
```

MAUI 气压计通过 Barometer 类实现，上述 BarometerSensors（气压计传感器）类继承了 Sensors（传感器），重写了两个虚方法，切换状态的核心是对 Barometer.Default.ReadingChanged 事件委托的增加和移除。通过 BarometerChangedEventArgs 气压计改变事件状态参数的 Reading 值进行监测。

4. 指南针

指南针是我国古代四大发明之一，具有悠久的历史。指南针最初用于祭祀、礼仪、军事和占卜，近代开始大规模用于航海。智能手机中指南针主要用于方向判断、地图导航。指南针针对方向和角度进行手机自身定位，从而为用户提供精确的导航服务。指南针还可以进行磁场监测，帮助用户了解当前环境中的磁场情况。Android 的高端智能手机还提供了地震预警机制，其中就充分利用了指南针传感器。在虚拟现实游戏中，指南针很好地提供了用户体验，使玩家充分享受逼真的物体定位及旋转等相关场景。此外，作为核心传感器，指南针还为其他相关传感器提供校准机制。加速计和陀螺仪离不开指南针传感器的校准。

【例 6-7】 指南针传感器。

CompassSensors.cs 代码如下：

```
1    /// < summary >
2    /// 指南针传感器
3    /// </ summary >
4    public class CompassSensors : Sensors
5    {
6        /// < summary >
7        /// 构造方法
8        /// </ summary >
9        /// < param name = "label">显示标签</ param >
10       public CompassSensors(Label label) : base(label)
11       {
12       }
13       /// < summary >
14       /// 切换传感器
15       /// </ summary >
16       public override void SwitchSensors()
17       {
18           if (Compass.Default.IsSupported)
19           {
20               if (!Compass.Default.IsMonitoring)
21               {
22                   Compass.Default.ReadingChanged += Compass_ParamsChanged;
23                   Compass.Default.Start(SensorSpeed.UI);
24               }
25               else
26               {
27                   Compass.Default.Stop();
28                   Compass.Default.ReadingChanged -= Compass_ParamsChanged;
29               }
30           }
31       }
32       private void Compass_ParamsChanged(object sender, CompassChangedEventArgs e)
33       {
```

```
34            label.Text = e.Reading.ToString();
35        }
36        /// <summary>
37        /// 关闭传感器
38        /// </summary>
39        public override void StopSensors()
40        {
41            if (Compass.Default.IsMonitoring)
42            {
43                Compass.Default.Stop();
44                Compass.Default.ReadingChanged -= Compass_ParamsChanged;
45            }
46        }
47    }
```

MAUI指南针通过Compass类实现,上述CompassSensors(指南针传感器)类继承了Sensors(传感器),重写了两个虚方法,切换状态的核心是对Compass.Default.ReadingChanged事件委托的增加和移除。通过CompassChangedEventArgs指南针改变事件状态参数的Reading值进行监测。

5. 陀螺仪

智能手机中陀螺仪主要用于拍照或者摄像过程中防止抖动,增强拍照和摄像的稳定性和清晰度,配合其他传感器进行定位、校准、导航等操作。此外,在虚拟现实和增强现实相关的游戏中,作为游戏中的核心传感器,增强现实效果、提升玩家体验。

【例6-8】 陀螺仪传感器。

GyroscopeSensors.cs代码如下:

```
1    /// <summary>
2    /// 陀螺仪传感器
3    /// </summary>
4    public class GyroscopeSensors : Sensors
5    {
6        /// <summary>
7        /// 构造方法
8        /// </summary>
9        /// <param name = "label">显示标签</param>
10       public GyroscopeSensors(Label label) : base(label)
11       {
12       }
13       /// <summary>
14       /// 切换传感器
15       /// </summary>
16       public override void SwitchSensors()
17       {
18           if (Gyroscope.Default.IsSupported)
19           {
20               if (!Gyroscope.Default.IsMonitoring)
21               {
22                   Gyroscope.Default.ReadingChanged += Gyroscope_ParamsChanged;
23                   Gyroscope.Default.Start(SensorSpeed.UI);
24               }
25               else
26               {
```

```
27                 Gyroscope.Default.Stop();
28                 Gyroscope.Default.ReadingChanged -= Gyroscope_ParamsChanged;
29             }
30         }
31     }
32     private void Gyroscope_ParamsChanged(object sender, GyroscopeChangedEventArgs e)
33     {
34         label.Text = e.Reading.ToString();
35     }
36     /// <summary>
37     /// 关闭传感器
38     /// </summary>
39     public override void StopSensors()
40     {
41         if (Gyroscope.Default.IsMonitoring)
42         {
43             Gyroscope.Default.Stop();
44             Gyroscope.Default.ReadingChanged -= Gyroscope_ParamsChanged;
45         }
46     }
47 }
```

MAUI 陀螺仪通过 Gyroscope 类实现,上述 GyroscopeSensors(陀螺仪传感器)类继承了 Sensors(传感器),重写了两个虚方法,切换状态的核心是对 Gyroscope.Default.ReadingChanged 事件委托的增加和移除。通过 GyroscopeChangedEventArgs 陀螺仪改变事件状态参数的 Reading 值进行监测。

6. 磁力计

磁力计是监测磁性物理参数的传感器。智能手机中主要用于磁性物体检测、磁场强度测量、磁场干扰检测等。一般与其他传感器配合,一方面提供更准确的姿态、运动、位置等信息;另一方面实现虚拟现实和增强现实的功能。磁力计广泛应用于各种智能软件、游戏软件、测量软件中。

【例 6-9】 磁力计传感器。

MagnetometerSensors.cs 代码如下:

```
1  /// <summary>
2  /// 磁力计传感器
3  /// </summary>
4  public class MagnetometerSensors : Sensors
5  {
6      /// <summary>
7      /// 构造方法
8      /// </summary>
9      /// <param name = "label">显示标签</param>
10     public MagnetometerSensors(Label label) : base(label)
11     {
12     }
13     /// <summary>
14     /// 切换传感器
15     /// </summary>
16     public override void SwitchSensors()
17     {
18         if (Magnetometer.Default.IsSupported)
```

```csharp
19        {
20            if (!Magnetometer.Default.IsMonitoring)
21            {
22                Magnetometer.Default.ReadingChanged += MagnetometerSensors_ParamsChanged;
23                Magnetometer.Default.Start(SensorSpeed.UI);
24            }
25            else
26            {
27                Magnetometer.Default.Stop();
28   Magnetometer.Default.ReadingChanged -= MagnetometerSensors_ParamsChanged;
29            }
30        }
31    }
32    private void MagnetometerSensors_ParamsChanged(object sender, MagnetometerChangedEventArgs e)
33    {
34        label.Text = e.Reading.ToString();
35    }
36    /// <summary>
37    /// 关闭传感器
38    /// </summary>
39    public override void StopSensors()
40    {
41        if (Magnetometer.Default.IsMonitoring)
42        {
43            Magnetometer.Default.Stop();
44   Magnetometer.Default.ReadingChanged -= MagnetometerSensors_ParamsChanged;
45        }
46    }
47 }
```

MAUI 磁力计通过 Gyroscope 类实现，上述 MagnetometerSensors（磁力计传感器）类继承了 Sensors（传感器），重写了两个虚方法，切换状态的核心是对 Magnetometer.Default.ReadingChanged 事件委托的增加和移除。通过 MagnetometerChangedEventArgs（磁力计改变事件状态参数）的 Reading 值进行监测。

7. 方向仪

方向仪是智能手机中不可或缺的重要传感器之一，主要用于方向提供、位置信息定位导航、运动监测、姿态调整、游戏控制等。配合其他传感器，共同完成 GPS 导航定位，为用户提供精准的方向和位置相关信息。

【例 6-10】 方向仪传感器。

OrientationSensors.cs 代码如下：

```csharp
1  /// <summary>
2  /// 方向仪传感器
3  /// </summary>
4  public class OrientationSensors : Sensors
5  {
6      /// <summary>
7      /// 构造方法
8      /// </summary>
9      /// <param name = "label">显示标签</param>
10     public OrientationSensors(Label label) : base(label)
```

```csharp
11      {
12      }
13      /// <summary>
14      /// 切换传感器
15      /// </summary>
16      public override void SwitchSensors()
17      {
18          if (OrientationSensor.Default.IsSupported)
19          {
20              if (!OrientationSensor.Default.IsMonitoring)
21              {
22                  OrientationSensor.Default.ReadingChanged += OrientationSensors_ParamsChanged;
23                  OrientationSensor.Default.Start(SensorSpeed.UI);
24              }
25              else
26              {
27                  OrientationSensor.Default.Stop();
28                  OrientationSensor.Default.ReadingChanged -= OrientationSensors_ParamsChanged;
29              }
30          }
31      }
32      private void OrientationSensors_ParamsChanged(object sender, OrientationSensorChangedEventArgs e)
33      {
34          label.Text = e.Reading.ToString();
35      }
36      /// <summary>
37      /// 关闭传感器
38      /// </summary>
39      public override void StopSensors()
40      {
41          if (OrientationSensor.Default.IsMonitoring)
42          {
43              OrientationSensor.Default.Stop();
44              OrientationSensor.Default.ReadingChanged -= OrientationSensors_ParamsChanged;
45          }
46      }
47  }
```

MAUI方向仪通过OrientationSensor类实现，上述OrientationSensors（方向仪传感器）类继承了Sensors（传感器），重写了两个虚方法，切换状态的核心是对OrientationSensor.Default.ReadingChanged事件委托的增加和移除。通过OrientationSensorChangedEventArgs（方向仪改变事件状态参数）的Reading值进行监测。

8．振动仪

振动仪提供智能手机振动相关的服务。在用户静音的情况下，通过提供振动，对用户产生提醒和通知效果。常用于来电提醒、短信提醒、日程提醒、消息提醒等。在虚拟现实和增强现实以及游戏领域，振动仪也能够大显身手，使用户能够真实地感受到各种逼真的交互效果，尤其是触觉方面的反馈，能够全方位多维度地提升用户体验。

【例 6-11】 振动仪传感器。

ShakeSensors.cs 代码如下:

```csharp
/// <summary>
/// 振动仪传感器
/// </summary>
public class ShakeSensors : Sensors
{
    /// <summary>
    /// 构造方法
    /// </summary>
    /// <param name = "label">显示标签</param>
    public ShakeSensors(Label label) : base(label)
    {
    }
    /// <summary>
    /// 切换传感器
    /// </summary>
    public override void SwitchSensors()
    {
        if (Accelerometer.Default.IsSupported)
        {
            if (!Accelerometer.Default.IsMonitoring)
            {
                Accelerometer.Default.ShakeDetected += Shake_ParamsChanged;
                Accelerometer.Default.Start(SensorSpeed.Game);
            }
            else
            {
                Accelerometer.Default.Stop();
                Accelerometer.Default.ShakeDetected -= Shake_ParamsChanged;
            }
        }
    }
    private void Shake_ParamsChanged(object sender, EventArgs e)
    {
        label.Text = "振动中";
    }
    /// <summary>
    /// 关闭传感器
    /// </summary>
    public override void StopSensors()
    {
        if (Accelerometer.Default.IsMonitoring)
        {
            Accelerometer.Default.Stop();
            Accelerometer.Default.ShakeDetected -= Shake_ParamsChanged;
        }
    }
}
```

MAUI 振动仪通过 Accelerometer 类实现,上述 ShakeSensors(振动仪传感器)类继承了 Sensors(传感器),重写了两个虚方法,切换状态的核心是对 Accelerometer.Default.ShakeDetected 事件委托的增加和移除,事件被触发时,证明振动仪发生了振动。

6.2.5 手电筒

手电筒作为智能手机中最为常用的功能之一,尤其在停电、野外的黑暗场景下,对用户来说可谓是雪中送炭。

【例 6-12】 设置手电筒。

```
1    /// <summary>
2    /// 设置手电筒
3    /// </summary>
4    /// <param name = "open">手电筒开关</param>
5    public static async void SetFlashlight(bool open)
6    {
7        try
8        {
9            if (open)
10               await Flashlight.Default.TurnOnAsync();
11           else
12               await Flashlight.Default.TurnOffAsync();
13       }
14       catch
15       {
16       }
17   }
```

从代码实现角度讲,手电筒的核心操作无非是打开和关闭,通过封装 Flashlight(手电筒)类,实现了设置功能。这里注意,手电筒的开关操作是异步操作,需要使用 await 和 async 关键字。

6.2.6 位置

MAUI 中使用 Location 对象来描述位置相关的信息。Geocoding 对象的 GetLocationsAsync()方法将地址信息转换为经纬度位置信息,该方法传入的参数是地址描述信息。地址描述的信息可能会返回多个匹配的位置信息,这里调用可枚举集合的 FirstOrDefault()方法获取第一个匹配的经纬度信息。反过来根据经纬度信息获取地址信息的操作通过 GetPlacemarksAsync()方法完成,返回的数据结构是 Placemark 地址标记对象。根据 Placemark 地址标记对象的相关属性,得到管理区域、国家编码、国家名称、特征编码、区域编码、邮政编码、子管理区域、通路、子通路等信息。

【例 6-13】 经纬度转换。

```
1    /// <summary>
2    /// 根据地址获取经纬度
3    /// </summary>
4    /// <param name = "address">地址</param>
5    /// <returns>经纬度</returns>
6    public static async Task<Location> GetLocation(string address)
7    {
8        try
9        {
10           IEnumerable<Location> locations = await Geocoding.Default.GetLocationsAsync(address);
```

```csharp
11          Location location = locations?.FirstOrDefault();
12          return location;
13      }
14      catch
15      {
16          return new Location();
17      }
18  }
19  /// <summary>
20  /// 根据经纬度获取地理位置
21  /// </summary>
22  /// <param name = "latitude">经度</param>
23  /// <param name = "longitude">纬度</param>
24  /// <returns>地理位置</returns>
25  public static async Task<string> GetGeoData(double latitude, double longitude)
26  {
27      IEnumerable<Placemark> placemarks = await Geocoding.Default.GetPlacemarksAsync(latitude, longitude);
28      Placemark placemark = placemarks?.FirstOrDefault();
29      StringBuilder buffer = new();
30      buffer.AppendLine("管理区域" + placemark.AdminArea);
31      buffer.AppendLine("国家编码" + placemark.CountryName);
32      buffer.AppendLine("国家名称" + placemark.CountryCode);
33      buffer.AppendLine("特征编码" + placemark.FeatureName);
34      buffer.AppendLine("区域编码" + placemark.Locality);
35      buffer.AppendLine("邮政编码" + placemark.PostalCode);
36      buffer.AppendLine("子管理区域" + placemark.SubAdminArea);
37      buffer.AppendLine("子区域编码" + placemark.SubLocality);
38      buffer.AppendLine("通路" + placemark.Thoroughfare);
39      buffer.AppendLine("子通路" + placemark.SubThoroughfare);
40      return buffer.ToString();
41  }
```

MAUI框架还可以通过Geolocation对象的GetLastKnownLocationAsync()方法获取手机最后的位置，根据请求配置GeolocationRequest的不同参数，返回不同需求的位置。

【例6-14】 获取位置。

```csharp
1   /// <summary>
2   /// 获取最后位置
3   /// </summary>
4   /// <returns>最后位置</returns>
5   public static async Task<Location> GetCachedLocation()
6   {
7       try
8       {
9           Location location = await Geolocation.Default.GetLastKnownLocationAsync();
10          return location;
11      }
12      catch
13      {
14          return new Location();
15      }
16  }
17  /// <summary>
```

```
18      /// 获取当前位置
19      /// </summary>
20      /// <returns>当前位置</returns>
21      public static async Task<Location> GetCurrentLocation()
22      {
23          try
24          {
25              GeolocationRequest request = new(GeolocationAccuracy.High, TimeSpan.FromSeconds(10));
26              CancellationTokenSource cancellationToken = new();
27              Location location = await Geolocation.Default.GetLocationAsync(request, cancellationToken.Token);
28              return location;
29          }
30          catch
31          {
32              return new Location();
33          }
34      }
```

6.2.7 振动

振动除了使用 6.2.4 节介绍的传感器方式实现外，还能够使用 Vibration 对象实现。下面封装了振动相关的操作，参数是振动时长，单位是秒，默认值为 −1，表示取消振动。

【例 6-15】 振动。

```
1   /// <summary>
2   /// 振动
3   /// </summary>
4   /// <param name="seconds">振动时长（秒）</param>
5   public static void Vibrate(int seconds = -1)
6   {
7       if (seconds == -1)
8       {
9           Vibration.Default.Cancel();
10      }
11      else
12      {
13          Vibration.Default.Vibrate(TimeSpan.FromSeconds(seconds));
14      }
15  }
```

6.2.8 触摸

触摸是智能手机特有的用户交互功能。触摸的方式包括点击触动和长按触动。通过调用 HapticFeedback 对象的 Perform() 方法完成。

【例 6-16】 触摸。

```
1   /// <summary>
2   /// 点击触动
3   /// </summary>
4   public static void PerformWithClick()
5   {
```

```
6            HapticFeedback.Default.Perform(HapticFeedbackType.Click);
7        }
8        /// <summary>
9        /// 长按触动
10       /// </summary>
11       public static void PerformWithLongPress()
12       {
13           HapticFeedback.Default.Perform(HapticFeedbackType.LongPress);
14       }
```

6.2.9 媒体

MAUI 媒体相关的操作主要是拍照。目前通过 MediaPicker 对象的 CapturePhotoAsync( )方法获取 FileResult 文件结果句柄,然后通过流写入本地存储。执行拍照逻辑的前提是进行 MediaPicker.Default.IsCaptureSupported 以判断当前设备是否满足拍照条件。

【例 6-17】 拍照。

```
1     /// <summary>
2     /// 拍照
3     /// </summary>
4     public static async void TakePhoto()
5     {
6         try
7         {
8             if (MediaPicker.Default.IsCaptureSupported)
9             {
10                FileResult photo = await MediaPicker.Default.CapturePhotoAsync();
11                if (photo != null)
12                {
13                    string dir = Path.Combine(FileSystem.CacheDirectory, photo.FileName);
14                    using Stream stream = await photo.OpenReadAsync();
15                    using FileStream fs = File.OpenWrite(dir);
16                    await stream.CopyToAsync(fs);
17                }
18            }
19        }
20        catch
21        {
22        }
23    }
```

6.2.10 屏幕

MAUI 屏幕相关的操作主要是截屏。通过调用 Screenshot 类的 CaptureAsync( )方法获取截屏句柄,然后通过流写入本地存储。执行截屏逻辑的前提是进行 Screenshot.Default.IsCaptureSupported 以判断当前设备是否满足截屏条件。

【例 6-18】 截屏。

```
1     /// <summary>
2     /// 截屏
3     /// </summary>
```

```
4    /// <param name = "imageIn">图片对象显示区域</param>
5    public static async void ScreenShot(Image imageIn)
6    {
7        if (Screenshot.Default.IsCaptureSupported)
8        {
9            IScreenshotResult screen = await Screenshot.Default.CaptureAsync();
10           Stream stream = await screen.OpenReadAsync();
11           imageIn.Source = ImageSource.FromStream(() => stream);
12       }
13   }
```

6.2.11 语音

MAUI 语音相关的操作主要是文本转语音。TTS(Text To Speech,文本到语音的转换)技术将输入的文本信息转换为自然语音输出,计算机输出设备能够模仿人声,主要应用于天气预报、车载导航、智能家居、客户服务等领域。该技术的核心主要是文字识别和音频转换,目前许多语音合成软件以及设备已经能够提供非常接近真人的语音输出效果。MAUI 中通过调用 TextToSpeech 类的 SpeakAsync()方法实现文字转语音。输出参数通过 SpeechOptions 类进行配置,其中 Pitch 参数表示音调、Volume 参数表示响度、Locale 参数表示方言。

【例 6-19】 文本转语音。

```
1    /// <summary>
2    /// 文本转语音
3    /// </summary>
4    /// <param name = "content">文本</param>
5    public static async void Speak(string content)
6    {
7    IEnumerable<Locale> locales = await TextToSpeech.Default.GetLocalesAsync();
8        SpeechOptions options = new()
9        {
10           Pitch = 2,
11           Volume = 0.9f,
12           Locale = locales.FirstOrDefault()
13       };
14       await TextToSpeech.Default.SpeakAsync(content, options);
15   }
```

6.2.12 浏览器

MAUI 通过 Browser 对象操作默认浏览器,调用内置的 OpenAsync()方法打开默认浏览器。BrowserLaunchOptions 类描述了浏览器相关的配置参数,其中 LaunchMode 参数表示启动模式、TitleMode 参数表示标题模式、PreferredToolbarColor 参数表示工具条颜色、PreferredControlColor 参数表示控件颜色。

【例 6-20】 浏览器。

```
1    /// <summary>
2    /// 打开浏览器
3    /// </summary>
```

```
4       /// < param name = "url">地址</param>
5       public static async void LoadBrowser(string url)
6       {
7           try
8           {
9               Uri uri = new(url);
10              BrowserLaunchOptions options = new()
11              {
12                  LaunchMode = BrowserLaunchMode.SystemPreferred,
13                  TitleMode = BrowserTitleMode.Show,
14                  PreferredToolbarColor = Colors.Blue,
15                  PreferredControlColor = Colors.Brown
16              };
17              await Browser.Default.OpenAsync(uri, options);
18          }
19          catch
20          {
21          }
22      }
```

浏览器的运行效果如图 6-4 所示。

图 6-4 浏览器的运行效果

6.2.13 地图

MAUI 能够通过调用 Map 对象的 OpenAsync()方法打开地图,传入的参数是 Location 对象,根据经纬度构造 Location 对象。

【例 6-21】 打开地图。

```
1       /// < summary >
2       /// 打开地图
3       /// </summary>
4       /// < param name = "latitude">经度</param>
5       /// < param name = "longitude">纬度</param>
6       /// < returns >任务对象</returns>
7       public static async Task LoadMap(double latitude, double longitude)
8       {
9           var location = new Location(latitude, longitude);
10          try
11          {
12              await Map.Default.OpenAsync(location);
13          }
14          catch
15          {
```

```
16      }
17   }
```

6.3 数据相关

6.3.1 数据共享

数据共享操作包括共享文本、共享URI、共享文件、共享多文件。这4种操作通过定义4个共享常量进行区分。

【例6-22】 数据共享。

共享操作常量如下:

```
1    /// <summary>
2    /// 共享文本
3    /// </summary>
4    public const string SHARETEXT = "SHARETEXT";
5    /// <summary>
6    /// 共享URI
7    /// </summary>
8    public const string SHARETURI = "SHARETURI";
9    /// <summary>
10   /// 共享文件
11   /// </summary>
12   public const string SHAREFILE = "SHAREFILE";
13   /// <summary>
14   /// 共享多文件
15   /// </summary>
16   public const string SHAREMULTIPLEFILE = "SHAREMULTIPLEFILE";
```

通过封装ShareUtils类实现上述4种共享操作。内部封装了MAUI框架中Share类的方法。URI(Uniform Resource Identifier,统一资源标识符)用于表示互联网中的各种资源,唯一地标识和命名资源。URI一般由访问资源的命名机制、存放资源的主机名、资源自身的名称三部分组成。除格式外,与URL的区别是它并不关注资源的位置。

共享操作代码如下:

```
1    /// <summary>
2    /// 共享操作
3    /// </summary>
4    public class ShareUtils
5    {
6        /// <summary>
7        /// 共享文本
8        /// </summary>
9        /// <param name = "text">待共享的文本</param>
10       /// <returns>任务对象</returns>
11       public static async Task ShareText(string text)
12       {
13           await Share.Default.RequestAsync(new ShareTextRequest
14           {
15               Text = text,
16               Title = SHARETEXT
```

```csharp
17        });
18    }
19    /// <summary>
20    /// 共享URI
21    /// </summary>
22    /// <param name="uri">待共享的URI</param>
23    /// <returns>任务对象</returns>
24    public static async Task ShareUri(string uri)
25    {
26        await Share.Default.RequestAsync(new ShareTextRequest
27        {
28            Uri = uri,
29            Title = SHARETURI
30        });
31    }
32    /// <summary>
33    /// 共享文件
34    /// </summary>
35    /// <param name="txtIn">待共享的文件</param>
36    /// <param name="context">待共享的文件内容</param>
37    /// <returns>任务对象</returns>
38    public static async Task ShareFile(string txtIn, string context)
39    {
40        string file = Path.Combine(FileSystem.CacheDirectory, txtIn);
41        File.WriteAllText(file, context);
42        await Share.Default.RequestAsync(new ShareFileRequest
43        {
44            Title = SHAREFILE,
45            File = new ShareFile(file)
46        });
47    }
48    /// <summary>
49    /// 共享多文件
50    /// </summary>
51    /// <param name="txtIns">待共享多文件</param>
52    /// <param name="contexts">待共享的多文件内容</param>
53    /// <returns>任务对象</returns>
54    public static async Task ShareMultipleFiles(List<string> txtIns, List<string> contexts)
55    {
56        List<ShareFile> shareFiles = new();
57        for (int i = 0; i < txtIns.Count; i++)
58        {
59            string file = Path.Combine(FileSystem.CacheDirectory, txtIns[i]);
60            File.WriteAllText(file, contexts[i]);
61            shareFiles.Add(new ShareFile(file));
62        }//for
63        await Share.Default.RequestAsync(new ShareMultipleFilesRequest
64        {
65            Title = SHAREMULTIPLEFILE,
66            Files = shareFiles
67        });
68    }
69 }
```

这里重点强调下共享多文件的实现,调用Share类对象的RequestAsync()方法,该方法的参数是 ShareMultipleFilesRequest 对象。多文件数据共享的目的地是 FileSystem.CacheDirectory 路径，将参数传来的待共享文件写入列表中，作为 ShareMultipleFilesRequest 对象的构造参数。

6.3.2 数据存储

1. 数据存储概述

数据存储包括普通存储、安全存储以及文件相关的操作。安全存储与普通存储的区别在于具备更高的安全性，应用于安全场合更加严格的场景，作为一般应用，普通存储即可满足需求。图 6-5 是对 MAUI 数据存储相关操作用于演示的界面。实现逻辑较为简单，垂直布局机械摆放多个按钮控件即可。因篇幅所限，读者可根据 Gitee 代码自行对照研究，这里从略。

图 6-5　对 MAUI 数据存储相关操作用于演示的界面

2. 普通存储

普通存储相关操作封装至 PreferencesUtils 类中，包括设置、获取、包含判断、清空键值对、删除键 5 种操作。内部通过使用 MAUI 的 Preferences 类。

【例 6-23】 普通存储相关操作。

```
1   /// <summary>
2   /// 存储操作
3   /// </summary>
4   public class PreferencesUtils
5   {
6       /// <summary>
7       /// 设置值
8       /// </summary>
9       /// <param name = "key">键</param>
10      /// <param name = "value">值</param>
11      public static void SetObject(string key, object value)
12      {
13          Preferences.Default.Set(key, value);
14      }
15      /// <summary>
16      /// 获取值
17      /// </summary>
18      /// <param name = "key">键</param>
19      /// <param name = "defaultValue">默认值</param>
20      /// <returns>值</returns>
21      public static object GetObject(string key, object defaultValue)
22      {
23          return Preferences.Default.Get(key, defaultValue);
24      }
25      /// <summary>
26      /// 是否包含键
27      /// </summary>
28      /// <param name = "key">键</param>
29      /// <returns>是否包含键</returns>
30      public static bool Contain(string key)
31      {
32          return Preferences.Default.ContainsKey(key);
33      }
34      /// <summary>
35      /// 清空键值对
36      /// </summary>
37      public static void Clear()
38      {
39          Preferences.Default.Clear();
40      }
41      /// <summary>
42      /// 删除键
43      /// </summary>
44      /// <param name = "key">键</param>
45      public static void Remove(string key)
46      {
47          Preferences.Default.Remove(key);
48      }
49  }
```

3. 安全存储

安全存储相关操作封装至 SecureStorageUtils 类中，包括设置、获取、清空键值对、删除键 4 种操作。内部通过使用 MAUI 的 SecureStorage 类。

【例6-24】 安全存储相关操作。

```
1   /// <summary>
2   /// 安全存储操作
3   /// </summary>
4   public class SecureStorageUtils
5   {
6       /// <summary>
7       /// 设置键值对
8       /// </summary>
9       /// <param name = "key">键</param>
10      /// <param name = "value">值</param>
11      public static async void SetAsync(string key, string value)
12      {
13          await SecureStorage.Default.SetAsync(key, value);
14      }
15      /// <summary>
16      /// 获取值
17      /// </summary>
18      /// <param name = "key">键</param>
19      /// <returns>值</returns>
20      public static async Task<string> GetAsync(string key)
21      {
22          return await SecureStorage.Default.GetAsync(key);
23      }
24      /// <summary>
25      /// 清空键值对
26      /// </summary>
27      public static void Clear()
28      {
29          SecureStorage.Default.RemoveAll();
30      }
31      /// <summary>
32      /// 删除键
33      /// </summary>
34      /// <param name = "key">键</param>
35      public static void Remove(string key)
36      {
37          SecureStorage.Default.Remove(key);
38      }
39  }
```

4. 文件操作

文件操作是所有应用程序的基本操作。FileUtils 类封装了 MAUI 文件相关的操作。

【例6-25】 文件操作。

```
1   /// <summary>
2   /// 文件操作
3   /// </summary>
4   public class FileUtils
5   {
6       /// <summary>
7       /// 读取文件信息
8       /// </summary>
9       /// <param name = "textIn">文件</param>
10      /// <returns>文件信息</returns>
```

```csharp
11      public static async Task<string> ReadTextFile(string textIn)
12      {
13          using Stream stream = await FileSystem.Current.OpenAppPackageFileAsync(textIn);
14          using StreamReader reader = new(stream);
15          return await reader.ReadToEndAsync();
16      }
17      /// <summary>
18      /// 复制至应用目录
19      /// </summary>
20      /// <param name="filename">待复制的文件</param>
21      /// <returns>任务对象</returns>
22      public static async Task CopyToAppDataDirectory(string filename)
23      {
24          using Stream inStream = await FileSystem.Current.OpenAppPackageFileAsync(filename);
25          string destFile = Path.Combine(FileSystem.Current.AppDataDirectory, filename);
26          using FileStream outStream = File.Create(destFile);
27          await inStream.CopyToAsync(outStream);
28      }
29      /// <summary>
30      /// 复制至缓存目录
31      /// </summary>
32      /// <param name="filename">待复制的文件</param>
33      /// <returns>任务对象</returns>
34      public static async Task CopyToCacheDirectory(string filename)
35      {
36          using Stream inStream = await FileSystem.Current.OpenAppPackageFileAsync(filename);
37          string destFile = Path.Combine(FileSystem.Current.CacheDirectory, filename);
38          using FileStream outStream = File.Create(destFile);
39          await inStream.CopyToAsync(outStream);
40      }
41      /// <summary>
42      /// 获取图片
43      /// </summary>
44      /// <returns>文件对象</returns>
45      public static async Task<FileResult> PickImage()
46      {
47          try
48          {
49              PickOptions options = new()
50              {
51                  PickerTitle = "文件选择器",
52                  FileTypes = FilePickerFileType.Images
53              };
54              var result = await FilePicker.Default.PickAsync(options);
55              if (result != null)
56              {
57                  if (result.FileName.EndsWith("jpg", StringComparison.OrdinalIgnoreCase)
58                      || result.FileName.EndsWith("png", StringComparison.OrdinalIgnoreCase))
59                  {
60                      using var stream = await result.OpenReadAsync();
61                      var image = ImageSource.FromStream(() => stream);
62                  }
63              }
```

```
64                return result;
65            }
66            catch
67            {
68            }
69            return null;
70        }
71    }
```

读取文件信息调用了 FileSystem 类的 OpenAppPackageFileAsync()方法，并使用流进行读取。复制至应用目录和复制至缓存目录都是 C♯ Path 路径类和文件流相关的基本操作。获取图像调用了 MAUI 框架中的 FilePicker()方法，PickOptions 读取图像参数配置选项包括 PickerTitle 选择器显示名称、FileTypes 选择文件类型。

6.3.3 数据通信

1. 数据通信概述

MAUI 数据通信一般包括联系人、网络、电话、短信、邮件相关操作，主要是调用宿主机通信相关的功能，具备一定的通用性，用户无须考虑底层实现细节。图 6-6 是对 MAUI 数据通信相关操作用于演示的界面。实现逻辑较为简单，垂直布局机械摆放多个按钮控件、标签控件、输入控件即可。因篇幅所限，读者可根据 Gitee 代码自行对照研究，这里从略。

图 6-6 对 MAUI 数据通信相关操作用于演示的界面

2. 联系人

联系人是手机中主要的数据对象，获取联系人的核心代码是 Microsoft. Maui. ApplicationModel. Communication. Contacts. Default. PickContactAsync()，返回值保存

至 ContactPhone 对象列表中,读者根据需求对其进行处理,这里不再进行过度封装。

【例 6-26】 获取联系人。

```
1   /// <summary>
2   /// 获取联系人
3   /// </summary>
4   public static async void GetContacts()
5   {
6       try
7       {
8           var contact = await Microsoft.Maui.ApplicationModel.Communication.Contacts.Default.PickContactAsync();
9           if (contact != null)
10          {
11              string id = contact.Id;
12              string displayName = contact.DisplayName;
13              List<ContactPhone> phones = contact.Phones;
14          }
15      }
16      catch
17      {
18      }
19  }
```

3. 网络

手机上网操作是 2G 时代 GSM(全球移动通信系统)技术之后的需求,自 2.5G 时代的 GPRS(通用分组无线业务)技术、3G 时代的时分同步码分多址(TD-SCDMA)技术、4G 时代的 LTE(长期演进)技术,到现今 5G 时代更快的网速、更低的时延、更高的连接密度和更广泛的覆盖范围,今后可能迈向 6G 星链技术。这些技术的核心需求是对流量、网络质量和性能的要求大幅提升。智能手机网络操作刻不容缓。

【例 6-27】 判断网络。

```
1   /// <summary>
2   /// 是否包含网络
3   /// </summary>
4   /// <returns>是否包含网络</returns>
5   public static bool IsAvailable()
6   {
7       NetworkAccess accessType = Connectivity.Current.NetworkAccess;
8       return accessType == NetworkAccess.Internet;
9   }
10  /// <summary>
11  /// 是否包含 Wi-Fi
12  /// </summary>
13  /// <returns>是否包含 Wi-Fi</returns>
14  public static bool ContainWi-Fi()
15  {
16      IEnumerable<ConnectionProfile> profiles = Connectivity.Current.ConnectionProfiles;
17      return profiles.Contains(ConnectionProfile.Wi-Fi);
18  }
```

MAUI 框架底层通过 Connectivity 类来判断是否支持手机硬件网络特性。

4. 电话

电话通信是手机最基本、最核心的功能。拨打电话是所有移动应用开发必备的功能，MAUI 框架通过调用 PhoneDialer 类实现。

【例 6-28】 拨打电话。

```
1   /// <summary>
2   /// 拨打电话
3   /// </summary>
4   /// <param name = "phone">手机号码</param>
5   public static void Call(string phone)
6   {
7       if (PhoneDialer.Default.IsSupported)
8       {
9           PhoneDialer.Default.Open(phone);
10      }
11  }
```

首先通过 PhoneDialer.Default.IsSupported 只读属性判断硬件是否支持拨打电话特性，如果支持，则调用 Open() 方法完成拨号。Open() 方法的参数是被叫方的手机号码。

5. 短信

短信通信也是手机最基本、最核心的功能。发送短信是所有移动应用开发必备的功能，MAUI 框架通过调用 Sms 类实现。

【例 6-29】 发送短信。

```
1   /// <summary>
2   /// 发送短信
3   /// </summary>
4   /// <param name = "text">短信内容</param>
5   /// <param name = "recipients">发送对象</param>
6   public static async void SendMessage(string text, List<string> recipients)
7   {
8       if (Sms.Default.IsComposeSupported)
9       {
10          var message = new SmsMessage(text, recipients);
11          await Sms.Default.ComposeAsync(message);
12      }
13  }
```

首先通过 Sms.Default.IsComposeSupported 只读属性判断硬件是否支持发送短信特性，如果支持，调用 ComposeAsync() 方法完成短信发送。SmsMessage 类封装了短信发送的数据、文本内容和发送对象。

6. 邮件

MAUI 框架支持邮件发送。下面的函数封装了发送邮件功能。

【例 6-30】 发送邮件。

```
1   /// <summary>
2   /// 发送邮件
3   /// </summary>
4   /// <param name = "subject">邮件主题</param>
```

```
5    /// <param name = "body">邮件正文</param>
6    /// <param name = "recipients">收件人列表</param>
7    /// <param name = "attachments">附件列表</param>
8    public static async void SendEmail(string subject, string body, List<string>
  recipients, List<string> attachments)
9    {
10       if (Email.Default.IsComposeSupported)
11       {
12           var message = new EmailMessage
13           {
14               Subject = subject,
15               Body = body,
16               BodyFormat = EmailBodyFormat.PlainText,
17               To = recipients
18           };
19           for (int i = 0; i < attachments.Count; i++)
20           {
21               string attachment = Path.Combine(FileSystem.CacheDirectory, attachments[i]);
22               message.Attachments.Add(new EmailAttachment(attachment));
23           }//for
24           await Email.Default.ComposeAsync(message);
25       }
26   }
```

发送邮件的核心参数是邮件主题、邮件正文、收件人列表、附件列表。这些核心参数通过EmailMessage类进行描述，EmailAttachment类描述邮件附件，EmailMessage对象的属性Attachments存储了附件集合，最后通过调用Email类的ComposeAsync()方法完成邮件的发送操作。

第7章

千淘万漉虽辛苦　吹尽狂沙始到金
——MAUI部署发布

视频讲解

7.1　部署发布前准备

7.1.1　软件测试

软件测试是用于检验开发的软件是否符合用户需求和预期的过程。软件测试是部署系统前的第一步。而且，好的项目管理应该具备测试先行的理念。将软件测试作为软件开发生命周期全流程贯穿，渗透于系统开发的各个环节。只有这样才能确保软件质量。

软件测试按如下几种方式进行分类。

(1) 软件测试按照测试主体分为人工测试和自动化测试。

人工测试。软件开发人员、测试人员、实际用户等项目干系人对软件进行调试、试运行等，测试软件是否符合预期。

自动化测试。使用相应的测试软件或工具并配置相应脚本和定时逻辑任务对软件进行测试，测试过程无须人工干预。

(2) 软件测试按照测试状态分为静态测试和动态测试。

静态测试。针对软件代码进行静态性分析和测验，主要基于人工方式加以计算机自动化辅助。

动态测试。在软件运行过程中，动态进行调测，发现软件运行时问题、缺陷、故障的测试方法。

(3) 软件测试按照测试透明性分为白盒测试、黑盒测试、灰盒测试。

白盒测试。测试人员对软件代码和内部逻辑具有完全的透明性。根据测试过程中覆盖代码的范围分为语句覆盖、判定覆盖、条件覆盖、判定/条件覆盖、条件组合覆盖、路径覆盖。

黑盒测试。将软件内部逻辑实现比作一个黑色的匣子，只能以整体的方式对待。通过这个黑匣子的外部表现来发现其缺陷和错误的过程。

灰盒测试。介于白盒测试和黑盒测试之间的测试方式。重点关注输出与输入之间的关系性,对逻辑细节要求不如白盒测试详尽。

(4) 软件测试按照测试阶段分为单元测试、集成测试、确认测试、系统测试、回归测试和验收测试。

单元测试。模块化的测试方式,针对单个模块或函数、方法、接口、规约进行的测试,一般由开发人员直接进行。

集成测试。对软件各个模块进行的组装统一的联合调测,以增量有序的方式逐步推进,直到软件各个部件和模块全部集成。

确认测试。主要用于确认软件是否满足软件需求说明书的测试。

系统测试。结合软件、硬件、外设、网络、数据库等要素整体性的测试。

回归测试。在测试过程中为修复已发现问题而修改原有代码,之后重新上线而进行的二次测试并确认是否引入新问题。

验收测试。按照软件任务书或合同内容进行的最终验收型的测试。

(5) 软件测试按照测试环境分为 α 测试和 β 测试。

α 测试。由一个用户,这个用户可以是机构内部或外部的真实用户,在开发环境下进行的测试。

β 测试。由多个用户在生产环境下进行的测试。

(6) 软件测试按照质量特性分为性能测试、压力测试、兼容测试。

性能测试。针对软件的各方面性能,尤其重点需要关注的是时间和空间性能。

压力测试。在移动、网络、数据库等应用程序开发中特别强调压力测试,尤其是面对高并发请求时的业务场景,需要通过压力测试关注系统的吞吐量和响应情况。

兼容测试。针对不同软硬件环境,如不同浏览器界面显示情况等。

7.1.2 部署环境

软件部署前应该进行充分的环境准备,确保所有的环境满足功能和性能方面的要求,避免出现问题。同时还要做好规划,对计算能力和存储能力进行资源预留,考虑到未来一定的扩展性。

环境准备包括如下几方面。

硬件环境。使用物理机、服务器、交换机、路由器、防火墙、网关、内存、硬盘、外设、终端以及各种相关硬件设备的准备。

网络环境。网络协议、网络规划以及互联互通相关方面的准备。做好网络需求分析、技术选型方案以及网络实施方案并予以充分落实。

软件环境。除了编写的程序代码、数据、文档,还要准备好相关的软件包依赖,确保软件包的一致性和完整性,尤其是版本控制机制。最好针对不同的编程环境配置相应的项目软件包管理工具,如 Maven、NuGet、Npm 等。

操作系统。确定系统部署发布的目标操作系统。

数据库。确定使用的数据库,包括关系数据库和非关系数据库。

7.1.3 部署计划

凡事预则立,不预则废,部署前应当充分做好相关准备。

时间管理。根据项目需求和进度安排,制订详细的部署时间表。按照具体部署任务实施,分阶段进行安排。可以使用甘特图等项目生命周期管理工具。

部署顺序。确定各个组件的部署顺序,按照优先级或依赖关系进行部署。如先部署服务器和网络设备,然后部署数据库和中间件,最后部署终端。

部署范围。包括目标用户、目标机器、目标系统等。确定部署范围后,需要针对不同范围的用户或环境制订相应的部署策略和流程。

应急预案。因为线上业务面临着不可预知的诸多风险和挑战,如系统故障、数据泄露、网络攻击等,上线不成功或者产生问题时需要及时进行回滚等相关措施和操作,确保用户感知。制订上线应急预案,以保障线上业务的稳定性和可靠性,有详尽和周密的应急预案确保上线万无一失。

部署策略。在软件或系统部署过程中所采用的一系列方法和策略,旨在确保软件或系统能够顺利、高效地部署到目标环境中,并实现预期的功能和性能,包括版本控制策略、自动化部署策略、灰度发布策略、备份恢复策略等。在实际应用中,应当根据具体情况选择合适的部署策略或者综合多种策略。

7.1.4 部署执行

一般的部署执行过程,包括准备环境、下载并安装运行容器、配置并测试验证环境、结合监控和维护机制。按照部署计划进行执行,首先在部署目标服务器、计算机、数据库、磁盘等硬件上安装操作系统、软件环境等;然后进行参数配置,各个中间件环境搭建,及时验证以确保各个参数的正确性和合理性;最后,进行集成测试、系统测试,在修复问题的过程中配合回归测试,最终进行全方位的验收测试。对于采用自动化运维的企业,可以定制自动化部署脚本,个性化配置脚本,具体部署执行时采用先进的容器等技术,这样可以充分利用容器技术带来的便利。

7.1.5 版本控制

传统单体式架构开发的程序多采用 SVN(版本控制系统)集中化管理软件进行版本控制,而云原生时代,采用分布式版本控制机制。2.3 节中讲述了 Git,重点以 Gitee 为例,充分享受了分布式版本控制机制带来的红利。关于版本控制需要关注以下几点。

历史记录管理。历史记录是对代码的每一次修改情况进行记录,方便后续进行查看和追踪。要求每次版本发布具有可追溯性。

代码备份管理。随时做好原始代码的备份,防患于未然。

代码质量管理。充分利用代码评审和交叉评审,提高代码质量和开发效率,建立编码规范,严格把控代码质量,使得代码具有一定的稳定性。

版本变更管理。做好版本变更管理,提高协同开发的效率,必要时回退之前的版本。遵循严格的版本变更审查机制,约束频繁版本变更引起的稳定性问题。

分支合并管理。多人协同开发时的版本控制过程中，分支和合并是经常发生的。把代码分为不同的分支进行开发，然后将分支合并到主分支上，确保代码的统一性和可维护性。进行团队协作和分支合并管理，避免代码冲突和混乱。

7.2 Windows 平台部署发布

在 Windows 平台进行.NET MAUI 应用程序部署发布有命令行、PowerShell、Microsoft Visual Studio 图形化界面操作 3 种方式。使用 Microsoft Visual Studio 图形化界面操作方式进行说明。总结为 3 个步骤：生成证书、生成配置、执行发布。

选择需要发布的项目，这里以 MAUIFirst 项目为例，在解决方案管理器中选中该项目，右击，在弹出的菜单中单击"发布"按钮，弹出如图 7-1 所示的界面。

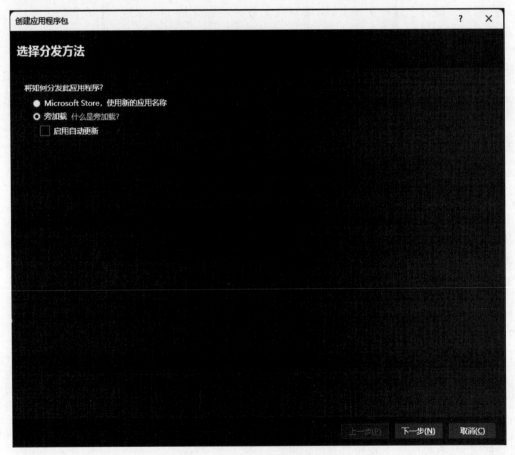

图 7-1　Windows 平台发布界面

这里选择"旁加载"，取消选中"启用自动更新"复选框。单击"下一步"按钮，弹出"选择签名方法"对话框，如图 7-2 所示。

需要颁发证书进行签名，这样可以提升应用程序的可信度。这里选中"是，选择证书"单选按钮，弹出"创建自签名的测试证书"对话框，如图 7-3 所示。

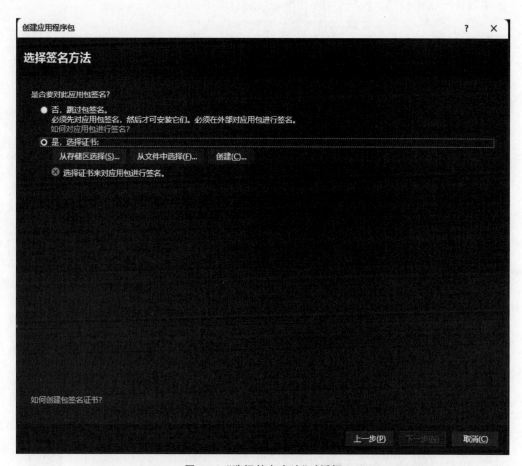

图 7-2 "选择签名方法"对话框

图 7-3 "创建自签名的测试证书"对话框

填写证书密码和确认密码后单击"确定"按钮,提示信息如图 7-4 所示。

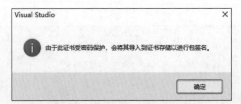

图 7-4　创建自签名的测试证书后的提示信息

这里会提示由于此证书受密码保护,会将其导入证书存储以进行包签名,单击"确定"按钮,返回上一级导航界面,如图 7-5 所示。

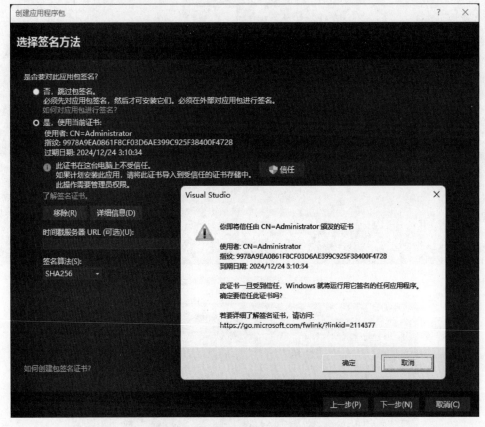

图 7-5　返回"选择签名方法"对话框

单击"信任"并单击"确定"按钮后,系统自动生成自签名测试证书,默认路径在项目根目录下,默认名称为[项目名称]_TemporaryKey.pfx。再单击"下一步"按钮进入如图 7-6 所示的"选择和配置包"对话框。

在"发布配置文件"的下拉列表中选择"新建",进入"创建新的 MSIX 发布配置文件"对话框,根据需求进行配置后单击"确定"按钮,如图 7-7 所示。这里生成的默认配置文件路径是[项目路径]\Properties\PublishProfiles\MSIX-[目标运行时].pubxml,读者可以根据需求对此配置文件进行手动修改。

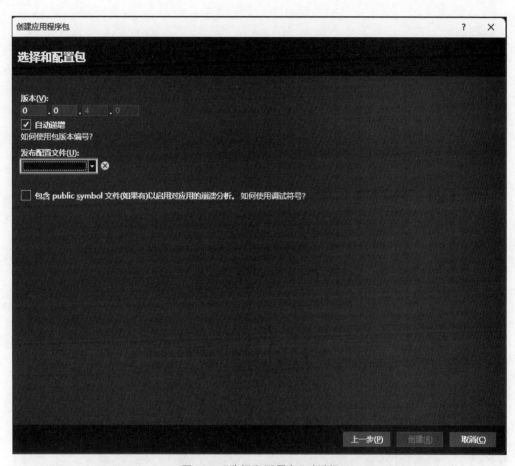

图 7-6 "选择和配置包"对话框

图 7-7 "创建新的 MSIX 发布配置文件"对话框

返回上一级导航界面后单击"创建"按钮，Microsoft Visual Studio 启动发布程序，发布成功后的界面如图 7-8 所示。

进入相应目录后，双击 [项目名称]_0.0.4.0_x64.msix 文件。

使用了自签名测试证书，属于受信任的应用，安装后运行即可。安装应用程序如图 7-9 所示。

图 7-8　发布成功后的界面

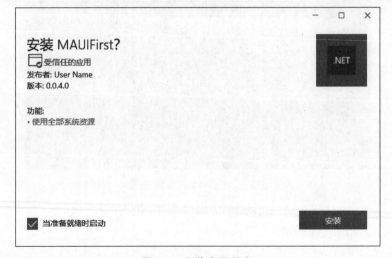

图 7-9　安装应用程序

7.3 Android 平台部署发布

第 2 章中是先启动夜神模拟器或其他模拟器，然后打开 Microsoft Visual Studio，选择要启动的项目，接着选择 Android 本地设备直接运行。这样就发布到模拟器上，直接生成 APK 文件进行测试运行。还可通过图形化界面等多种方式进行 Android 平台部署发布，这里使用命令行的方式进行 Android 平台部署发布。总结为 3 个步骤：生成证书、追加配置、发布命令。

选择"视图"→"终端"选项，输入命令 keytool -genkeypair -v -keystore BallotApp.keystore -alias BallotAppKey -keyalg RSA -keysize 2048 -validity 10000，按照命令提示进行相关信息的依次输入，在项目根目录下即可生成签名的证书文件 BallotApp.keystore，如图 7-10 所示。生成的密钥文件确保和项目文件 .csproj 在同一级文件夹中。

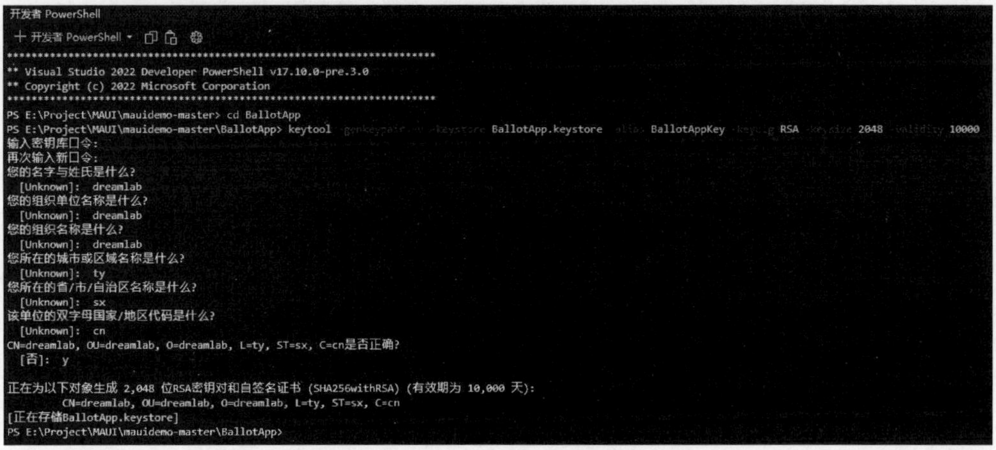

图 7-10　生成 Android 证书文件

keytool 命令是用于生成证书的命令行工具。主要参数说明如下。

genkeypair。生成密钥对。

keystore。密钥文件名称。

alias。密钥文件别名。

keyalg。生成密钥使用的算法。

keysize。密钥文件大小。

validity。密钥有效期限，以天为单位。

【例 7-1】　Android 平台部署发布。

在项目文件 BallotApp.csproj 中追加配置如下：

```
1    <PropertyGroup Condition = " $ (TargetFramework.Contains ( ' - android ' )) and
     '$(Configuration)' == 'Release'">
2        <AndroidKeyStore>True</AndroidKeyStore>
3        <AndroidSigningKeyStore>BallotApp.keystore</AndroidSigningKeyStore>
4        <AndroidSigningKeyAlias>BallotAppKey</AndroidSigningKeyAlias>
5        <AndroidSigningKeyPass>654321</AndroidSigningKeyPass>
```

```
6        <AndroidSigningStorePass>654321</AndroidSigningStorePass>
7    </PropertyGroup>
```

配置内容说明如下。

Condition。编译条件,Release 表示发布模式。

AndroidKeyStore。是否使用密钥签名,True 表示使用。

AndroidSigningKeyStore。密钥文件名称。

AndroidSigningKeyAlias。密钥文件别名。

AndroidSigningKeyPass。签名密钥。

AndroidSigningStorePass。存储密钥。

在项目根目录下执行发布命令 dotnet publish -f:net8.0-android -c:Release /p:AndroidSigningKeyPass=654321 /p:AndroidSigningStorePass=654321 进行发布。注意密钥值要与之前的输入保持一致。执行发布命令后的情况如图 7-11 所示。

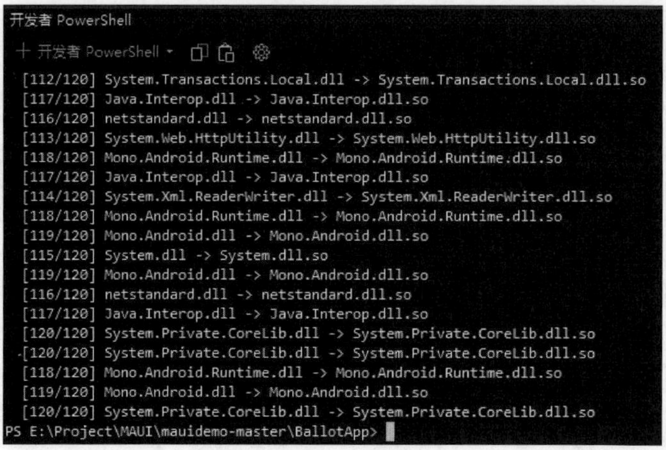

图 7-11 执行发布命令后

发布后的默认路径是 BallotApp \ bin \ Release \ net8.0-android \ publish \ com.companyname.ballotapp-Signed.apk。将生成的 apk 拖入模拟器或传至真机即可直接运行。

7.4 WebAPI 部署发布

WebAPI 属于后端服务,.NET Core 支持独立式部署和框架依赖部署两种发布模式。其中独立式部署模式是指程序在打包发布时,程序和依赖的框架一起进行打包,这样部署到目标主机时无须安装框架运行,直接将打包好的文件发布到目标主机即可完成部署。而框架依赖部署模式是指程序在打包发布时,仅针对程序本身进行打包,这样部署到目标主机时需要安装框架运行,打包好的文件发布到目标主机,仍然需要安装对应版本框架才能完成部署。

以 MAUIWebAPI 后端项目为例进行部署发布。发布前先进行相关配置。

【例7-2】 WebAPI部署发布。

项目配置文件 appsettings.json 代码如下：

```
1  {
2    "Logging": {
3      "LogLevel": {
4        "Default": "Information",
5        "Microsoft.AspNetCore": "Warning"
6      }
7    },
8    "AllowedHosts": "*",
9    "DB": {
10     "EFCoreConnection": ""
11   },
12   "Kestrel": {
13     "Endpoints": {
14       "HTTP": {
15         "Url": "http://localhost:5000/"
16       }
17     }
18   }
19 }
```

相关配置节说明如下。

Logging 表示日志相关配置。LogLevel 表示日志等级，默认是信息（Information）级别。

AllowedHosts 设置允许跨域的 IP 地址，多个 IP 地址使用"|"进行拼接，也可以使用其他符号进行拼接。

DB 表示数据库相关的配置。这里没有使用 EFCore 框架，所以 EFCore 框架的数据库连接字符串 EFCoreConnection 为空。

Kestrel 是.NET Core 内置的服务器，这样可以无须使用因特网信息访问 IIS 进行部署发布。Kestrel 配置节对应的 HTTP 协议的 URL 地址为 http://localhost:5000/，这样能以上述 URL 地址加资源路径的形式访问服务器相关资源。

Microsoft Visual Studio 选择 MAUIWebAPI 后端项目，单击"发布"菜单项，并进行相应的配置，如图 7-12 所示。

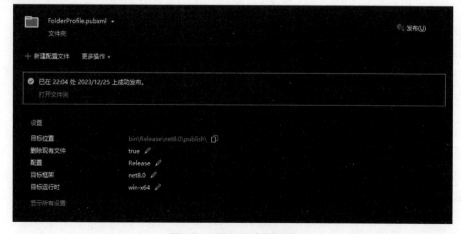

图 7-12　进行相应的配置

这里以文件的形式进行发布,选择好"目标位置""目标框架""目标运行时","删除现有文件"设置为 true 表示每次发布时先删除上次发布的文件,然后进行发布。发布时单击"发布"按钮。控制台部分信息显示如图 7-13 所示。

图 7-13 发布时控制台部分信息显示

进入控制台提示的发布目录后,运行项目名称对应的可执行程序,即右键以管理员方式运行 MAUIWebAPI.exe。独立式部署模式控制台运行情况如图 7-14 所示。

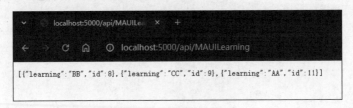

图 7-14 独立式部署模式控制台运行情况

最后访问 API 进行测试,测试效果如图 7-15 所示。

图 7-15 访问 API 的测试效果

这样即完成了 WebAPI 部署发布。如果使用微服务方式进行部署发布,可参考本章后续介绍的容器技术等内容。

7.5 Docker 容器技术

容器技术是一种基于轻量级的虚拟化技术,使用 Linux 的命名空间对资源进行隔离,使用 Cgroups 机制对资源进行管理,官方网站详见前言中的二维码。容器技术可以有效地将由单个操作系统管理的资源划分到孤立的组中,充分利用系统资源,以便提高系统资源利用率。集装箱是一种用于封装和运输货物的设备,通过集装箱的包装可以保护货物在运输过程中不受损坏。如果把应用程序和配套环境作为一个整体看待,那么容器就是将此整体进行打包。将容器比喻成一个集装箱,将内部软件、数据、环境进行封装,使得其成为一个独立的、可移植的单元。集装箱与集装箱之间具有隔离性,同时也确保了安全性。

下面介绍容器技术的主要优点。

跨平台。与操作系统无关,可以在不同的平台上运行。

组件丰。从全世界范围看,容器技术生态良好、组件丰富。

部署快。Docker 仅需要通过 Dockerfile 文件,构建镜像并运行容器。Kubernetes 仅需要通过 yaml 配置文件,构建镜像并运行容器。降低部署周期,提高生产效率。

高性能。通过共享底层操作系统资源,多个容器运行在同一物理实体上,提高了服务器的资源利用率,提升系统性能。

可移植。可以将应用程序和相关依赖的库、资源文件等打包到一个镜像中,可以在不同的环境中运行,降低了环境的依赖性、迁移的成本和风险,实现一次部署处处运行。

易维护。由于每个容器之间互相隔离,可以更加方便地进行监控、管理和维护。

可监控。建立在易维护的基础上,通过运行相应的图形管理界面对各个容器的状态进行监控。

可扩展。根据业务需要随时进行增加或删除容器,可以动态调整容器的大小和配置。根据流量的情况,可以轻松地进行扩容和缩容。

安全性。容器技术可以实现高效的资源利用率和隔离机制,从而提高系统的安全性。

自动化。可以结合 DevOps 理念,利用相关工具,持续测试、部署、发布。

当今主流的容器技术实现产品 Docker,是 Go 语言开发的一个开源的应用容器引擎。可以将应用程序代码、运行环境、依赖库文件、配置文件、各种资源打包并封装到一个容器中。通过容器就可以实现方便快速并且与平台解耦的自动化部署方式。

下面介绍关于 Docker 的一些概念。

镜像。镜像(Image)是 Docker 容器运行时的只读模板,创建容器的基础,包括操作系统、应用程序、配置数据以及各种资源文件等。镜像具有层的概念,通过增加数据或配置等拓展为另一层,用于镜像的个性化定制。

容器。容器(Container)是动态运行的镜像。

仓库。仓库(Repository)是存储镜像的集合,包含了镜像的版本控制机制。

Docker Hub。Docker Hub 是官方的 Docker 仓库,世界上最大的容器仓库。官方网址详见前言中的二维码。

Dockerfile。Dockerfile 本质上是一个文本文件,用于定义构建 Docker 镜像的一系列指令,可理解为批处理镜像构建器。每条指令都会创建新的镜像层,逐步构建镜像层,直到全部指令执行完成。

Docker 宿主机。Docker 宿主机(Docker Host)可以是物理机也可以是虚拟机,其上运行着 Docker 服务。

Docker 守护进程。Docker 宿主机上运行的 Docker 守护进程,通过 Docker 客户端的命令行与其进行交互。

Docker 客户端。用户侧的接口,通过 Docker 客户端命令行工具对 Docker 守护进程发起命令,控制 Docker 守护进程的执行。

Docker 的架构如图 7-16 所示。

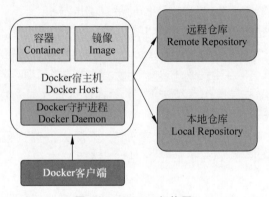

图 7-16　Docker 架构图

7.6　Kubernetes 容器技术

Kubernetes 因为中间部分有 8 个字母,所以简称 K8s。提供应用的服务编排、容器集群的部署、集群的管理,还可以方便地进行集群的扩容和缩容,官方网站详见前言中的二维码。基于一个称为 Pod 的逻辑单元将应用的容器组合在一起。Kubernetes 能够自动发布回滚、自动化装箱、自动化扩容和缩容,具有服务发现机制、负载均衡机制、自愈能力、集群配置管理能力等。

下面介绍 Kubernetes 的一些概念。

API Server。Kubernetes 集群的入口,通过该入口可以访问集群中的各种资源。具有认证授权和鉴权机制,支持访问注册发现。通过该入口还可以与 etcd 存储器通信,完成持久化相关的操作。

containerd。标准的容器运行时。从 Docker 引擎中分离出来,提供一个更开放、更稳定的容器运行基础设施。

scheduler。负责调度管理集群资源。通过配置调度策略将 Pod 调度至不同的节点。

controller manager。控制管理器维护集群状态，负责集群内各种资源对象的管理和协调。

cloud-controller-manager。云控制管理器是控制平面的组件，包含特定于云平台的控制逻辑。

etcd。主要负责集群状态的集中式存储，设计思想与 Zookeeper 类似。

kubelet。管理节点上的 Pod，有关 Pod 的各种操作均由 kubelet 发起执行，与 API Server 完成交互，接收 API Server 下发指令的同时，向 API Server 上报节点状态等信息。

kube-proxy。基于 etcd 存储器配置启动的监听进程，将外部请求转发到后端相应的容器中。

Ingress 附加组件。为集群提供外部访问方式的路由。

Dashboard 附加组件。Kubernetes 的 Web 图形化用户界面，方便用户操作。

Kubernetes 的架构如图 7-17 所示。

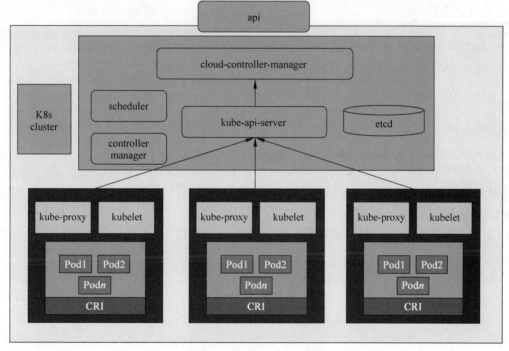

图 7-17　Kubernetes 架构图

下面介绍 Kubernetes 的重要对象。

namespace。用于实现多套环境资源隔离，或者多租户场景的资源隔离的资源对象。

Pod。作为 Kubernetes 的最小部署单元，包含一个或多个容器，这些容器共享存储、网络、配置等资源。

Deployment。用于定义和管理应用的资源对象。副本分布在各个节点上。

DaemonSet。与 Deployment 的不同之处是，每个节点上最多运行一个副本。

Service。服务类容器，可提供持续的服务。多个 Pod 组合成一个逻辑组，对外提供虚拟 IP 地址和端口,该逻辑组可以作为集群中相互通信和访问的资源对象。

Job。工作类容器,执行一次性任务,完成后即退出。

Volume。Kubernetes 的存储模型,将各种持久化存储映射到容器内部,且 Volume 的生命周期独立于容器,包括 emptyDir、hostPath 和 NFS 三种类型。

PVPersistentVolume。外部存储的存储空间,具有持久性,生命周期同样独立于容器。

PVCPersistentVolumeClaim。对外部存储的存储空间的申请,通过 PVC(持久卷声明)确定使用什么类型的存储资源。

ConfigMap。通过 ConfigMap 访问非敏感数据,以明文的形式存放。

Secret。通过 Secret 访问敏感数据,这样避免以明文方式在配置文件中保存机密类的信息。

Kubernetes 配置文件管理对象的关键字段,具体如下。

apiVersionAPI。版本号。

kind。指定资源对象的类型。

metadata。元数据信息,包括对象命名空间、对象 ID、对象名称等相关信息。

spec。对象的规约相关信息。

7.7 DevOps 持续集成

DevOps(Development & Operations)开发和运维的深度融合,是一系列过程、方法论与系统的统称,能够大幅提升生产效率的范例,开创了软件开发自动化运维的先河。主要将软件工程、质量保障、技术运维三者有机融合,是将开发、运维、测试结合在一起的开发管理模式。如果说敏捷开发模式的核心是以人为中心,那么 DevOps 开发模式的核心是以工具为中心,以流程和规约为中心。通过将敏捷开发模式和其他软件工程模式中的方法论进一步进行抽象综合,归纳总结出流程和规约,以先进的工具集为载体将经验固化为模式。

笔者在一台计算机上使用 4 台虚拟机模拟 DevOps 过程,build 主机是构建机,其余 3 台主机是 Kubernetes 集群。因为构建过程的细节较为烦琐,所以先给读者一个整体的宏观描述。开发者使用 Microsoft Visual Studio 修改代码后,通过团队资源管理器将修改后的内容提交至 Gitee 中,Gitee 通过 WebHooks 机制感知到代码变更时触发事件,同时向 build 主机中的 Jenkins 应用指定的 URL 地址发送通知(本地使用 ngrok 内网穿透工具将该内网地址映射为公网地址,使得 Gitee 的 WebHooks 触发地址可以通知到构建机 build 主机的 Jenkins 应用)。构建机 build 主机中的 Jenkins 应用接收到代码变更事件时,执行批处理流程进行自动化构建。

自动化构建可以理解为一系列批处理流程。第一阶段是 build 主机拉取 Gitee 源代码到 Jenkins 应用对应项目的工作空间中,并对源代码进行编译。第二阶段是使用 Docker 构建容器并完成发布,将新镜像发布至 harbor 中,构建的依据是项目生成的 DockerFile 文件。第三阶段是构建机 build 主机通过 SSH 方式免密登录至 master 主机,使用 shell 批处理脚本配合 Kubernetes 完成构建发布过程。此阶段主要完成删除容器、删除配置、复制模板、设置参数、下载镜像、启动容器等工作。通过 Gitee、Ngrok、Jenkins、Docker、Harbor、Kubernetes 等的有机配合，共同完成了自动化发布和部署。整个自动化构建流程如图 7-18 所示。

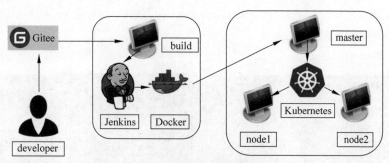

图 7-18　自动化构建流程

由于篇幅所限，此部分内容的具体操作步骤请读者查看本书的相关配套资源，详见前言中的二维码。现将过程梳理如下。

第一步，准备工作。分别在 4 台主机上获取 root 权限，方便操作 Docker、Kubernetes 等。

第二步，分别在 4 台主机上安装 Docker。

第三步，在构建机上安装 Jenkins。Jenkins 是一款基于 Java 的持续集成工具，用于监控持续重复性质的工作。

第四步，安装 Harbor。Harbor 是一款开源的企业镜像库。

第五步，安装 Kubernetes。

第六步，安装 dashboard。dashboard 是 Kubernetes 集群管理的图形界面。上传 kubernetes-dashboard.yaml 配置文件至虚拟机。dashboard 的运行情况如图 7-19 所示。

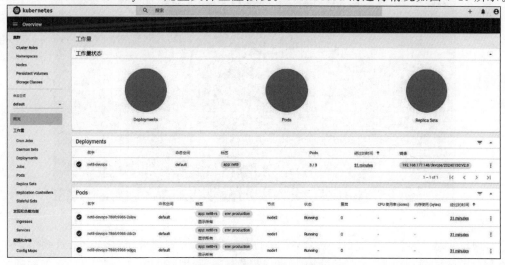

图 7-19　dashboard 的运行情况

第七步，项目推送至 Gitee。第 2 章中讲述了 Gitee 工具的使用，配合 Microsoft Visual Studio 团队资源管理器，将 DevOps 项目上传至 Gitee 的仓库中。

第八步，Gitee 配置 WebHooks。

第九步，Jenkins 项目配置。

第十步，Microsoft Visual Studio、Gitee、Ngrok、Jenkins、Docker、Kubernetes 联合调测，实现项目的持续集成。

实验结果分别如图 7-20～图 7-23 所示。

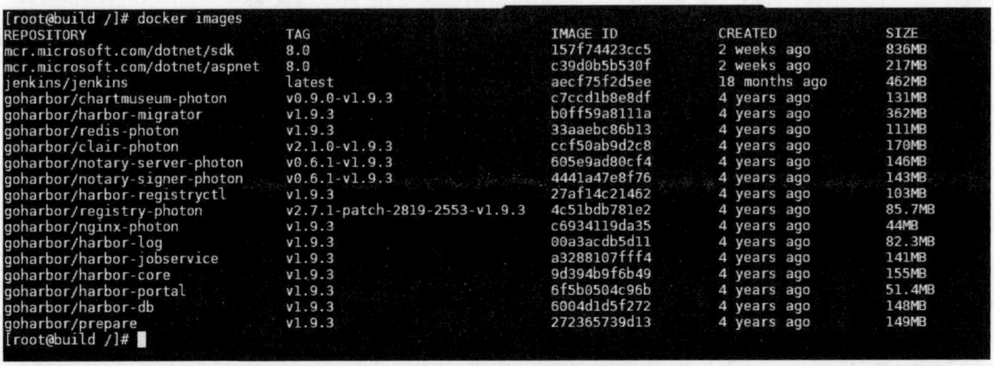

图 7-20　build 主机静态镜像

图 7-21　build 主机动态容器

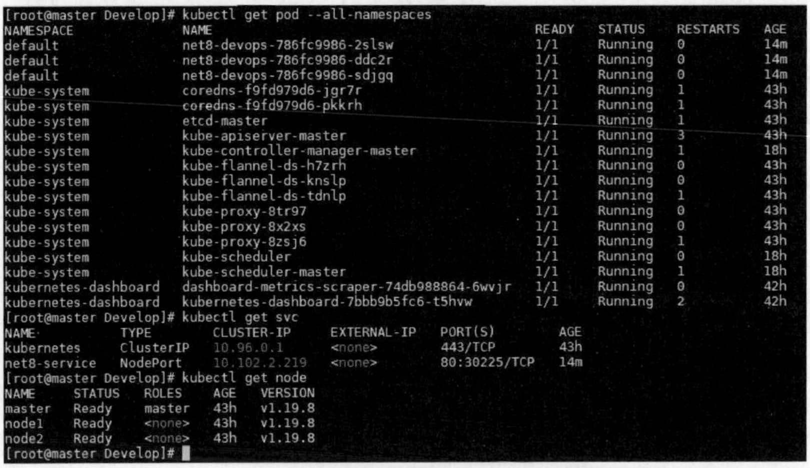

图 7-22　集群运行情况

通过上述 10 个步骤的有机融合，完成了持续集成、持续部署、持续发布、持续维护全流程自动化的模拟过程。实际工作中，可以根据需求采用多种方式、多种工具、多种插件进行 CI/CD(持续集成/持续部署)。表面看该过程比较复杂和烦琐，但实践中微服务的

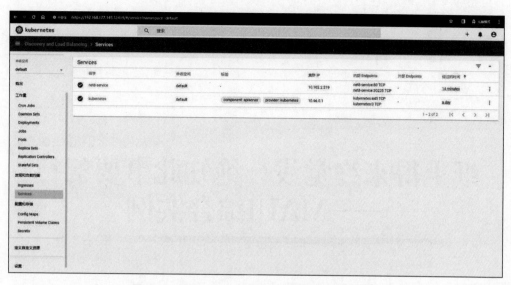

图 7-23 Kubernetes dashboard 查看服务运行情况

相关基础设施一次性部署后,基本无须进行大的改动就能应用于生产环境,后续应用程序版本更新时,可以实时进行部署发布上线,达到事半功倍的效果。

第 8 章

视频讲解

纸上得来终觉浅　绝知此事要躬行
——MAUI综合实例

8.1　智能合约

　　智能合约是基于区块链技术可自动执行的计算机程序,在没有中介或第三方的情况下执行去中心化的交易。如果各方在交易过程中满足相关的条件和规则,智能合约将自动执行相关的交易。

1. 智能合约的特点

去中心。不依赖权威机构或第三方机构。
自动化。满足条件和规约即可自动执行交易,无须人工干预。
低成本。因为去中心和自动化,所以效率高且成本低。
可编程。编写智能合约可以使用多种编程语言,主流编程语言是 Solidity。
公开性。所有交易信息都被记录在区块链上,智能合约的执行过程和交易过程是公开透明的。
可靠性。基于条件和规约程序自动执行,减少交易纠纷,提升可靠性。

2. 编写智能合约的流程

选择平台。根据实际需求和场景选择合适的编写智能合约平台。
编写合约。选择合适的智能合约编程语言进行智能合约的编写。
调试合约。对编写好的智能合约进行调试和测试,确保正确运行。
部署合约。将智能合约部署至区块链上,根据预算消耗相应的资源。
执行合约。部署完毕后,智能合约将自动执行,交易发生后会被记录在区块链上,只能追加,不能删除和修改。

3. 智能合约典型应用领域

数字资产。如加密货币、数字证券等。
知识版权。知识版权包括著作权、专利、商标。智能合约可以对上述权利进行管理。

公共服务。如广告、选举、投票等。

金融交易。如借贷、保险、期货、期权、债券、股票、基金、证券等。

8.2 基于 MAUI 的投票选举 App 概述

BallotApp 是以智能合约为背景,模拟实现了选举投票最基本的相关操作。底层基于区块链的校验机制,与传统的选举系统相比,BallotApp 的选举结果具有不可篡改性。本章的目的是对本书介绍的 MAUI 技术进行综合应用。根据市面上主流的 App 面板式结构开发出 App 原型。其中前端是基于 MAUI 布局和页面开发,后端是基于 .NET Core 8 WebAPI 开发,结合第 7 章中介绍的部署和发布,基本实现了全栈开发。BallotApp 项目仅作为演示使用,读者可以根据自身需求在实际工作中利用 MAUI 技术进行二次开发。

BallotApp 综合使用 MAUI 技术进行开发,主要实现了选民选举、委托选举、查看投票结果、查看投票明细的智能合约,包括信息页面、投票页面、数据页面、配置页面。视图页面包括轮播图、大数据展示;投票页面包括选民投票、委托投票的智能合约;数据页面包括查看投票结果、查看投票明细;设置页面包括配置项的分类和展示。首先对前端各个页面的最终效果进行展示,使读者对 BallotApp 项目有个宏观认识,方便后续对照相关代码进行研究。

视图页面的运行效果如图 8-1 所示。

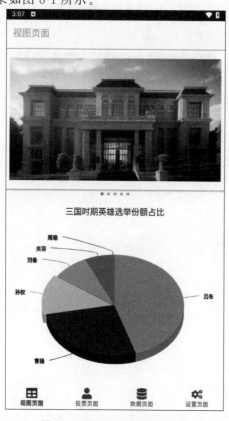

图 8-1　视图页面的运行效果

投票页面的运行效果如图 8-2 所示。

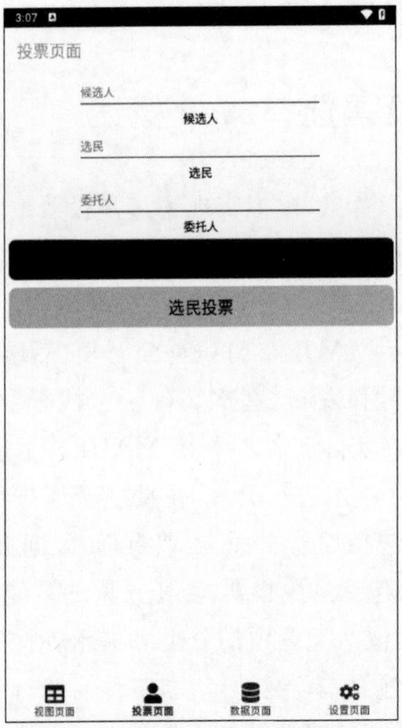

图 8-2　投票页面的运行效果

数据页面的运行效果如图 8-3 所示。

图 8-3　数据页面的运行效果

设置页面的运行效果如图 8-4 所示。

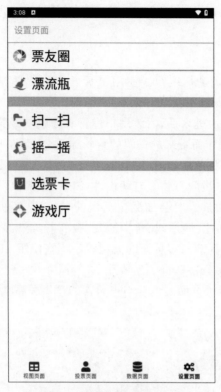

图 8-4　设置页面的运行效果

后端.NET Core 8 WebAPI 通过 Swagger 方式查看的运行情况如图 8-5 所示。

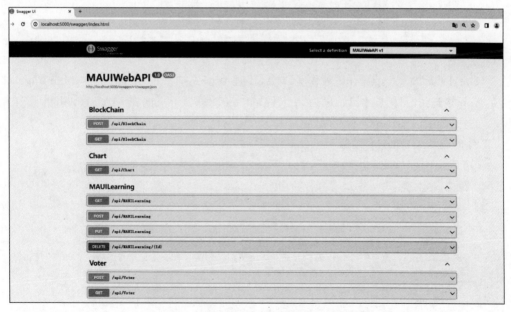

图 8-5　通过 Swagger 方式查看 WebAPI

8.3 基于 MAUI 的投票选举 App 前端设计与实现

8.3.1 页面结构

BallotApp 以面板形式进行组织。使用单页面应用程序(Single Page Application，SPA)进行开发。SPA 将所有的活动局限在一个 Web 页面中，在该页面初始化时完成所有相关资源的加载。当首次进入后，后续用户进行页面跳转或操作时无须再次加载相关资源。SPA 避免因用户操作而带来的资源的重新加载，从而提升了流程的操作体验。这种开发方式还能够有效地将前后端工作模式进行分离解耦，使得后端 API 通用化，降低服务器压力，提高吞吐量。世间万物具有两面性，SPA 也带来了很多问题，首当其冲的就是首次加载过慢，因为首次进入时会加载全部组件和资源，解决此问题的有效策略是使用 CDN(内容分发网络)加速、懒加载、异步加载、服务器渲染等。此外，SPA 对后期运营时的搜索引擎优化不友好。涉及多页面的大型程序不宜使用 SPA 方式开发。

BallotApp 使用 AppTabsPage 统领全局，作为顶层容器呈现在用户面前。AppTabsPage 与其他 4 个子页面是包含与被包含的逻辑关系。BallotApp 页面组织结构如图 8-6 所示。

图 8-6 BallotApp 页面组织结构

MAUI 启动时，App.xaml 是作为 MAUI 程序首先加载的 XAML，其 MainPage 对象在 App 构造过程中进行初始化为 AppTabsPage。每个子页面在 MAUI 中相当于一个组件，通过 AppTabsPage 进行参数化调用。

【例 8-1】 BallotApp 前端页面结构。

AppTabsPage.xaml 代码如下：

```
1   <?xml version = "1.0" encoding = "UTF-8" ?>
2   < TabbedPage
3       x:Class = "BallotApp.AppTabsPage"
4       xmlns = "http://schemas.microsoft.com/dotnet/2021/maui"
5       xmlns:x = "http://schemas.microsoft.com/winfx/2009/xaml"
6       xmlns:android = "clr - namespace:Microsoft.Maui.Controls.PlatformConfiguration.
        AndroidSpecific;assembly = Microsoft.Maui.Controls"
7       xmlns:local = "clr - namespace:BallotApp;assembly = BallotApp"
8       android:TabbedPage.ToolbarPlacement = "Bottom">
9       < NavigationPage Title = "视图页面" IconImageSource = "{StaticResource Table}">
```

```
10          <x:Arguments>
11              <local:ViewPage Title = "视图页面" />
12          </x:Arguments>
13      </NavigationPage>
14      <NavigationPage Title = "投票页面" IconImageSource = "{StaticResource User}">
15          <x:Arguments>
16              <local:BallotPage Title = "投票页面" />
17          </x:Arguments>
18      </NavigationPage>
19      <NavigationPage Title = "数据页面" IconImageSource = "{StaticResource Database}">
20          <x:Arguments>
21              <local:DataPage Title = "数据页面" />
22          </x:Arguments>
23      </NavigationPage>
24      <NavigationPage Title = "设置页面" IconImageSource = "{StaticResource Cogs}">
25          <x:Arguments>
26              <local:SettingsPage Title = "设置页面" />
27          </x:Arguments>
28      </NavigationPage>
29  </TabbedPage>
```

AppTabsPage 以 TabbedPage 作为根节点。根节点属性设置如下。

x:Class 属性。指明了该类名称为 BallotApp.AppTabsPage。

xmlns:local 属性。指明了公共语言运行时的命名空间 clr-namespace 是 BallotApp，对应的程序集 assembly 是 BallotApp。

android:TabbedPage.ToolbarPlacement 属性。控制了 4 个子页面显示的位置，Bottom 表示在下方进行显示。这是典型的单页面应用开发方式结构，类似这种结构的应用有微信、哔哩哔哩、喜马拉雅等。

TabbedPage 根节点下面有 4 个 NavigationPage 作为子节点。每个子节点进行了参数化配置。NavigationPage 的 Title 属性指明了导航页面的标题，IconImageSource 属性指明了导航页面的图标显示，这里使用静态资源 StaticResource 加载方式进行加载。x:Arguments 标签进行参数化配置，传递的实参是具体的页面。通过 local 前缀进行引用，local 前缀对应的公共语言运行时的命名空间 clr-namespace 是 BallotApp，local:DataPage 等价于 BallotApp.DataPage 指定的类，通过 Title 进行参数化传递页面标题。

应用程序下方面板上的图标 IconImageSource 使用了 XAML 标记语法，引用了静态资源 StaticResource。静态资源通过 Resources/Style.xaml 中的资源字典 ResourceDictionary 进行定义。

Style.xaml 代码如下：

```
1   <ResourceDictionary
2       xmlns = "http://schemas.microsoft.com/dotnet/2021/maui"
3       xmlns:x = "http://schemas.microsoft.com/winfx/2009/xaml"
4       xmlns:local = "clr-namespace:MAUISDK.Configs;assembly=MAUISDK">
5       <FontImage
6           x:Key = "Table"
7           FontFamily = "FontAwesome"
8           Glyph = "{x:Static local:IconFontConfig.Table}"
9           Size = "22"
10          Color = "{StaticResource Primary}" />
```

```
11      <FontImage
12          x:Key = "User"
13          FontFamily = "FontAwesome"
14          Glyph = "{x:Static local:IconFontConfig.User}"
15          Size = "22"
16          Color = "{StaticResource Primary}" />
17      <FontImage
18          x:Key = "Database"
19          FontFamily = "FontAwesome"
20          Glyph = "{x:Static local:IconFontConfig.Database}"
21          Size = "22"
22          Color = "{StaticResource Primary}" />
23      <FontImage
24          x:Key = "Cogs"
25          FontFamily = "FontAwesome"
26          Glyph = "{x:Static local:IconFontConfig.Cogs}"
27          Size = "22"
28          Color = "{StaticResource Primary}" />
29      <!-- 此处省略其他代码 -->
30  </ResourceDictionary>
```

ResourceDictionary 的属性 xmlns:local 指定了程序集 MAUISDK 中的 MAUISDK.Configs 命名空间。程序集 MAUISDK 包括了 MAUI 引用的公共类。为了增强通用性，MAUISDK 项目类型设定为类库。MAUISDK.Configs 命名空间中的 IconFontConfig 类包括了 FontAwesome 字体对应的图标。FontAwesome 是一套图标字体库和 CSS 框架，可用于 Bootstrap 等前端框架中。FontAwesome 官方网站的网址详见前言中的二维码，可以获取免费或商用的字体图标、教程等。

IconFontConfig.cs 代码如下：

```
1   namespace MAUISDK.Configs
2   {
3       /// <summary>
4       /// FontAwesome
5       /// </summary>
6       public static class IconFontConfig
7       {
8           public const string Table = "\uf0ce";
9           public const string User = "\uf007";
10          public const string Database = "\uf1c0";
11          public const string Cogs = "\uf085";
12          // 此处省略其他代码
13      }
14  }
```

IconFontConfig.cs 中定义了多个公用常量字符串，\u 代表 Unicode 编码，后面的十六进制数是 FontAwesome 中定义的图标。FontImage 的属性说明如下。

x:Key。是引用资源的键名称。

FontFamily。指定了字体类型。这里使用 FontAwesome。

Glyph。指定了对应的图标值。{x:Static local:IconFontConfig.Database} 通过标记语法设置资源字典 ResourceDictionary 的字体图标，对应上述代码中的\uf1c0。

Size。设置字体大小。

Color。设置字体颜色。在 Colors.xaml 中定义颜色资源。

引用 FontAwesome 字体需要在 MAUI 入口文件 MauiProgram.cs 中添加字体相关的配置,代码如下。

```
1    builder
2        .UseMauiApp<App>()
3        .UseMauiCommunityToolkit()
4        .ConfigureFonts(fonts =>
5        {
6            fonts.AddFont("OpenSans-Regular.ttf", "OpenSansRegular");
7            fonts.AddFont("OpenSans-Semibold.ttf", "OpenSansSemibold");
8            fonts.AddFont("fa_solid.ttf", "FontAwesome");
9        });
```

注意,使用 FontAwesome 字体还需要在 Resources\Fonts 中添加 fa_solid.ttf 字体文件。通过以上配置,这样就可以看到面板下方 4 个子页面按钮上显示的文字和对应的图标。

8.3.2 视图页面

读者对照 8.3.1 节中的视图页面先有一个宏观的感性认识,对页面结构有初步的印象。因为涉及代码较多,所以采用分段式方法进行介绍。先从页面结构入手。

【例 8-2】 BallotApp 视图页面。

ViewPage.xaml 页面结构代码如下:

```
1    <?xml version="1.0" encoding="UTF-8"?>
2    <ContentPage
3        x:Class="BallotApp.ViewPage"
4        xmlns="http://schemas.microsoft.com/dotnet/2021/maui"
5        xmlns:x="http://schemas.microsoft.com/winfx/2009/xaml"
6        xmlns:models="clr-namespace:BallotApp.Models"
7        xmlns:viewmodels="clr-namespace:BallotApp.ViewModels"
8        Title="ViewPage">
9        <ContentPage.BindingContext>
10           <viewmodels:BallotCarouselViewModel />
11       </ContentPage.BindingContext>
12       <VerticalStackLayout>
13           <CarouselView IndicatorView="indicatorView" ItemsSource="{Binding DataCollection}">
14               // 此处省略相关代码
15           </CarouselView>
16           <IndicatorView
17               // 此处省略相关代码 />
18           <WebView
19               // 此处省略相关代码 />
20       </VerticalStackLayout>
21   </ContentPage>
```

这里模拟一般 App 典型的首页结构,整体是垂直布局。最上方是轮播图控件,伴随轮播图控件的是指示器控件,用于指示轮播图控件当前的位置。接着指示器控件后面是 WebView 控件,用于展示选举大数据信息。

ViewPage.xaml 页面轮播图代码如下:

```xml
1  <CarouselView IndicatorView = "indicatorView" ItemsSource = "{Binding DataCollection}">
2      <CarouselView.ItemTemplate>
3          <DataTemplate>
4              <StackLayout>
5                  <Frame
6                      Margin = "5"
7                      BorderColor = "LightBlue"
8                      CornerRadius = "5"
9                      HasShadow = "True"
10                     HeightRequest = "300"
11                     HorizontalOptions = "Center"
12                     VerticalOptions = "Center"
13                     WidthRequest = "500">
14                     <HorizontalStackLayout>
15                         <Image
16                             Aspect = "Fill"
17                             HeightRequest = "500"
18                             HorizontalOptions = "Fill"
19                             Source = "{Binding ImageUrl}"
20                             WidthRequest = "470" />
21                     </HorizontalStackLayout>
22                 </Frame>
23             </StackLayout>
24         </DataTemplate>
25     </CarouselView.ItemTemplate>
26 </CarouselView>
27 <IndicatorView
28     x:Name = "indicatorView"
29     Margin = "0,0,0,10"
30     HorizontalOptions = "Center"
31     IndicatorColor = "LightGray"
32     IndicatorsShape = "Square"
33     SelectedIndicatorColor = "DarkGray" />
```

CarouselView 轮播图控件配置关联的 IndicatorView 指示器控件。指示器控件用于显示对应轮播图控件中图片的索引或位置。CarouselView 还配置了 ItemsSource 数据源,数据源是列表,包含图片对象集合。CarouselView 可以配置 ItemTemplate 轮播条目样式模板。轮播图控件由多帧图片组成,轮播条目样式模板代表轮播图控件的每一帧的播放视图模板。配置每一帧的播放视图模板对应的 DataTemplate(数据模板),数据模板采用 StackLayout 堆栈布局,内部配置成 Frame(框架)结构。这里设置了 Margin(外边框)、BorderColor(边缘色)、CornerRadius(圆角半径)、HasShadow(是否阴影)、HeightRequest(高度)、HorizontalOptions(水平对齐选项)、VerticalOptions(垂直对齐选项)、WidthRequest(宽度)属性。StackLayout 堆栈布局中包含了 HorizontalStackLayout(水平布局),内部配置了 Image(图像)控件。图像控件配置了 Aspect(方面)属性,属性值 Fill 表示不考虑宽高比拉伸图像。HeightRequest、HorizontalOptions、Source(图像数据源),这些属性值使用绑定机制,绑定 DataCollection 中对象属性 ImageUrl(图像 URL)和 WidthRequest。IndicatorView 配置了 x:Name(控件名称)、Margin、HorizontalOptions、IndicatorColor(指示器颜色)、IndicatorsShape(指示器形状),这里采用 Square(方框)显示、SelectedIndicatorColor 选中的指示器颜色。

WebView 控件代码如下：

```
1  <WebView
2          x:Name = "webView"
3          Grid.Row = "0"
4          HeightRequest = "380" />
```

WebView 控件指明了 x:Name 属性，Grid.Row 表示占据表格首行位置，HeightRequest 属性指明了宽度。

ViewPage.xaml.cs 代码如下：

```
1  namespace BallotApp;
2
3  public partial class ViewPage : ContentPage
4  {
5      public ViewPage()
6      {
7          InitializeComponent();
8          if (Device.RuntimePlatform == Device.UWP)
9          {
10             webView.Source = "http://localhost:5000/api/Chart";
11         }
12         else if (Device.RuntimePlatform == Device.Android)
13         {
14             webView.Source = "http://10.0.2.2:5000/api/Chart";
15         }
16     }
17 }
```

视图页面部分的代码构造方法中，InitializeComponent()方法完成控件初始化逻辑后，判断当前设备所处平台类型。如果是 UWP（通用应用平台），WebView 控件的 Source 数据源属性指向的 IP 地址是 localhost，即本机 127.0.0.1 环回测试地址。如果是 Android 平台，WebView 控件的 Source 数据源属性指向的 IP 地址是 10.0.2.2，这也是大部分模拟器模拟宿主机的 IP 环回测试地址。

8.3.3 投票页面

BallotPage 投票页面是与后端进行智能合约业务交互的前端页面，主要完成选民投票、委托投票功能。

【例 8-3】 BallotApp 投票页面。

BallotPage.xaml 页面代码如下：

```
1  <?xml version = "1.0" encoding = "UTF-8" ?>
2  <ContentPage
3      x:Class = "BallotApp.BallotPage"
4      xmlns = "http://schemas.microsoft.com/dotnet/2021/maui"
5      xmlns:x = "http://schemas.microsoft.com/winfx/2009/xaml"
6      Title = "投票页面">
7      <VerticalStackLayout>
8          <Picker
9              Title = "候选人"
10             HorizontalOptions = "Center"
```

```xml
11          SelectedIndexChanged = "OnSelectedIndexChanged1"
12          VerticalOptions = "Fill"
13          WidthRequest = "300">
14          < Picker.Items >
15              < x:String >关羽</x:String >
16              < x:String >张飞</x:String >
17              < x:String >曹操</x:String >
18              <!-- 此处省略其他代码 -->
19          </Picker.Items>
20      </Picker>
21      < Label
22          x:Name = "label1"
23          Style = "{StaticResource NormLabel}"
24          Text = "候选人" />
25      < Picker
26          Title = "选民"
27          HorizontalOptions = "Center"
28          SelectedIndexChanged = "OnSelectedIndexChanged2"
29          VerticalOptions = "Fill"
30          WidthRequest = "300">
31          < Picker.Items >
32              < x:String >张三</x:String >
33              < x:String >李四</x:String >
34              <!-- 此处省略其他代码 -->
35          </Picker.Items>
36      </Picker>
37      < Label
38          x:Name = "label2"
39          Style = "{StaticResource NormLabel}"
40          Text = "选民" />
41      < Picker
42          Title = "委托人"
43          HorizontalOptions = "Center"
44          SelectedIndexChanged = "OnSelectedIndexChanged3"
45          VerticalOptions = "Fill"
46          WidthRequest = "300">
47          < Picker.Items >
48              < x:String >张三</x:String >
49              < x:String >李四</x:String >
50              <!-- 此处省略其他代码 -->
51          </Picker.Items>
52      </Picker>
53      < Label
54          x:Name = "label3"
55          Style = "{StaticResource NormLabel}"
56          Text = "委托人" />
57      < Button
58          Margin = "5,5,5,5"
59          BackgroundColor = "Blue"
60          Command = "{Binding OnDelegate}"
61          FontSize = "20"
62          Text = "委托投票"
63          TextColor = "Black" />
64      < Button
65          Margin = "5,5,5,5"
66          BackgroundColor = "LightGreen"
```

```
67              Command = "{Binding OnVote}"
68              FontSize = "20"
69              Text = "选民投票"
70              TextColor = "Black" />
71      </VerticalStackLayout>
72  </ContentPage>
```

BallotPage 投票页面整体采用 VerticalStackLayout 垂直布局，包含 3 个 Picker（选择器），每个 Picker 分别对应一个 Label 控件用于显示相应内容。3 个 Picker 分别是候选人、选民、委托人。下方是两个功能按钮，分别是委托投票和选民投票。

BallotPage.xaml.cs 代码如下：

```
1   using System.Windows.Input;
2
3   namespace BallotApp;
4
5   public partial class BallotPage : ContentPage
6   {
7       public ICommand OnDelegate
8       {
9           get;
10          set;
11      }
12      public ICommand OnVote
13      {
14          get;
15          set;
16      }
17      public BallotPage()
18      {
19          Title = "投票页面";
20          InitializeComponent();
21          OnDelegate = new Command(async () =>
22          {
23              string voter = label2.Text.Trim();
24              string agent = label3.Text.Trim();
25              string Result = await App.IVoterBlockRestSvc.Delegate(voter, agent);
26              await DisplayAlert("信息", Result, "确认");
27          });
28          OnVote = new Command(async () =>
29          {
30              string candidate = label1.Text.Trim();
31              string voter = label2.Text.Trim();
32              string Result = await App.IVoterBlockRestSvc.VoteAsync(voter, candidate);
33              await DisplayAlert("信息", Result, "确认");
34          });
35          BindingContext = this;
36      }
37      private void OnSelectedIndexChanged1(object sender, EventArgs e)
38      {
39          Picker picker = (Picker)sender;
40          if (picker.SelectedIndex == -1)
41          {
42              label1.Text = "候选人";
```

```
43              }
44              else
45              {
46                  label1.Text = picker.Items[picker.SelectedIndex];
47              }
48         }
49         // 此处省略其他代码
50     }
```

BallotPage 投票页面代码部分定义了投票相关的方法。

OnDelegate()委托投票事件委托、OnVote()选民投票事件委托。构造方法实现了两个事件委托函数执行逻辑。最后将当前页面绑定到了数据上下文。

OnDelegate()方法获取选择器中的负载值作为参数,其中 voter 表示选民,agent 表示代理。通过依赖注入的方式获取 IVoterBlockRestService 接口对应的服务,使用该服务异步调用 Delegate()方法与后端交互实现委托投票智能合约功能。异步调用 DisplayAlert()方法显示操作结果信息。

OnVote()方法获取选择器中的负载值作为参数,其中 candidate 表示候选人,voter 表示选民。通过依赖注入的方式获取 IVoterBlockRestService 接口对应的服务,异步调用 VoteAsync()方法与后端交互实现选民投票智能合约功能。异步调用 DisplayAlert()方法显示操作结果信息。

三个 OnSelectedIndexChangedX()方法实现了选择器控件值变更时标签控件显示信息的同步变更。

8.3.4 数据页面

DataPage 数据页面包含投票数据展示的相关方法。

【例 8-4】 BallotApp 数据页面。

DataPage.xaml 代码如下:

```
1   <?xml version = "1.0" encoding = "UTF-8" ?>
2   <ContentPage
3       x:Class = "BallotApp.DataPage"
4       xmlns = "http://schemas.microsoft.com/dotnet/2021/maui"
5       xmlns:x = "http://schemas.microsoft.com/winfx/2009/xaml"
6       Title = "数据页面">
7       <VerticalStackLayout>
8           <Button
9               Margin = "5,5,5,5"
10              BackgroundColor = "Blue"
11              Command = "{Binding OnQueryWinner}"
12              FontSize = "20"
13              Text = "投票结果"
14              TextColor = "Black" />
15          <Button
16              Margin = "5,5,5,5"
17              BackgroundColor = "Red"
18              Command = "{Binding OnQueryList}"
19              FontSize = "20"
20              Text = "投票明细"
```

```
21                TextColor = "Black" />
22         <VerticalStackLayout BackgroundColor = "WhiteSmoke" HeightRequest = "50">
23             <Label
24                 FontAttributes = "Bold"
25                 FontSize = "20"
26                 HorizontalTextAlignment = "Center"
27                 Text = "投票明细"
28                 VerticalTextAlignment = "Center" />
29         </VerticalStackLayout>
30     <VerticalStackLayout Margin = "5">
31         <ListView
32             x:Name = "listView"
33             Margin = "5"
34             BackgroundColor = "LawnGreen"
35             HorizontalOptions = "Center"
36             ItemsSource = "{Binding VoterBlocks}"
37             MaximumHeightRequest = "600"
38             RowHeight = "140"
39             VerticalScrollBarVisibility = "Always">
40             <ListView.ItemTemplate>
41                 <DataTemplate>
42                     <ViewCell>
43                         <Grid Margin = "5" Padding = "5">
44                             <Grid.RowDefinitions>
45                                 <RowDefinition Height = "20" />
46                                 <RowDefinition Height = "20" />
47                                 <RowDefinition Height = "20" />
48                                 <RowDefinition Height = "20" />
49                                 <RowDefinition Height = "20" />
50                                 <RowDefinition Height = "20" />
51                             </Grid.RowDefinitions>
52                             <Grid.ColumnDefinitions>
53                                 <ColumnDefinition Width = "Auto" />
54                                 <ColumnDefinition Width = "Auto" />
55                             </Grid.ColumnDefinitions>
56                             <Label
57                                 Grid.Row = "0"
58                                 Grid.Column = "0"
59                                 FontAttributes = "Bold"
60                                 Text = "投票区块索引" />
61                             <Label
62                                 Grid.Row = "0"
63                                 Grid.Column = "1"
64                                 Text = "{Binding Index}" />
65                             <Label
66                                 Grid.Row = "1"
67                                 Grid.Column = "0"
68                                 FontAttributes = "Bold"
69                                 Text = "投票区块时间戳" />
70                             <Label
71                                 Grid.Row = "1"
72                                 Grid.Column = "1"
73                                 Text = "{Binding Timestamp}" />
74                             <Label
75                                 Grid.Row = "2"
76                                 Grid.Column = "0"
```

```
77                                    FontAttributes = "Bold"
78                                    Text = "前投票区块哈希值" />
79                                <Label
80                                    Grid.Row = "2"
81                                    Grid.Column = "1"
82                                    FontAttributes = "Italic"
83                                    Text = "{Binding PreviousHash}" />
84                                <Label
85                                    Grid.Row = "3"
86                                    Grid.Column = "0"
87                                    FontAttributes = "Bold"
88                                    Text = "投票区块哈希值" />
89                                <Label
90                                    Grid.Row = "3"
91                                    Grid.Column = "1"
92                                    FontAttributes = "Italic"
93                                    Text = "{Binding Hash}" />
94                                <Label
95                                    Grid.Row = "4"
96                                    Grid.Column = "0"
97                                    FontAttributes = "Bold"
98                                    Text = "投票选民" />
99                                <Label
100                                   Grid.Row = "4"
101                                   Grid.Column = "1"
102                                   Text = "{Binding Data.VoterName}" />
103                               <Label
104                                   Grid.Row = "5"
105                                   Grid.Column = "0"
106                                   FontAttributes = "Bold"
107                                   Text = "投票候选人" />
108                               <Label
109                                   Grid.Row = "5"
110                                   Grid.Column = "1"
111                                   Text = "{Binding Data.Candidate}" />
112                           </Grid>
113                       </ViewCell>
114                   </DataTemplate>
115               </ListView.ItemTemplate>
116           </ListView>
117       </VerticalStackLayout>
118   </VerticalStackLayout>
119 </ContentPage>
```

数据页面包含两个按钮控件,分别是投票结果和投票明细。

数据展示部分使用 ListView 列表控件进行展示。ListView 列表控件定义了 x:Name(列表控件名称)、Margin(外边框)、BackgroundColor(背景色)、HorizontalOptions(水平对齐方式)、ItemsSource(数据源)(这里绑定了 VoterBlocks 投票区块列表集合属性)、MaximumHeightRequest(列表控件最大高度)、RowHeight(列表条目高度)、VerticalScrollBarVisibility(是否显示垂直滚动条)。列表控件数据模板 DataTemplate 的 ViewCell 采用 Grid(表格)方式。Grid 控件定义了 Margin(外边框)、Padding(内边框)。Grid 控件对应于一条投票区块信息,定义了 6 行 2 列,相当于每条投票区块信息通过 6

行 2 列的方式进行页面渲染。RowDefinition（行定义）定义了 Height（行高），ColumnDefinition（列定义）定义了 Width（列宽），采用自动属性值。6 行 2 列全部使用 Label 控件。12 个 Label 控件通过 Grid.Row 对应表格行索引和 Grid.Column 对应表格列索引进行位置控制，通过 FontAttributes 设置字体属性（其中 Bold 表示粗体、Italic 表示斜体），同时将 Text 文本内容显示绑定到对应 VoterBlock 对象的属性中。

DataPage.xaml.cs 代码如下：

```
1   using MAUISDK.Models;
2   using System.Collections.ObjectModel;
3   using System.Windows.Input;
4
5   namespace BallotApp;
6
7   public partial class DataPage : ContentPage
8   {
9       public ObservableCollection<VoterBlock> VoterBlocks
10      {
11          get;
12          set;
13      }
14      public ICommand OnQueryWinner
15      {
16          get;
17          set;
18      }
19      public ICommand OnQueryList
20      {
21          get;
22          set;
23      }
24      public DataPage()
25      {
26          Title = "数据界面";
27          InitializeComponent();
28          OnQueryWinner = new Command(async () =>
29          {
30              string Result = await App.IVoterBlockRestSvc.GetWinner();
31              await DisplayAlert("信息", Result, "确认");
32          });
33          OnQueryList = new Command(async () =>
34          {
35              var Items = await App.IVoterBlockRestSvc.QueryVoterBlockAsync();
36              MainThread.BeginInvokeOnMainThread(() =>
37              {
38                  VoterBlocks = [];
39                  foreach (var Item in Items)
40                  {
41                      VoterBlocks.Add(Item);
42                  }
43              });
44              OnPropertyChanged(nameof(VoterBlocks));
45              listView.ItemsSource = VoterBlocks;
46          });
47          BindingContext = this;
```

```
48        }
49    }
```

数据界面逻辑部分定义了 VoterBlocks 投票区块列表、投票结果事件委托、投票信息事件委托。数据界面的构造方法完成控件初始化以及两个事件委托的实现,最后绑定当前对象至上下文。

OnQueryWinner()事件委托实现了获取投票结果。调用通过依赖注入方式获取的服务。异步调用 GetWinner()方法与后端交互实现获取投票结果功能。异步调用 DisplayAlert()方法显示操作结果信息。

OnQueryList()事件委托实现了获取投票信息。调用通过依赖注入方式获取的服务。异步调用 QueryVoterBlockAsync()方法与后端交互实现获取投票信息功能。界面主线程调用 BeginInvokeOnMainThread()方法将后台返回的数据通过 foreach 循环依次追加至 VoterBlocks 投票区块链列表中。通过 OnPropertyChanged()回调函数通知界面观察者完成数据更新逻辑。最后将返回的数据绑定至界面的列表控件中。

8.3.5 设置页面

SettingItemView 设置页面实现了通用设置分组选项视图。高仿微信设置界面,是具备设置功能的通用性界面。

【例 8-5】 BallotApp 设置页面。

SettingItemView.cs 代码如下:

```
1   namespace BallotApp.Controls
2   {
3       public class SettingItemView : ContentView
4       {
5           public static readonly BindableProperty TitleProperty = BindableProperty.Create(nameof(Title), typeof(string), typeof(SettingItemView), String.Empty);
6           public static readonly BindableProperty ImageURLProperty = BindableProperty.Create(nameof(ImageURL), typeof(string), typeof(SettingItemView), String.Empty);
7           public string Title
8           {
9               get => (string)GetValue(TitleProperty);
10              set => SetValue(TitleProperty, value);
11          }
12          public string ImageURL
13          {
14              get => (string)GetValue(ImageURLProperty);
15              set => SetValue(ImageURLProperty, value);
16          }
17      }
18  }
```

SettingItemView 是设置界面的设置条目自定义控件,绑定了 TitleProperty 标题属性、ImageURLProperty 图片属性,这两个属性是 BindableProperty 可绑定的属性。通过 BindableProperty 的工厂方法进行构造,其中第一个参数是属性名称,第二个参数传入的是类型,第三个参数归属于对应的视图类。SettingsPage.xaml 代码如下:

```xml
1  <?xml version="1.0" encoding="UTF-8"?>
2  <ContentPage
3      x:Class="BallotApp.SettingsPage"
4      xmlns="http://schemas.microsoft.com/dotnet/2021/maui"
5      xmlns:x="http://schemas.microsoft.com/winfx/2009/xaml"
6      xmlns:controls="clr-namespace:BallotApp.Controls"
7      Title="设置页面">
8      <ContentPage.Resources>
9          <ControlTemplate x:Key="SettingItemTemplate">
10             <Frame
11                 Margin="0,0,0,0"
12                 Padding="5,5,5,5"
13     BindingContext="{Binding Source={RelativeSource TemplatedParent}}"
14                 CornerRadius="0">
15                 <HorizontalStackLayout>
16                     <Image
17                         Margin="5,5,5,5"
18                         Aspect="AspectFill"
19                         HeightRequest="35"
20                         Source="{Binding ImageURL}" />
21                     <Label
22                         Margin="5,5,5,5"
23                         FontSize="30"
24                         Text="{Binding Title}"
25                         TextColor="Black" />
26                 </HorizontalStackLayout>
27             </Frame>
28         </ControlTemplate>
29         <Style TargetType="controls:SettingItemView">
30             <Setter Property="ControlTemplate" Value="{StaticResource SettingItemTemplate}" />
31             <Setter Property="BackgroundColor" Value="WhiteSmoke" />
32         </Style>
33     </ContentPage.Resources>
34     <VerticalStackLayout>
35         <controls:SettingItemView Title="票友圈" ImageURL="friends.png" />
36         <controls:SettingItemView Title="漂流瓶" ImageURL="drift.png" />
37         <VerticalStackLayout BackgroundColor="LightGray">
38             <Label />
39         </VerticalStackLayout>
40         <controls:SettingItemView Title="扫一扫" ImageURL="swipe.png" />
41         <controls:SettingItemView Title="摇一摇" ImageURL="shake.png" />
42         <VerticalStackLayout BackgroundColor="LightGray">
43             <Label />
44         </VerticalStackLayout>
45         <controls:SettingItemView Title="选票卡" ImageURL="buy.png" />
46         <controls:SettingItemView Title="游戏厅" ImageURL="game.png" />
47     </VerticalStackLayout>
48 </ContentPage>
```

设置界面的视图定义了ControlTemplate控件资源。控件资源定义了x:Key字典关键字属性便于后面定义界面时引用。控件模板是Frame框架，定义了Margin（外边框）、Padding（内边框）、BindingContext（绑定上下文）（使用相对绑定策略进行绑定）、CornerRadius（圆角半径）。框架内部使用HorizontalStackLayout（水平布局），内部包含

Image 控件,用于显示配置项对应的图标,定义了 Margin(外边距)、Aspect(方面设置)、HeightRequest(高度)、Source(绑定图标数据源),Label 控件用于显示配置项对应的文字,定义了 Margin(外边距)、FontSize(字体大小)、Text(文本)、TextColor(文本颜色)。定义了 SettingItemView 的通用样式,引用了 ControlTemplate 控件资源中的 SettingItemTemplate 资源,定义了 BackgroundColor(背景色)。整个设置页面采用 VerticalStackLayout 垂直布局,包含 6 个设置条目自定义控件,通过 VerticalStackLayout 进行分组,内部使用 Label 标签占位符。SettingItemView 设置条目自定义控件中传递了 Title(标题)和 ImageURL(图片资源地址)两个参数,这两个参数前面介绍过,是 BindableProperty 可绑定属性。自定义控件通过 xmlns 前缀 controls 引入 BallotApp.Controls 命名空间。图片资源地址传入的参数是 Resources\Images 目录下对应的图片文件名称。

8.4 基于 MAUI 的投票选举 App 后端设计与实现

8.4.1 投票区块链数据结构

投票区块链的本质是一个单链表,链表中每一个节点是区块。区块与区块之间通过单向函数等机制保证数据一致性和完整性。本节参考 200 行代码实现区块链核心相关思想(详见前言中的二维码),并进行整合,借鉴区块链底层实现核心细节,以极简的方式实现追加投票区块和查看投票区块链的功能。

【例 8-6】 投票区块链数据结构。

```
1    using static MAUISDK.Utils.Calculator;
2
3    namespace MAUISDK.Models
4    {
5        public class VoterBlock
6        {
7            public int Index { get; set; }
8            public string Timestamp { get; set; }
9            public Voter Data { get; set; }
10           public string PreviousHash { get; set; }
11           public string Hash { get; set; }
12           private VoterBlock()
13           {
14           }
15           public VoterBlock(int index, string previousHash, Voter data)
16           {
17               Index = index;
18               PreviousHash = previousHash;
19               Timestamp = CalculateUTC();
20               Data = data;
21    Hash = CalculateHash(PreviousHash, Timestamp.ToString(), Data.ToString());
22           }
23           public VoterBlock Clone()
24           {
25               return new()
```

```
26              {
27                  Index = Index,
28                  Timestamp = Timestamp,
29                  Data = Data,
30                  PreviousHash = PreviousHash,
31                  Hash = Hash
32              };
33          }
34      }
35  }
```

上述代码首先定义了投票区块的数据结构。主要包括 Index（区块索引）、Timestamp（时间戳）、Data（投票数据）、PreviousHash（前一个投票区块的哈希值）、Hash（当前投票区块的哈希值）。构造方法需要三个参数，第一个参数是投票区块的索引值，第二个参数是前一个投票区块的哈希值，第三个参数是投票数据。构造方法中通过调用 CalculateUTC()方法初始化时间戳，调用 CalculateHash()方法初始化当前投票区块的哈希值。

Calculator.cs 代码如下：

```
1   using System.Security.Cryptography;
2   using System.Text;
3
4   namespace MAUISDK.Utils
5   {
6       public class Calculator
7       {
8           public static string CalculateHash(string data)
9           {
10              SHA256 sha = SHA256.Create();
11              byte[] buffer = Encoding.UTF8.GetBytes(data);
12              return Convert.ToBase64String(sha.ComputeHash(buffer));
13          }
14          public static string CalculateHash(string previousHash, string timestamp, string data)
15          {
16              SHA256 sha = SHA256.Create();
17              byte[] buffer = Encoding.UTF8.GetBytes(previousHash + timestamp + data);
18              return Convert.ToBase64String(sha.ComputeHash(buffer));
19          }
20          public static string CalculateUTC()
21          {
22              DateTime startTime = new(1970, 1, 1);
23              DateTime nowTime = DateTime.Now;
24              long utime = (long)Math.Round((nowTime - startTime).TotalMilliseconds, MidpointRounding.AwayFromZero);
25              return utime.ToString();
26          }
27      }
28  }
```

Calculator 类将公共的算法逻辑用静态方法实现供上层调用。

CalculateHash()方法基于前一个投票区块的哈希值、时间戳、事务数据计算出当前投票区块哈希值。内部调用 SHA256 对象的 ComputeHash()方法计算。

CalculateUTC()方法根据当前时间与1970年1月1日时间之差获取UTC(Universal Time Coordinated)时间。UTC时间是协调世界时,作为世界统一的标准时间,以原子时秒长为基础,主要应用于互联网和万维网的标准中。

VoterBlockGenerator.cs代码如下:

```
1   using MAUISDK.Models;
2   using static MAUISDK.Utils.Calculator;
3
4   namespace MAUIWebAPI.Core
5   {
6       public class VoterBlockGenerator
7       {
8           public static List<VoterBlock> _chain = new();
9           public static VoterBlock CreateBlock0(Voter voter)
10          {
11              string PreviousHash = CalculateHash("", CalculateUTC(), "");
12              return new(1, PreviousHash, voter);
13          }
14          public static VoterBlock CreateBlock(VoterBlock oldBlock, Voter voter)
15          {
16              return new(oldBlock.Index + 1, oldBlock.Hash, voter);
17          }
18          public static bool IsValid(VoterBlock newBlock, VoterBlock oldBlock)
19          {
20              if (oldBlock.Index + 1 != newBlock.Index)
21                  return false;
22              if (oldBlock.Hash != newBlock.PreviousHash)
23                  return false;
24              if (CalculateHash(newBlock.PreviousHash, newBlock.Timestamp, newBlock.Data.ToString()) != newBlock.Hash)
25                  return false;
26              return true;
27          }
28          public static void ModifyChain(List<VoterBlock> newChain)
29          {
30              if (newChain.Count > _chain.Count)
31              {
32                  _chain = newChain;
33              }
34          }
35      }
36  }
```

VoterBlockGenerator是投票区块生成器,模拟投票区块链增长过程。内部核心数据结构_chain是将一个个投票区块线性链接起来的链表。涉及以下4个核心方法。

CreateBlock0()静态方法。实现了创世投票区块的构建。所谓创世投票区块就是投票区块链中第一个投票区块。《道德经》有言:"道生一,一生二,二生三,三生万物。"如果说,投票区块链创世投票区块的构造者为道,那么创世投票区块可理解为一。

CreateBlock()静态方法。实现了投票区块的构建。构建时,索引值增1,传递前一个投票区块的哈希值。

IsValid()静态方法。实现了新增投票区块有效性的判断。判断逻辑基于索引值是否满足有序性、新旧投票区块哈希值的关联性、新投票区块的完整性。

ModifyChain()静态方法。实现了投票区块链的数据更新机制,如果投票区块链增长,那么执行更新逻辑。底层调用链表的复制构造函数进行深拷贝动作,完成投票区块链中全部投票区块对象数据的更新。

8.4.2 智能合约

BallotApp通过智能合约模拟实现了投票的相关过程。

【例8-7】 智能合约。

SmartContract智能合约代码如下:

```
1    using MAUISDK.Models;
2
3    namespace MAUIWebAPI.Core
4    {
5        /// <summary>
6        /// 智能合约
7        /// </summary>
8        public class SmartContract
9        {
10           private List<Proposition> propositions;
11           private List<Voter> voters;
12           public SmartContract(List<Proposition> propositions, List<Voter> voters)
13           {
14               this.propositions = propositions;
15               this.voters = voters;
16           }
17           public Proposition GetProposition(string candidate)
18           {
19               for (int i = 0; i < propositions.Count; i++)
20               {
21                   if (propositions[i].Candidate.Equals(candidate))
22                   {
23                       return propositions[i];
24                   }
25               }
26               return null!;
27           }
28           public Voter GetVoter(string voterName)
29           {
30               for (int i = 0; i < voters.Count; i++)
31               {
32                   if (voters[i].VoterName.Equals(voterName))
33                   {
34                       return voters[i];
35                   }
36               }
37               return null!;
38           }
39           // 此处省略其他代码
40    }
```

智能合约内部维护着两个数据结构,分别是投票提案列表propositions和选票列表

voters。构造方法对这两个数据结构进行了初始化。GetProposition()方法根据候选人查找相应的提案,通过遍历提案列表进行查找。GetVoter()方法根据投票人查找相应的选票,通过遍历选票列表进行查找。

CommonResult.cs 代码如下:

```
1   namespace MAUISDK.Models
2   {
3       /// <summary>
4       /// 通用结果对象
5       /// </summary>
6       public class CommonResult
7       {
8           /// <summary>
9           /// 结果信息
10          /// </summary>
11          public string Message { get; set; }
12          /// <summary>
13          /// 操作是否成功
14          /// </summary>
15          public bool Success { get; set; }
16      }
17  }
```

CommonResult 代表服务器通用返回结果对象,自定义 HTTP 响应的通用格式。

Proposition.cs 代码如下:

```
1   namespace MAUISDK.Models
2   {
3       /// <summary>
4       /// 投票提案
5       /// </summary>
6       public class Proposition
7       {
8           /// <summary>
9           /// 构造方法
10          /// </summary>
11          /// <param name="Candidate">候选人</param>
12          /// <param name="VoteCount">选票数</param>
13          public Proposition(string Candidate, int VoteCount = 0)
14          {
15              this.Candidate = Candidate;
16              this.VoteCount = VoteCount;
17          }
18          /// <summary>
19          /// 候选人
20          /// </summary>
21          public string Candidate { get; set; }
22          /// <summary>
23          /// 投票统计
24          /// </summary>
25          public int VoteCount { get; set; }
26      }
27  }
```

选举提案类包括候选人和对应的选票统计,描述了每个候选人的得票情况。

Voter.cs 代码如下：

```csharp
using static MAUISDK.Utils.Calculator;

namespace MAUISDK.Models
{
    /// <summary>
    /// 选票
    /// </summary>
    public class Voter
    {
        /// <summary>
        /// 代理
        /// </summary>
        public string Agent { get; set; }
        /// <summary>
        /// 候选人
        /// </summary>
        public string Candidate { get; set; }
        /// <summary>
        /// 权重
        /// </summary>
        public int Weight { get; set; }
        /// <summary>
        /// 是否选举
        /// </summary>
        public bool Voted { get; set; }
        /// <summary>
        /// 选民
        /// </summary>
        public string VoterName { get; set; }
        public Voter(string voterName, int weight = 1)
        {
            VoterName = voterName;
            Weight = weight;
            Voted = false;
        }
        /// <summary>
        /// 转换为字符串
        /// </summary>
        /// <returns>字符串</returns>
        public string ToString()
        {
            return CalculateHash(Agent + Candidate + Weight + Voted + VoterName);
        }
    }
}
```

选票类包括 Agent（代理），即委托选票对象、Candidate（候选人）、Weight（权重），描述了选票的份额、Voted（是否完成选举）、VoterName（选民）。选票类描述了每张选票的情况。ToString()方法返回各个属性拼接后的字符串，用于后续投票区块哈希值的相关校验。

接下来具体介绍实现选举投票 4 个核心功能智能合约的实现。

选民投票智能合约代码如下：

```csharp
/// <summary>
/// 选民投票
/// </summary>
/// <param name = "voterName">投票人</param>
/// <param name = "candidate">候选人</param>
/// <returns>通用结果对象</returns>
public CommonResult DoVote(string voterName, string candidate)
{
    Proposition proposition = GetProposition(candidate);
    Voter voter = GetVoter(voterName);
    if (proposition == null || voter == null)
    {
        return new CommonResult
        {
            Message = voterName + " - 无效投票",
            Success = false
        };
    }
    if (voter.Voted)
    {
        return new CommonResult
        {
            Message = voterName + " - 已经投票",
            Success = false
        };
    }
    else
    {
        voter.Candidate = candidate;
        proposition.VoteCount += voter.Weight;
        voter.Weight = 0;
        voter.Voted = true;
        if (VoterBlockGenerator._chain.Count == 0)
        {
            VoterBlock firstBlock = VoterBlockGenerator.CreateBlock0(voter);
            VoterBlockGenerator._chain.Add(firstBlock);
            return new CommonResult
            {
                Message = voterName + "投票" + candidate + "成功,创世区块",
                Success = true
            };
        }
        else
        {
            VoterBlock oldBlock = VoterBlockGenerator._chain.Last();
            VoterBlock newBlock = VoterBlockGenerator.CreateBlock(oldBlock, voter);
            if (VoterBlockGenerator.IsValid(newBlock, oldBlock))
            {
                List<VoterBlock> newBlockChain = [];
                foreach (var block in VoterBlockGenerator._chain)
                {
                    newBlockChain.Add(block);
                }
                newBlockChain.Add(newBlock);
                VoterBlockGenerator.ModifyChain(newBlockChain);
                return new CommonResult
```

```
57                {
58                    Message = voterName + "投票" + candidate + "成功,追加区块",
59                    Success = true
60                };
61            }
62            return new CommonResult
63            {
64                Message = "信息被篡改," + voterName + "投票" + candidate + "失败",
65                Success = false
66            };
67        }
68    }
69 }
```

本方法具有两个参数,分别是投票人和候选人。首先根据这两个参数分别获取提案和选票对象。如果其中一个对象为空,则为无效投票;如果选票对象的 Voted 标志为 true 则表示已经参与投票过程;如果满足投票条件,选票对象候选人进行赋值操作,累计统计提案对象投票权值,该选票对象标记为已投票,投票权值变为 0。此时判断投票区块链的长度,如果为 0,构建创世投票区块;否则,获取投票区块链的最后一个投票区块,满足校验条件后将投票区块追加至投票区块链的尾部。这里需要再次调用 VoterBlockGenerator 类的静态方法 ModifyChain() 更新投票区块链。操作过程中,如果校验失败说明投票过程发生了篡改,这样从技术角度保障了投票过程的不可伪造性和防篡改机制。

委托投票智能合约代码如下:

```
1   /// <summary>
2   /// 委托投票
3   /// </summary>
4   /// <param name = "voterName">投票人</param>
5   /// <param name = "delegateTo">委托人</param>
6   /// <returns>通用结果对象</returns>
7   public CommonResult Delegate(string voterName, string delegateTo)
8   {
9       Voter voter = GetVoter(voterName);
10      Voter agent = GetVoter(delegateTo);
11      if (voter.Voted)
12      {
13          return new CommonResult
14          {
15              Message = voterName + "已经投票,无法委托",
16              Success = false
17          };
18      }
19      else
20      {
21          while (!String.IsNullOrEmpty(agent.Agent))
22          {
23              agent = GetVoter(agent.Agent);
24          }
25          if (agent == null)
26          {
27              return new CommonResult
```

```csharp
28              {
29                  Message = "递归查询后仍无法完成委托",
30                  Success = false
31              };
32          }
33          agent.Weight += voter.Weight;
34          int Weight = voter.Weight;
35          voter.Weight = 0;
36          voter.Agent = agent.VoterName;
37          voter.Voted = true;
38          return new CommonResult
39          {
40              Message = voterName + "委托" + delegateTo + "投票.经计算最终委托" + voter.Agent + "投票," + "转移权值" + Weight,
41              Success = true
42          };
43      }
44  }
```

本方法具有两个参数，分别是投票人和委托人。首先根据这两个参数分别获取投票人和委托人对应的选票对象。如果投票人的选票对象中 Voted 为 true，则说明已经完成投票，无法进行委托投票；否则通过 while 循环进行递归查找最终委托人。递归的原因是有可能当前委托人也进行了投票委托，这样此委托需要递归查询，直到找到合适的委托人。如果递归查询后仍然找不到合适的委托人，则返回递归查询后仍无法完成委托的信息。如果能够找到满足条件的委托人，委托投票的过程就是将投票的权值进行转移操作。具体实现方法是将投票人的投票权值叠加至委托人。这里需要注意的是，委托完成后，需要将投票人的权值置为 0，Voted 设置为 true，Agent 设置为委托人，表明已经行使了投票的权利。

获取投票结果智能合约代码如下：

```csharp
1   /// <summary>
2   /// 获取投票结果
3   /// </summary>
4   /// <returns>通用结果对象</returns>
5   public CommonResult GetWinner()
6   {
7       int max = -1;
8       string winner = "";
9       for (int i = 0; i < propositions.Count; i++)
10      {
11          if (propositions[i].VoteCount > max)
12          {
13              max = propositions[i].VoteCount;
14              winner = propositions[i].Candidate;
15          }
16      }//for
17      return new CommonResult
18      {
19          Message = winner + "获胜,票数为" + max,
20          Success = true
21      };
22  }
```

获取投票结果的实现逻辑是遍历投票提案对象,对提案对象的投票统计进行比较,最大值表明在选举过程中获胜。

8.4.3 依赖注入服务

DI(Dependency Injection,依赖注入)指在容器创建对象的过程中,将所依赖的对象通过配置的方式进行注入。常规构造对象的方法是通过编写代码的方式进行,随着对象和参数的增多,编写代码的方式灵活性和扩展性产生了很大的瓶颈,IOC(Inversion Of Control,控制反转)的思想应运而生。所谓控制反转,就是通过配置文件的方式对代码参数进行控制。依赖注入和控制反转是一对"孪生兄弟",主要用于解决大规模对象构造、频繁初始化、策略控制等场景的对象管理问题。软件工程中,一个目标是高内聚低耦合。高内聚低耦合使软件易于维护。对象之间的耦合度就是对象之间的依赖性,可以通过依赖注入的方式降低对象间的耦合度。另一个目标是满足开闭原则,即对扩展开放,对修改封闭。对现有代码的修改是有一定风险的事情,即使修复了当前的错误和问题,也有可能引入其他新的问题。一方面通过回归测试弥补此问题,另一方面在设计时就使用先进的理念提前预防。依赖注入就能够很好地避免上述问题。

依赖注入主要解决的问题是大规模对象的频繁构造、降低耦合性、满足开闭原则。尤其在 Web 应用中,服务器启动需要构造数百个对象,例如,日志这种通用且需要频繁构造销毁的对象,如何方便地统一进行管理成为 Web 框架必备的功能之一。依赖注入的方法有多种,如构造函数注入行为、属性注入、服务注册方法、扩展方法注册服务组等。下面是通过依赖注入服务对象的 RESTful 接口。

【例 8-8】 依赖注入服务。

IVoterBlockRestService.cs 代码如下:

```
1   namespace MAUISDK.Interfaces
2   {
3       public interface IVoterBlockRestService<T>
4       {
5           Task<string> VoteAsync(string voterName, string candidate);
6           Task<string> Delegate(string voterName, string delegateTo);
7           Task<List<T>> QueryVoterBlockAsync();
8           Task<string> GetWinner();
9       }
10  }
```

IVoterBlockRestService 接口中定义了 4 个核心方法,说明如下。

VoteAsync()。异步选举投票。参数 voterName 是选举人,参数 candidate 是候选人。

Delegate()。异步委托投票。参数 voterName 是选举人,参数 delegateTo 是委托人。

QueryVoterBlockAsync()。异步查询投票信息,主要是获取投票区块链相关的信息。

GetWinner()。异步获取投票结果。

VoterBlockRestService.cs 代码如下:

```csharp
using MAUISDK.Core;
using MAUISDK.Interfaces;
using MAUISDK.Models;
using System.Text.Json;

namespace BallotApp.Services
{
    public class VoterBlockRestService<T> : IVoterBlockRestService<T>
    {
        private HttpClient client;
        private IHttpsClientHandlerService httpsClientHandlerService;
        public List<T> ItemList;
        public VoterBlockRestService(IHttpsClientHandlerService httpsClientHandlerService)
        {
#if DEBUG
            this.httpsClientHandlerService = httpsClientHandlerService;
            HttpMessageHandler handler = httpsClientHandlerService.GetPlatformMessageHandler();
            if (handler != null)
                client = new(handler);
            else
                client = new();
#else
            client = new HttpClient();
#endif
        }
        public async Task<string> VoteAsync(string voterName, string candidate)
        {
            try
            {
                Uri uri;
                if (Device.RuntimePlatform == Device.Android)
                {
                    uri = new(GlobalValues.AndroidVoteRestUrl);
                }
                else
                {
                    uri = new(GlobalValues.VoteRestUrl);
                }
                Dictionary<string, string> dictionary = new()
                {
                    { "voterName", voterName },
                    { "candidate", candidate }
                };
                FormUrlEncodedContent content = new(dictionary);
                HttpResponseMessage response = await client.PostAsync(uri, content);
                string result = await response.Content.ReadAsStringAsync();
                return JsonSerializer.Deserialize<CommonResult>(result)!.Message;
            }
            catch
            {
                return "";
            }
        }
        public async Task<string> Delegate(string voterName, string delegateTo)
```

```csharp
55              {
56                  try
57                  {
58                      Uri uri;
59                      if (Device.RuntimePlatform == Device.Android)
60                      {
61                          uri = new(GlobalValues.AndroidVoteRestUrl);
62                      }
63                      else
64                      {
65                          uri = new(GlobalValues.VoteRestUrl);
66                      }
67                      HttpResponseMessage response = await client.GetAsync(uri + "?voterName=" + voterName + "&delegateTo=" + delegateTo);
68                      string result = await response.Content.ReadAsStringAsync();
69                      return JsonSerializer.Deserialize<CommonResult>(result)!.Message;
70                  }
71                  catch
72                  {
73                      return "";
74                  }
75              }
76              public async Task<List<T>> QueryVoterBlockAsync()
77              {
78                  ItemList = [];
79                  try
80                  {
81                      Uri uri;
82                      if (Device.RuntimePlatform == Device.Android)
83                      {
84                          uri = new(GlobalValues.AndroidVoterBlockRestUrl);
85                      }
86                      else
87                      {
88                          uri = new(GlobalValues.VoterBlockRestUrl);
89                      }
90                      HttpResponseMessage response = await client.GetAsync(uri);
91                      if (response.IsSuccessStatusCode)
92                      {
93                          string content = await response.Content.ReadAsStringAsync();
94                          ItemList = JsonSerializer.Deserialize<List<T>>(content)!;
95                      }
96                  }
97                  catch
98                  {
99                  }
100                 return ItemList;
101             }
102             public async Task<string> GetWinner()
103             {
104                 try
105                 {
106                     ItemList = [];
107                     Uri uri;
108                     if (Device.RuntimePlatform == Device.Android)
109                     {
```

```
110                    uri = new(GlobalValues.AndroidVoterBlockRestUrl);
111                }
112                else
113                {
114                    uri = new(GlobalValues.VoterBlockRestUrl);
115                }
116                Dictionary<string, string> dictionary = new();
117                FormUrlEncodedContent content = new(dictionary);
118                HttpResponseMessage response = await client.PostAsync(uri, content);
119                if (response.IsSuccessStatusCode)
120                {
121                    string result = await response.Content.ReadAsStringAsync();
122                    return JsonSerializer.Deserialize<CommonResult>(result)!.Message;
123                }
124            }
125            catch
126            {
127            }
128            return "";
129        }
130    }
131 }
```

VoterBlockRestService 实现 IVoterBlockRestService 接口，构造方法的核心目的是构造 HttpClient 对象，通过依赖注入的方式注入了 IHttpsClientHandlerService 超文本安全传输协议客户端处理服务，调用该服务的 GetPlatformMessageHandler() 方法获取 HttpMessageHandler 对象。根据 HttpMessageHandler 对象是否为空构造不同形式的 HttpClient 对象。

App.xaml.cs 代码如下：

```
1   using BallotApp.Data;
2   using MAUISDK.Interfaces;
3   using MAUISDK.Models;
4
5   namespace BallotApp;
6
7   public partial class App : Application
8   {
9       public static IServiceProvider Provider;
10      public static IVoterBlockRestService<VoterBlock> IVoterBlockRestSvc;
11      public App(IServiceProvider provider)
12      {
13          InitializeComponent();
14          Provider = provider;
15          IVoterBlockRestSvc = Provider.GetService<IVoterBlockRestService<VoterBlock>>();
16          Mocker.Init();
17          MainPage = new AppTabsPage();
18      }
19  }
```

App 应用程序类通过依赖注入方式注入 IServiceProvider 对象，使用时只需 App.IVoterBlockRestSvc 引用该全局静态变量进行调用。

MauiProgram.cs 代码如下:

```
1   public static MauiApp CreateMauiApp()
2   {
3       var builder = MauiApp.CreateBuilder();
4       builder.Services.AddSingleton<IHttpsClientHandlerService, HttpsClientHandlerService>();
5       builder.Services.AddTransient<VoterBlock>();
6       builder.Services.AddSingleton<IVoterBlockRestService<Block>,
7   BlockRestService<VoterBlock>>();
8       // 此处省略其他代码
9   }
```

MauiProgram 类通过 CreateMauiApp()方法构造 builder 对象。builder 对象通过 AddSingleton()和 AddTransient()完成依赖注入对象的注册功能。AddSingleton()方法添加注册的对象是全局性的,AddTransient()方法添加注册的对象是临时性的。被注册为全局性的对象在系统生命周期中以单例模式存在,被注册为临时性的对象在系统生命周期中以临时对象存在,使用后就进行垃圾回收和销毁。这两个注册方法都使用了泛型机制,传入对应的类完成动态识别。AddSingleton()方法的两个参数需满足父类与子类的关系。VoterBlock 区块对象的构造取决于终端的操作,这种需求是临时操作,所以采用 AddTransient()方法完成注册。

8.4.4 选举投票

【例 8-9】 选举投票。

```
1   [HttpPost]
2   public async void Vote([FromForm] string voterName, [FromForm] string candidate)
3   {
4       if (HttpContext.Request.Method == "POST")
5       {
6           HttpContext.Response.ContentType = "application/json";
7           SmartContract contract = new(Mocker.Propositions, Mocker.Voters);
8           CommonResult result = contract.DoVote(voterName, candidate);
9           await HttpContext.Response.WriteAsync(JsonConvert.SerializeObject(result));
10      }
11  }
```

选举投票是完成选民的投票操作,通过 RESTful 机制实现选举投票功能。

注解[HttpPost]表示该方法是一个 POST 请求,注解[FromForm]表示参数来源于表单,前端是选择器控件的选项,两个参数分别对应选民和候选人。对于 POST 请求,修改响应类型为 application/json,即 JSON 格式。构造智能合约 SmartContract 对象,调用 DoVote()方法实现选举投票智能合约。获取的返回值保存至 CommonResult 对象,调用 JsonConvert 的 SerializeObject()方法将对象序列化后进行回写。

图 8-7 所示是使用 Swagger 界面调用选举投票请求,也可以使用第 2 章中介绍的 Postman 工具进行测试。实现选举投票智能合约功能的终端效果如图 8-8 所示。

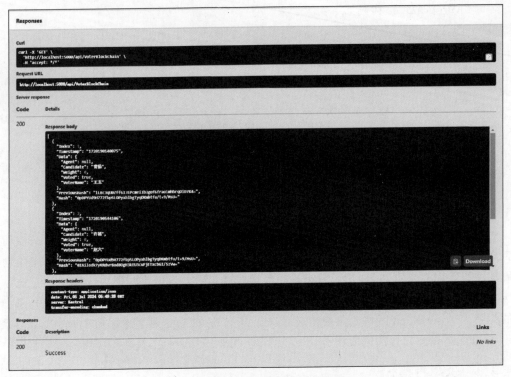

图 8-7　使用 Swagger 查看选举投票请求

图 8-8　实现选举投票智能合约功能的终端效果

8.4.5　委托投票

【例 8-10】　委托投票。

```
1  [HttpGet]
2  public async void Delegate(string voterName, string delegateTo)
3  {
4      HttpContext.Response.ContentType = "application/json";
5      SmartContract contract = new(Mocker.Propositions, Mocker.Voters);
6      CommonResult result = contract.Delegate(voterName, delegateTo);
7      await HttpContext.Response.WriteAsync(JsonConvert.SerializeObject(result));
8  }
```

委托投票是完成委托选民的投票操作，通过 RESTful 机制实现委托投票功能。

注解［HttpGet］表示该方法是一个 Get 请求，两个参数分别对应选民和委托人。构造智能合约 SmartContract 对象，调用 Delegate() 方法实现委托投票智能合约。获取的返回值保存至 CommonResult 对象，调用 JsonConvert 的 SerializeObject()方法将对象序列化后进行回写。

图 8-9 所示是使用 Swagger 界面调用委托投票请求，也可以使用第 2 章中介绍的 Postman 工具进行测试。实现委托投票智能合约功能的终端效果如图 8-10 所示。

图 8-9　使用 Swagger 界面调用委托投票请求

图 8-10　实现委托投票智能合约功能的终端效果

8.4.6　投票信息

【例 8-11】　投票结果。

```
1    [HttpPost]
2    public async void GetWinner()
3    {
4        HttpContext.Response.ContentType = "application/json";
5        SmartContract contract = new(Mocker.Propositions, Mocker.Voters);
6        CommonResult result = contract.GetWinner();
7        await HttpContext.Response.WriteAsync(JsonConvert.SerializeObject(result));
8    }
```

投票结果是完成计算候选人得票情况的操作，通过 Rest 机制实现投票结果功能。

注解［HttpPost］表示该方法是一个 POST 请求。修改响应类型为 application/json，即 JSON 格式。构造智能合约 SmartContract 对象，调用 GetWinner()方法实现选举投票智能合约。获取的返回值保存至 CommonResult 对象，调用 JsonConvert 的 SerializeObject()方法将对象序列化后进行回写。

【例 8-12】 投票明细。

```
1  [HttpGet]
2  public async void VoteBlockChains()
3  {
4      HttpContext.Response.ContentType = "application/json";
5      await HttpContext.Response.WriteAsync(JsonConvert.SerializeObject(VoterBlockGenerator._chain));
6  }
```

投票明细是完成查看投票区块链的操作，通过 RESTful 机制实现投票明细功能。

注解 [HttpGet] 表示该方法是一个 GET 请求。修改响应类型为 application/json，即 JSON 格式。调用 JsonConvert 的 SerializeObject() 方法将 VoterBlockGenerator 中的 _chain 投票区块链对象序列化后进行回写。

图 8-11 所示是使用浏览器查看区块链请求。可以看到，这里是 JSON 格式。投票区块链以数组形式展示，数组中的每个元素对应投票区块。读者可安装浏览器相关插件提升可视化效果。

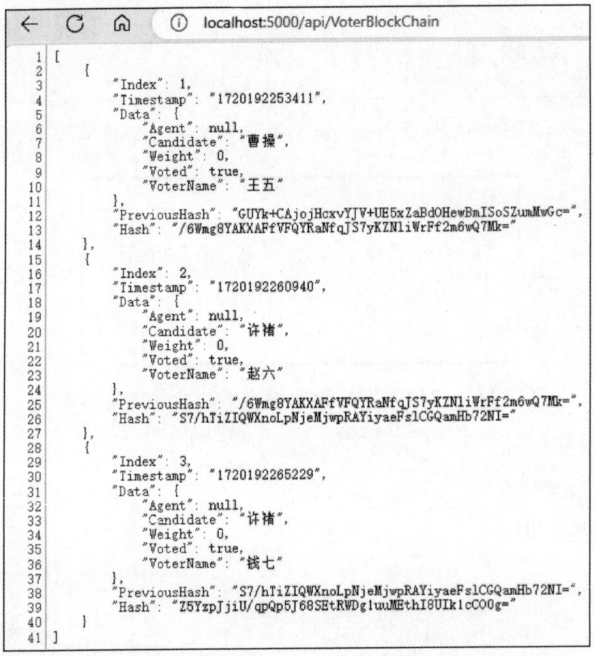

图 8-11　使用浏览器查看区块链请求

BallotApp 投票结果和投票明细的运行情况如图 8-12 所示。

8.4.7　后端渲染页面

后端渲染页面部分主要采用后端的方式生成页面，背后使用诸如 echarts、highcharts 等脚本技术绘制图形后直接渲染至终端。

【例 8-13】 后端渲染。

data.html 代码如下：

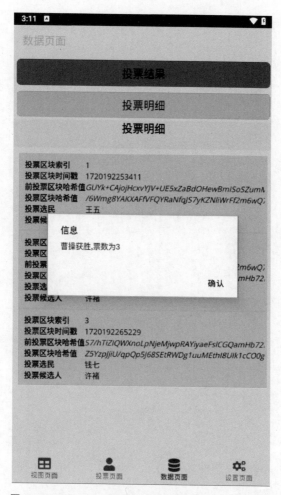

图 8-12　BallotApp 投票结果和投票明细的运行情况

```
1   <!DOCTYPE html>
2   <html>
3   <head>
4       <meta charset="UTF-8" />
5       <title>ECharts</title>
6   </head>
7   <body>
8       <div id="container" style="height: 400px"></div>
9       <script src="http://cdn.hcharts.cn/highcharts/highcharts.js"></script>
10      <script src="http://cdn.hcharts.cn/highcharts/highcharts-3d.js"></script>
11      <script type="text/javascript">
12          var chart = Highcharts.chart('container', {
13              chart: {
14                  type: 'pie',
15                  options3d: {
16                      enabled: true,
17                      alpha: 45,
18                      beta: 0
19                  }
```

```
20          },
21          title: {
22              text: '三国时期英雄选举份额占比'
23          },
24          tooltip: {
25              pointFormat: '{series.name}: <b>{point.percentage:.1f} %</b>'
26          },
27          plotOptions: {
28              pie: {
29                  allowPointSelect: true,
30                  cursor: 'pointer',
31                  depth: 35,
32                  dataLabels: {
33                      enabled: true,
34                      format: '{point.name}'
35                  }
36              }
37          },
38          series: [{
39              type: 'pie',
40              name: '选举份额占比',
41              data: [
42                  ['吕布', 45.0],
43                  ['曹操', 26.8],
44                  {
45                      name: '孙权',
46                      y: 12.8,
47                      sliced: true,
48                      selected: true
49                  },
50                  ['刘备', 8.5],
51                  ['关羽', 6.2],
52                  ['周瑜', 0.7]
53              ]
54          }]
55      });
56  </script>
57  </body>
58  </html>
```

上述 HTML 代码引入了 highcharts 和 highcharts-3d 脚本，脚本调用 Highcharts.chart() 方法将生成的图形渲染至 id 为 container 的 div 块中。该方法的第二个参数是一个对象，需要传递 chart（图表信息）、title（图像标题）、tooltip（工具栏信息）、plotOptions（绘图选项）、series（数据参数）。该示例是在 Highcharts 官方网站模板示例的基础上修改而成，更多的使用案例可以到官方网站进行搜索。

ChartController.cs 代码如下：

```
1  [ApiController]
2  [Route("api/[controller]")]
3  public class ChartController : ControllerBase
4  {
5      private readonly IHttpContextAccessor _httpContextAccessor;
6      public ChartController(IHttpContextAccessor httpContextAccessor)
7      {
```

```
 8                _httpContextAccessor = httpContextAccessor;
 9            }
10            [HttpGet]
11            public ContentResult Index()
12            {
13                var html = System.IO.File.ReadAllText("WWW/data.html");
14                return new ContentResult
15                {
16                    ContentType = "text/html",
17                    StatusCode = (int)HttpStatusCode.OK,
18                    Content = html
19                };
20            }
21        }
```

控制器的 Index() 方法配置了[HttpGet]注解,表明客户端查询时仅需要传递 URL 即可访问该服务。这里将本地的静态页面 data.html 读入,直接封装为 ContentResult 对象进行返回。本地的静态页面 data.html 通过 JavaScript 方式完成了图表的生成,控制器完成了图表数据流的返回。终端渲染效果如图 8-13 所示。

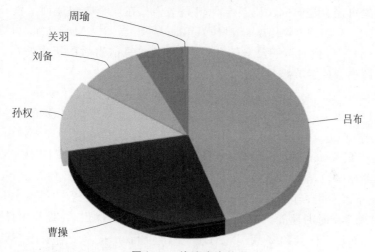

图 8-13 终端渲染效果

麻雀虽小,五脏俱全,通过本章的学习,读者能够迅速把握投票智能合约的实现核心以及.NET MAUI 技术搭建 App 应用程序的框架实现流程。青出于蓝必将胜于蓝,相信在此基础上,读者结合各种业务场景,定能开发出结合区块链、人工智能、物联网等技术各种实用的.NET MAUI 应用系统。

后 记

路漫漫其修远兮 吾将上下而求索
——MAUI技术展望

应用程序的开发趋势是一套代码编译于多个平台。人工智能时代，在企业数字化转型浪潮下，最终可能会走向低代码甚至无代码架构。在这个既快速而又漫长的旅程中，诞生了 MAUI、WASM（WebAssembly）、Blazor 等技术。MAUI 作为 Xamarin 和 Xamarin.Forms 下一代的跨平台全新升级版，肩负着承前启后的历史使命。WASM 是一种跨平台、跨语言的字节码，可以运行在浏览器中，于 2019 年成为 W3C 的正式标准。与 JavaScript 解释型代码不同，WASM 是一种编译型代码，通过预编译技术预编译成二进制形式，可以大幅提升性能，而且具有很高的安全性和很好的可移植性。Blazor 技术的出现实现了真正意义的全栈开发。Blazor 的三种托管模型包括 Blazor Server、Blazor WebAssembly 和 Blazor Hybrid。Blazor Server 在服务器上运行，与.NET Core 运行时深度融合，加载速度快，能够充分利用服务器功能，支持瘦客户端。Blazor WebAssembly 需要从服务器下载应用，与 Blazor Server 相对应，能够充分利用客户端资源和功能，可以通过 AOT 提高运行时的性能。Blazor Hybrid 兼具二者的优点，在提高组件复用性的同时充分利用 Web 技术体验和资源。MAUI 技术与 Blazor 技术二者有融合趋势，可以生成.NET MAUI Blazor Hybrid 应用，这样可以充分利用二者的优点。MAUI 技术还可以与人工智能、大数据、云计算、物联网进行融合，而且融合成本低，均可使用 C#语言，基于.NET Core。MAUI 技术作为新时代的弄潮儿，引领着未来的趋势。相信不久的将来，在世界范围内，随着.NET 生态的进一步完善，应用程序开发将是一个非常轻松且愉快的过程。

应用程序的部署趋势是 DevOps（Development ＆ Operations），随着互联网＋的兴起，流量需求的指数性增长，依次出现了单体架构、分布式架构、微服务架构和服务网格架构。云原生时代，微服务架构、中台技术的出现，诞生了 Docker、Kubernetes 等容器技术。应用程序使用容器技术，可以一次开发，到处运行。容器技术使得应用程序部署后创建和启动速度快、资源占用少、打包体积小，简化了部署、提高了生产效率。容器技术还降低了系统之间的耦合关系，实现跨平台、可移植、可扩展等特性。Kubernetes 可以对容器和存储进行编排、自我修复更新和回滚,具有可扩展性、可移植性、高可用性、高效率性等优点。较新的 Kubernetes 基于 Containerd 容器运行时。作为一个独立的开源项目,Containerd 是从 Docker 引擎中分离出来的,旨在提供一个更开放、更稳定的容器运行基础设施,Containerd 成为行业标准的容器运行时。然而,面对膨胀的需求,可能集群中运行着成千上万个微服务,管理难度的增大,为治理这些微服务带来了巨大的挑战。为进一步降低微服务架构带来的耦合性,更好地管理这些微服务,服务网格(Service Mesh)架构应运而生。服务网格专注于基础设施,用于管理复杂的微服务通信,能够实现服务发现、负载均衡、熔断机制、动态路由、安全机制、灰度发布、管理机制、跨语言、跨平台、跨协议等功能和特性。服务网格的主流产品有 Linkerd、Envoy 和 Istio。服务网格提供了很多功能和解决方案,解决了开发中的各种问题,并大幅提高生产率,给开发和运维人员带来了福音。服务网格的编程语言、操作系统、运行环境无关特性使得与 MAUI 等新技术可以无缝对接。服务网格作为基础设施,MAUI 等新技术开发的应用程序作为其上层应用,这样可以充分发挥 DevOps 带来的红利。

仰望苍穹,天高地迥,觉宇宙之无穷。俯首哀叹,兴尽悲来,识盈虚之有数。人类在知识面前是渺小的。宇宙之深邃、知识之广博、技术之精深,在有限的一生也无法穷尽所有的知识和技术,甚至是某一专业领域的知识和技术。大家只有在追求真理的道路上,不断地扩大自己的认知范围,不断地提升自己的能力智慧,才能超越自我实现价值。展望未来,不负韶华,砥砺前行,方能无悔人生。

参 考 文 献

[1] 老农..NET Core 底层入门[M].北京:北京航空航天大学出版社,2020.
[2] 张剑桥.ASP.NET Core 跨平台开发从入门到实战[M].北京:电子工业出版社,2017.
[3] 杨中科.ASP.NET Core 技术内幕与项目实战[M].北京:人民邮电出版社,2022.
[4] 蒋金楠.ASP.NET Core 6 框架揭秘(上、下册)[M].北京:电子工业出版社,2022.
[5] 赵渝强.Docker+Kubernetes 容器实战派[M].北京:电子工业出版社,2022.
[6] 王启明,肖志健.Docker 与 Kubernetes 容器运维实战[M].北京:清华大学出版社,2023.
[7] CloudMan.每天 5 分钟玩转 Kubernetes[M].北京:清华大学出版社,2018.
[8] 赵荣娇.Docker 快速入门[M].北京:清华大学出版社,2023.
[9] LASTER B.Jenkins 2 权威指南[M].郝树伟,石雪峰,雷涛,等译.北京:电子工业出版社,2019.
[10] 吴胜.Spring Boot 区块链应用开发入门[M].北京:清华大学出版社,2021.
[11] 陈人通.区块链开发从入门到精通[M].北京:中国水利水电出版社,2019.
[12] 欧阳燊.Android Studio 开发实战:从零基础到 App 上线[M].3 版.北京:清华大学出版社,2022.
[13] 林政.深入浅出:Windows Phone 8.1 应用开发[M].北京:清华大学出版社,2014.
[14] 张益珲.Swift5 从零到精通 iOS 开发训练营[M].北京:清华大学出版社,2021.
[15] 孙鑫.Vue.js 3.0 从入门到实战[M].北京:中国水利水电出版社,2021.
[16] 曹宇.TypeScript 入门与全栈式网站开发实战[M].北京:清华大学出版社,2024.
[17] 潘中强,曹卉.构建跨平台 App:HTML 5+PhoneGap 移动应用实战[M].北京:清华大学出版社,2015.
[18] 由维昭.软件平台架构设计与技术管理之道[M].北京:清华大学出版社,2023.
[19] ALLEN G,OWENS M.SQLite 权威指南[M].杨谦,刘义宣,谢志强,译.北京:电子工业出版社,2012.
[20] 谢希仁.计算机网络[M].8 版.北京:电子工业出版社,2021.
[21] 傅兵.软件质量和测试[M].2 版.北京:清华大学出版社,2023.
[22] 明日科技.Linux 运维从入门到精通[M].北京:清华大学出版社,2023.